U0223146

智能科学技术著作丛书

智能粒子群优化计算
——控制方法、协同策略及优化应用

介　婧　徐新黎　著

科学出版社

北　京

内 容 简 介

本书系统介绍了粒子群优化计算的研究背景、原理、模型、方法、理论以及工程应用，力图展示较为丰富的研究思路和启示。全书分为基础篇、控制方法篇、协同模型篇、优化应用篇以及结论与展望篇。基础篇主要介绍研究现状和研究基础等相关内容；控制方法篇、协同模型篇主要从策略方法、模型设计、性能分析及仿真应用等方面详细展示了三种单种群控制粒子群优化模型和两种多种群协同优化模型的研究；优化应用篇着重从流程工业调度、柔性车间调度、无线传感网络路由优化三种典型工程应用问题出发，详细讨论粒子群算法在混合优化、离散优化问题中的应用；结论与展望篇给出了本书的总结，并探讨了群智能计算以及粒子群优化计算的未来发展方向。全书强调仿生背景，注重研究思路的新颖性及系统性，方法、模型、理论分析与实际应用并重，力图使读者清晰快速地了解粒子群优化、群智能计算等相关知识和研究方法。

本书可为信息科学、控制科学、计算机科学、系统科学和管理科学等学科内从事智能计算、群智能计算及其应用研究的相关专业人员提供参考，同时也可作为相关专业研究生和高年级本科生学习群智能计算的指导书籍。

图书在版编目(CIP)数据

智能粒子群优化计算：控制方法、协同策略及优化应用/介婧，徐新黎著.
—北京：科学出版社，2016
　(智能科学技术著作丛书)
　ISBN 978-7-03-047258-8

　Ⅰ.①智…　Ⅱ.①介…　②徐…　Ⅲ.①计算机算法-最优化算法
Ⅳ.①TP301.6

中国版本图书馆 CIP 数据核字(2016)第 024069 号

责任编辑：朱英彪　高慧元／责任校对：桂伟利
责任印制：赵　博／封面设计：陈　敬

科学出版社 出版
北京东黄城根北街 16 号
邮政编码：100717
http://www.sciencep.com

北京中石油彩色印刷有限责任公司印刷
科学出版社发行　各地新华书店经销
＊
2016 年 3 月第　一　版　　开本：720×1000 1/16
2025 年 1 月第六次印刷　　印张：16
字数：320 000
定价：118.00 元
(如有印装质量问题，我社负责调换)

智能科学技术著作丛书 序

“智能”是“信息”的精彩结晶，“智能科学技术”是“信息科学技术”的辉煌篇章，“智能化”是“信息化”发展的新动向、新阶段。

“智能科学技术”（intelligence science&technology, IST）是关于“广义智能”的理论方法和应用技术的综合性科学技术领域，其研究对象包括：

· “自然智能”（natural intelligence, NI），包括“人的智能”（human intelligence, HI）及其他“生物智能”（biological intelligence, BI）。

· “人工智能”（artificial intelligence, AI），包括“机器智能”（machine intelligence, MI）与“智能机器”（intelligent machine, IM）。

· “集成智能”（integrated intelligence, II），即“人的智能”与“机器智能”人机互补的集成智能。

· “协同智能”（cooperative intelligence, CI），指“个体智能”相互协调共生的群体协同智能。

· “分布智能”（distributed intelligence, DI），如广域信息网、分散大系统的分布式智能。

“人工智能”学科自 1956 年诞生以来，在起伏、曲折的科学征途上不断前进、发展，从狭义人工智能走向广义人工智能，从个体人工智能到群体人工智能，从集中式人工智能到分布式人工智能，在理论方法研究和应用技术开发方面都取得了重大进展。如果说当年“人工智能”学科的诞生是生物科学技术与信息科学技术、系统科学技术的一次成功的结合，那么可以认为，现在“智能科学技术”领域的兴起是在信息化、网络化时代又一次新的多学科交融。

1981 年，“中国人工智能学会”（Chinese Association for Artificial Intelligence, CAAI）正式成立，25 年来，从艰苦创业到成长壮大，从学习跟踪到自主研发，团结我国广大学者，在“人工智能”的研究开发及应用方面取得了显著的进展，促进了“智能科学技术”的发展。在华夏文化与东方哲学影响下，我国智能科学技术的研究、开发及应用，在学术思想与科学方法上，具有综合性、整体性、协调性的特色，在理论方法研究与应用技术开发方面，取得了具有创新性、开拓性的成果。“智能化”已成为当前新技术、新产品的发展方向和显著标志。

为了适时总结、交流、宣传我国学者在“智能科学技术”领域的研究开发及应用成果，中国人工智能学会与科学出版社合作编辑出版《智能科学技术著作丛书》。需要强调的是，这套丛书将优先出版那些有助于将科学技术转化为生产力以及对社会和国民经济建设有重大作用和应用前景的著作。

　　我们相信,有广大智能科学技术工作者的积极参与和大力支持,以及编委们的共同努力,《智能科学技术著作丛书》将为繁荣我国智能科学技术事业、增强自主创新能力、建设创新型国家做出应有的贡献。

　　祝《智能科学技术著作丛书》出版,特赋贺诗一首:

智能科技领域广

人机集成智能强

群体智能协同好

智能创新更辉煌

徐光祐

中国人工智能学会荣誉理事长

2005 年 12 月 18 日

前　　言

随着人类认知活动的深入以及科学技术的快速发展,现实世界中人们所面临的问题日益多元化、规模化,且呈现出高度动态、非线性、多目标和多约束等复杂特征。这些现实的复杂问题亟待解决,因此寻求高效并行的、自适应的、稳健的智能优化技术成为工程应用领域一项恒久的研究课题。

亘古以来,大自然源源不断地为人类提供丰富的创新思想和灵感。作为新型的人工智能技术,智能计算主要依据广义生态学,力求从自然界、生物系统和生命现象中寻求灵感,通过对自然生物系统、生命个体的进化过程、智能行为、智能载体结构,以及智能信息处理机制的借鉴和模拟,构建各种智能计算模型,用于求解现实世界中普遍存在的各种复杂问题。例如,依据人脑的神经系统,建立人工神经网络计算模型;依据人体的免疫系统,建立免疫优化模型;依据生物进化及遗传机制,建立进化计算模型等。

群集智能是依据自然界特定生物系统的群体行为来构造简单高效的计算模型。模拟简单生物群体所表现的智能涌现现象,即简单个体通过协作及信息交互从而表现出复杂智能行为的特性,群集智能摈弃了传统的还原论,借鉴人工生命的研究思想,采用自下而上的设计方式,具有较强的自组织性和自适应性,在缺乏全局信息的情况下,为大规模复杂系统的求解提供了一种全新的思路,并可用来解决那些因为难以建立有效形式化模型而用传统优化方法又难以有效解决甚至无法解决的问题。在系列群智能计算方法中,影响最为广泛的首推蚁群优化算法和粒子群优化算法,而粒子群优化算法以模型简单、操作便捷、易于实现和鲁棒性好等特征,更是受到众多研究者的青睐,并被广泛应用于各种优化问题及工程应用领域,显示出蓬勃的生命力。

作者长期致力于智能计算的理论与应用研究,曾先后对遗传算法、思维进化、粒子群优化以及群智能计算等作了较为深入的研究,本书内容是对作者近十年来粒子群优化和群智能计算研究工作的一个总结。全书共 11 章。第 1 章主要介绍智能计算的研究现状及典型代表模型;第 2 章阐述粒子群优化计算的相关基础知识;第 3~5 章分别给出三种基于不同控制器的单群体优化计算模型;第 6、7 章展示两种多种群协同计算模型;第 8~10 章继续讨论粒子群优化计算在三种典型工程优化中的应用;第 11 章给出本书的总结和研究展望;附录中给出了标准算法的源程序代码供读者参考和使用。其中,第 1~7 章由介婧主笔,徐新黎协助完成,核心研究工作源于作者在博士期间与曾建潮教授、韩崇昭教授等的合作成果;第

8~11章由徐新黎主笔、介婧协助完成，核心研究工作源于作者博士后期间与王万良教授、范兴刚副教授等的合作成果。

　　本书的相关研究工作，得到国家自然科学基金（61203371，60674104，60874074）、中国博士后科学基金（20090451486）、中国留学基金（201208330274）、浙江省高校中青年学科带头人学术攀登项目（2013年度）以及浙江科技学院科研基金的资助。上述基金和项目为本书相关研究工作提供了有力的支持，在此谨向相关部门表示衷心的感谢！

　　衷心感谢太原科技大学曾建潮教授和浙江工业大学王万良教授，两位导师先后在作者博士及博士后研究工作期间给予了悉心培养和指导，在本书撰写期间给予了认真审阅和指正；感谢西安交通大学韩崇昭教授、英国朴次茅斯大学 Honghai Liu 教授、浙江工业大学赵燕伟教授和太原科技大学崔志华教授对本书相关研究工作的有力支持；感谢浙江科技学院的武晓莉和郑慧博士、英国萨里大学的孙超丽博士后、嘉兴学院的王海燕博士在本书撰写期间给予的建议和帮助；感谢浙江工业大学范兴刚副教授，以及西安交通大学的刘盼芝，太原科技大学的王清华、纪欢欢，浙江工业大学的张景玲、张静、周明、王翊和侯佳斌等研究生在合作研究中的付出和贡献；感谢浙江科技学院陈云同学在书稿文献整理和文字校正中的辛勤工作；感谢科学出版社的朱英彪老师在本书出版过程中所付出的辛勤劳动。

　　最后，感谢我的家人长久以来的大力支持和理解。

　　由于作者水平有限，书中难免存在缺点和不足，恳请广大读者批评指正。

介　婧

2015 年 10 月

于英国朴次茅斯大学访学期间

目 录

基 础 篇

控制方法篇

协同模型篇

优化应用篇

结论与展望篇

基础篇

第1章　绪　　论

1.1　引　　言

20 世纪以来,人们试图从人脑思维的不同层次出发,利用人工的方法和技术,模仿、延伸和扩展人的自然智能,从而形成了一门新的学科——人工智能。人工智能可以分为两大类:一类是基于符号主义的符号智能;另一类是以连接主义和行为主义为基础的计算智能。符号智能是传统人工智能的主要研究内容,以 Newell 和 Simon 提出的物理符号系统假设为基础,通过知识推理进行问题求解;而计算智能则不同,它以数据为基础,通过训练建立联系从而实现问题的求解。符号智能的研究曾在 20 世纪 50 年代取得巨大的成功,但 80 年代中期后,这种经典人工智能的发展相对停滞,而计算智能却在神经网络的带动下异军突起。因此,计算智能被称为第二代人工智能方法。可以说,计算智能是连接主义、分布式人工智能和自组织系统理论共同发展的产物。它不仅克服了符号智能在知识表达、存储等方面的局限性,还能够以并行方式处理大量信息,具有自组织、自适应和自学习等特性,因此吸引了国内外不同领域内众多学者的关注,并成为 20 世纪 90 年代以来学术界备受瞩目的研究热点。

作为新生代的人工智能,计算智能主要的研究方法是依据广义生态学、社会心理学和动物行为学等知识,借助于计算机科学、控制科学和系统科学等理论分析与计算工具,力求从自然界、生物系统和生命现象中寻求灵感,通过对自然生物系统、生命个体的进化过程、智能行为、智能载体结构以及智能信息处理机制的借鉴和模拟,构建各种智能计算模型,用于求解现实世界中的大规模、非线性复杂问题。目前,围绕计算智能研究而产生的智能计算技术已经在复杂优化问题以及实际工程领域中广泛使用[1-6],并显示出蓬勃的生命力和强大的求解潜力。

本章首先给出了最优化问题的相关定义,然后分类介绍了目前所存在的一些代表性智能计算方法,包括自然进化计算(进化计算和差分进化计算)、社会进化计算(文化算法、Memetic 算法、思维进化计算和社会情感计算)、生物智能计算(人工神经网络、DNA 计算和免疫系统)、群集智能计算(蚁群算法、粒子群优化算法和人工蜂群算法)、拟物智能计算(量子计算、拟态物理计算和植物算法)以及超启发式智能计算,最后给出了本书的体系结构。

1.2　优化问题及算法

1.2.1　最优化问题

所谓最优化问题,就是在满足一定的约束条件下,寻找一组参数值,以使某些最优性度量得到满足,即使得系统的某些性能指标达到最大或最小。

最优化问题根据目标函数、约束函数的性质以及优化变量的取值可以分成多种类型,每一类型的最优化问题根据性质的不同都有其特定的求解方法。

不失一般性,设所考虑的最优化问题为

$$\min \sigma = f(X)$$
$$\text{s. t.}\quad X \in S = \{X \mid g_i(X) \leqslant 0, i = 1,2,\cdots,m\}$$

(1-1)

其中,$\sigma = f(X)$ 为目标函数;$g_i(X)$ 为约束函数;S 为约束域;X 代表 n 维优化变量。通常,最大化问题很容易转换为最小化问题($\sigma = -f(X)$),对于 $g_i(X) \geqslant 0$ 的约束和等式约束也可转换为 $-g_i(X) \leqslant 0$ 的约束,所以式(1-1)所描述的最优化问题不失一般性。

当 $f(X)$、$g_i(X)$ 为线性函数且 $X \geqslant 0$ 时,上述最优化问题即为线性规划问题,其求解方法有成熟的单纯形法和 Karmarc 方法。

当 $f(X)$、$g_i(X)$ 中至少有一个函数为非线性函数时,上述问题即为非线性规划问题。非线性规划问题非常复杂,求解方法多种多样,但目前依然没有一种有效的普适方法。

当优化变量 X 仅取整数值时,上述问题即为整数规划问题,特别是当 X 仅能取 0 或 1 时,上述问题即为 0-1 整数规划问题。由于整数规划问题属于组合优化范畴,其计算量随变量维数的增长而呈指数增长,所以存在着"维数灾难"问题。

当 $g_i(X) \leqslant 0(i = 1,2,\cdots,m)$ 所限制的约束空间为整个 n 维欧氏空间即 $\mathbf{R}^n$ 时,上述最优化问题为无约束优化问题,即

$$\min \sigma = f(X)$$
$$\text{s. t.}\quad X \in S \subset \mathbf{R}^n$$

(1-2)

由于函数的非线性,非线性规划问题(包括无约束优化问题和约束优化问题)的求解变得十分困难,特别是当目标函数在约束域内存在多峰值时。常见的求解非线性问题的优化方法,其求解结果与初值的选择关系很大,也就是说,一般的约束或无约束非线性优化方法均是求目标函数在约束域内的近似极小点,而非真正的最小点。

1.2.2　优化算法

现实世界中最优化问题普遍存在,由此产生了各种优化算法,通常可分为局部

优化算法和全局优化算法两大类。

1. 局部优化算法

定义 1.1　如果存在 $X_B^* \in B$,使得对 $\forall X \in B$, 有
$$f(X_B^*) \leqslant f(X), \quad X \in B \tag{1-3}$$
成立,其中 $B \subset S \subseteq \mathbf{R}^n$, S 为由约束函数限定的搜索空间,则称 X_B^* 为 $f(X)$ 在 B 内的局部极小点, $f(X_B^*)$ 为局部极小值。

常见的优化方法大多为局部优化方法,都是从一个给定的初始点 $X_0 \in S$ 开始,依据一定的方法寻找下一个使得目标函数得到改善的更好解,直至满足某种停止准则。

成熟的局部优化方法很多,如 Newton-Raphson 法、共轭梯度法、Fletcher-Reeves 法、Polar-Ribiere 法、Davidon-Fletcher-Power(DFP)法、Broyden-Fletcher-Goldfarb-Shann(BFGS)方法等,还有专门用于求解最小二乘问题的 Levenberg-Marquardt(LM)算法。所有这些局部优化算法都是针对无约束优化问题而提出的,对目标函数均有一定的解析性质要求,例如,Newton-Raphson 法要求目标函数连续可微,同时要求其一阶导数连续。

对于约束非线性优化问题,除了根据一阶最优化必要条件直接将最优化问题转换为非线性代数方程组并采用非线性代数方程组的数值解法进行求解外,还有序列线性规划法、可行方向法以及拉格朗日乘子法等。最常用的方法是先将约束问题通过罚函数法转换为无约束优化问题,再采用无约束优化方法进行求解。

2. 全局优化算法

定义 1.2　如果存在 $X^* \in S$,使得对 $\forall X \in S$, 有
$$f(X^*) \leqslant f(X), \quad X \in S \tag{1-4}$$
成立,其中 $S \subseteq \mathbf{R}^n$ 为由约束条件限定的搜索空间,则称 X^* 为 $f(X)$ 在 S 内的全局极小点, $f(X^*)$ 为其全局极小值。

目前,发展成熟的最优化方法大多为局部优化方法,其求解结果与初始值相关。对于目标函数为凸函数、约束域为凸域的所谓凸规划问题,局部最优与全局最优等效。而对于非凸问题,由于在约束域内目标函数存在多峰值,因此其全局最优与局部最优相差甚远。

全局优化问题已存在了许多算法,如填充函数法等,但比起局部优化问题的众多成熟方法,还存在很大差距。

另外,解析性优化方法对目标函数及约束域均有较强的解析性要求,对于诸如目标函数不连续、约束域不连通、目标函数难以用解析函数表达或者难以精确估计(如仿真优化问题)等问题,解析确定性优化方法就难以适应。

　　为了可靠解决全局优化问题,人们试图离开解析确定型的优化算法研究,转而探讨对函数解析性质要求较低甚至不作要求的随机型优化方法。最早的随机型优化方法是基于 Monte-Carlo 方法的思想,针对具体问题的特征,构造以概率 1 收敛于全局最小点的随机搜索算法。真正有效且具有普遍适应性的随机全局优化方法,是近十多年来人们模拟自然界生物系统、生命现象的行为和机理等而发展起来的仿生型智能计算方法,如进化计算、群集智能计算等。这些算法不需要建立问题的精确数学模型,不依赖于问题的解析特征,具有自适应、自学习和自组织的智能特性,因此非常适用于处理复杂的、大规模的、传统算法难以有效解决的优化问题。

1.3　智　能　计　算

　　根据各种智能计算方法模拟机理本质的不同,本节中将典型智能计算方法分成五大类逐一简要介绍,包括自然进化计算、社会进化计算、生物智能计算、群集智能计算以及拟物智能计算。

1.3.1　自然进化计算

　　自然进化计算是模拟自然界"物竞天择,适者生存"的进化规律而发展起来的,主要包括进化计算(或称演化计算,evolutionary computation,EC)[7]、差分进化计算(differential evolution,DE)[8,9]等。

1. 进化计算

　　进化计算始于 20 世纪 60 年代所出现的遗传算法(genetic algorithm,GA),主要包括遗传算法以及在其基础上所派生出的进化策略(evolutionary strategy,ES)、进化规划(evolutionary programming,EP)、遗传程序设计(genetic programming,GP)共 4 个分支。

1)遗传算法

　　这一术语最早由美国学者 Bagay 在他的博士论文中提出,但在当时并没有得到学术界的认可。直到 1975 年美国芝加哥大学 Holland 教授的专著 *Adaptation in Natural and Artificial Systems* 问世[10],遗传算法才得以正式确认。早期的遗传算法发展很缓慢,主要是因为本身不成熟,并且需要较大的计算量,而当时的技术背景(计算工具)并不能满足这一要求。到了 20 世纪 80 年代,随着多学科的交叉发展,当时流行的传统人工智能方法日益显露出其局限性,因而人们渴望寻求一种适于大规模并行且具有某些智能特征(如自组织、自适应和自学习)的新方法。而遗传算法是受达尔文进化论的启发而发展起来的一种通用的问题求解方法,具有上述人们所期望的智能特点。伴随着计算机的普及与计算速度的提高,人们开始重视进化计算,并把遗传算法成功地用于机器学习、过程控制、经济预测和工程优化等领域,掀起了进化计算的研究热潮。

Holland 的遗传算法通常被称为简单遗传算法(简记 SGA),其操作对象是一个由二进制串(称为染色体或个体)组成的种群。每个染色体都对应于问题的一个解。从初始种群出发,采用基于适应值比例的选择策略在当前种群中选择个体,使用杂交和变异来产生下一代种群。如此一代代演化下去,直到满足期望的终止条件。

2)进化策略

20 世纪 60 年代初,柏林工业大学的 Schwefel 在进行风洞实验时,因为在设计中描述物体形状的参数难以用传统的方法进行优化,所以利用生物变异的思想来随机改变参数值并获得了较好的结果[11]。随后他便对这种方法进行了深入研究,从而形成了进化策略。进化策略与遗传算法的不同之处在于:遗传算法要先将原问题的解空间映射到位串中,然后再施行遗传操作,它强调个体基因结构的变化对其适应度的影响;而进化策略则是直接在解空间上进行操作,它强调进化过程中从父代到后代行为的自适应性和多样性。从搜索空间的角度来说,进化策略强调直接在解空间上进行操作,强调进化过程中搜索方向和步长的自适应调节。进化策略主要用于数值优化问题,其与遗传算法的相互渗透使得两者在数值优化问题的求解上已没有明显的界限。

3)进化规划

进化规划最初是由 Fogel 等于 20 世纪 60 年代提出的[12]。他们在人工智能的研究中发现,智能性行为是要具有能预测其所处环境的状态,并按照给定的目标作出适当响应的能力。于是他们将所模拟的环境描述成是由有限字符集中的符号所组成的序列,问题便转化为:如何根据当前观察到的符号序列作出响应以获得最大的收益,收益的计算是按照环境中将要出现的下一个符号及预先定义好的效益目标来确定的。进化规划中常用有限自动机(finite state machine,FSM)来表示这样的策略,由此问题便成为:如何设计出一个有效的 FSM。他们将此方法应用到数据诊断、模式识别和分类以及控制系统的设计等问题中,取得了较好的结果。后来,Fogel 借助进化策略的方法对进化规划进行了发展,并将其应用到数值优化及神经网络的训练等问题中。

4)遗传程序设计

遗传程序设计的思想是由斯坦福大学的 Koza 于 20 世纪 90 年代提出的[13]。自计算机问世以来,如何让计算机具有自动设计程序的智能性成为计算机科学的一个重要目标和研究方向,遗传程序设计便是在这方面的一种尝试。它采用遗传算法的基本思想,但使用一种更为灵活的表示方式——分层结构来表示解空间。这些分层结构的叶节点是问题的原始变量,中间节点则是组合这些原始变量的函数。每一分层结构对应问题的一个解,也可以认为是求解该问题的一个计算机程序,遗传程序设计通过使用一些遗传操作动态地改变这些结构以获得解决问题的可行的计算机程序。由于采用一种更自然的表示方式,遗传程序设计的应用领域非常广泛,有学者认为该算法不仅可以演化计算机程序,而且可以演化任何复杂系统。

可以说,进化计算是计算机科学与仿生学交叉发展的产物,并且已成为人们研究非线性系统与复杂现象的重要方法。它采用简单的编码技术来表示各种复杂的结构,通过特定的遗传操作和优胜劣汰的自然选择来指导并确定搜索方向。正是这种优胜劣汰的自然选择与基于种群的遗传操作,使得进化计算不仅具有自适应、自组织和自学习的智能特性以及本质并行性,还具有不受其搜索空间限制性条件的约束(如可微、连续和单峰等)以及不需要其他辅助信息(如导数等)的特点。这些特点使得进化计算从根本上有别于传统的搜索算法,不仅能获得较高的效率,而且具有简单、易于操作和通用等特性。

2. 差分进化计算

差分进化计算(又称微分进化计算)是一种新兴的进化计算技术。它是由Storn 和 Price 于 1995 年为求解切比雪夫多项式而提出的一种采用实数矢量编码进行连续空间随机搜索的优化算法[8],具有原理简单、受控参数少以及鲁棒性强等特点,受到众多学者的关注。与实数编码的遗传算法相似,差分进化计算也包括交叉、变异和选择等操作,但两者在产生子代的方式上有所不同,最突出的区别在于变异操作。差分进化算法的变异操作不再局限于在父代个体上进行,而是先在父代个体间的差向量基础上生成变异个体,然后按一定的概率对父代个体与变异个体进行交叉操作,最后采用"贪婪"选择策略产生子代个体。从本质上看,它是一种基于实数编码的具有保优思想的贪婪遗传算法。它保留了进化计算基于种群的全局搜索策略,采用实数编码、基于差分的简单变异操作和一对一的竞争生存策略,降低了遗传操作的复杂性。同时,差分进化计算特有的记忆能力使其可以动态跟踪当前的搜索情况,以调整其搜索策略,具有较强的全局收敛能力和鲁棒性[14],且不需要借助问题的特征信息,适于求解一些利用常规数学规划方法无法求解的复杂优化问题。近年来,差分进化计算以其鲁棒性、稳健性和在实数域上强大的全局搜索能力在多个领域得到广泛的应用,并取得较好的结果[15,16]。但作为本质相近的一种随机搜索算法,差分进化计算和进化计算一样,也会遭遇过早收敛问题,且在复杂问题中的搜索速度较慢,计算代价较大。

1.3.2　社会进化计算

与自然进化计算有所不同,社会进化计算从自然选择层面的模拟转向人类发展进程中的某一社会现象或机理的模拟,如文化、思维和情感等。显然,在人类社会的进化过程中,由于人们具备了信息的提取、学习和传播等能力,因此大大加快了人类社会的进展速度。鉴于此,相关学者分别提出了文化算法(cultural algorithm,CA)、Memetic算法(memetic algorithm,MA)、思维进化计算(mind evolutionary computation,MEC)和社会情感优化(social emotion optimization,SEO)等智能计算模型。

1. 文化算法

文化算法是Reynolds于1994年提出的模拟人类社会文化传播方式的一种智能计算方法[17]。人类社会发展进程中,前人有益的经验往往沉淀成文化,进而形成文明以指导整个人类社会的进步;而后人通过对文明的学习和传承,可获得未曾直接经历过的经验知识,从而有效加快自身知识和技能的积累,提高社会适应性,并不断产生新的知识经验,去丰富和促进文明的弘扬和发展。两者之间相互促进,共同进化,从而使人类社会的进化速度远远快于自然进化速度。

模拟文化的传播方式,Reynolds建立了一种基于信仰空间(belief space)和种群空间(population space)的双层进化机制的文化算法。其中,种群空间从微观角度模拟生物个体根据一定行为准则进化的过程,信仰空间则从宏观的角度模拟文化的形成、传递和比较等进化过程。两个空间根据通信协议相互联系、共同进化,其沟通渠道由接受函数(acceptance function)和影响函数(influence function)实现。群体空间的个体在进化过程中所形成的个体经验(即进化信息)通过接受函数传递到信仰空间,信仰空间将收到的个体经验看做独立个体,根据一定的行为规则进行比较优化,形成知识储备,这些知识独立进化更新后被反馈回群体空间,用于影响其中个体的进化行为,使个体得到更高的进化效率。

文化算法的主要贡献在于将生物群体的进化与搜索信息知识的进化区分开来于不同的空间中独立进行,这种双层空间进化机制能够充分利用寻优过程中所产生的进化信息。整个过程使得种群更像人类社会演化一样,不仅有生物特征的进化,而且有文化信念作为指导,目的性和方向性明确,促使种群的进化速度超越单纯依靠生物基因遗传的进化速度,表现出良好的全局优化性能。

从结构上来讲,文化算法更像是提供了一种智能计算架构,种群空间的进化方式可以采取灵活多样的元启发式算法予以实现。Reynolds最初采用遗传算法来模拟种群的进化过程,用译本空间(version spaces)来模拟文化空间进化过程,之后他和他的学生先后将模糊逻辑[18]、机器学习[19]、蚁群算法和粒子群优化算法[20]等多种元启发式算法与文化算法的进化框架相结合,并将算法推广至数据挖掘、动态优化以及多目标优化等多应用领域中,取得了系列成果。可以说,国外大部分关于文化算法的文献均来自于Reynolds和他的学生。

目前,文化算法中研究最多的是群体空间的进化方法,而对于信仰空间进化的研究较少,已有文献尚局限于空间知识的描述以及知识对群体的作用和方法等[21-23]。尽管文化算法从模拟机制上给智能计算提供了一种更好的方向和思路,但至今尚缺乏一个完整的体系架构[2],算法计算复杂度以及收敛性分析、复杂问题知识的提取、存储以及进化等各方面也需要进行深入的研究。

2. Memetic 算法

Memetic 算法最早由 Moscato[24]于 1989 年提出,其思想源于英国进化生物学家 Dawkins 的模因说(Memetics)和社会生物学家 Wilson 的文化-基因协同进化观(Gene-culture co-evolution)。Memetic 一词由 meme 而来,一般理解为"文化基因",该词最早出现在 Dawkins 的著作 *The Selfish Gene* 中,源于希腊语 mimeme (模仿)。因此,Memetic 算法也称为文化基因算法。

与文化算法的基本观点相同,Memetic 算法强调文化信息对生物进化具有显著影响。社会学中,meme 被定义为文化信息的基本单元,而在智能计算领域中,meme 被定义为计算中的信息编码单元[25]。作为承载着进化信息知识的特殊基因,meme 可通过学习、调整,提高自己的竞争力并不断传播知识,进而影响整个优化过程。

Moscato 认为,在文化进化过程中,文化或知识的突变需要大量的专业知识作为支撑,且发生的频率很低。因此,文化基因的传播过程应是严格复制的,脱离大量专业知识支撑的变异,只能带来混乱而非进步,这就是文化进化速度要比生物进化速度快得多的原因。为此,Memetic 算法引入局部启发式搜索来模拟由大量专业知识支撑的变异过程,形成一种基于种群的全局搜索和基于个体的局部启发式搜索的结合体。

Memetic 算法采用了与遗传算法相似的框架,但它在每次交叉和变异后均通过局部深度搜索以使个体达到局部最优。Memetic 算法保留了 GA 较强的全局寻优能力,同时通过局部搜索的引入,及早剔除不良个体,进一步优化种群分布,进而减少了迭代次数,加快算法的求解速度,也保证了算法解的质量。因此,Memetic 算法被看成是局部优化策略与遗传算法中算子的结合,又常被称为混合遗传算法或遗传局部优化。Memetic 算法的这种全局搜索和局部搜索的结合机制使其搜索效率在某些问题领域比传统遗传算法快几个数量级,可应用于广泛的问题领域并得到满意的结果[26]。

实际上,与文化算法相似,Memetic 算法提出的也是一种开放的算法框架。在这个框架下,引入不同的全局搜索策略和不同的局部搜索机制就可以构成不同的文化基因算法,例如,全局搜索策略可以采用遗传算法、进化策略、进化规划和粒子群优化算法等,局部搜索策略可以采用爬山搜索、模拟退火、贪婪算法和禁忌搜索等。较多的研究是在遗传算法的全局搜索基础上,增加包括采用模拟退火、禁忌搜索等策略的局部搜索机制,以及设计局部搜索在算法流程中的合适位置、局部搜索邻域大小等。

目前,Memetic 算法已经有较多应用及研究[27,28],由于其更多体现为一种思想和开放的框架,因此该算法在众多复杂问题求解中体现出良好的普适性和推广性,但该框架尚需要进行进一步的形式化描述和理论研究。

3. 思维进化计算

仔细研究人类的进化史后可以发现:人类的进化实质上是由自然进化与思维进化共同促成的,其中思维进化的速度要远远高于自然进化。人类不仅具有向前人学习的能力,从而使自身不断在前人所积累的经验基础上发展进步;同时会不断改变自己的思维方式去探索新领域,从而使新科学、新技术、新方法和新观念不断涌现。这就是所谓的思维进化。基于上述分析,Sun 于 1998 年首次提出了思维进化计算(MEC)[29]。思维进化计算的提出,为智能计算领域增加了一种新的计算模型。它大胆突破了自然进化的限制,首次对人类的思维进化方式进行模拟,从而为进化计算的发展开拓了新的研究领域与思路。

MEC 是一种全新的进化计算方法,它继承了 GA 中群体与进化的思想,首次提出利用趋同与异化操作对人类的思维进化方式进行模拟。MEC 将描述解空间的群体划分为若干子群体,采用多子群体并行进化机制,并利用趋同与异化初步实现"整体探测"与"局部开采"之间的有效平衡[30]。在进化过程中 MEC 引入公告板用以记录进化信息,充分利用计算机的记忆功能,增强了算法的智能性。因此,MEC 具有一般进化计算的自适应、自组织和自学习等智能特性与结构上的本质并行性。与 GA 相比,MEC 具有较高的搜索效率,并能有效地克服 GA 的本质缺陷。

有关研究表明:MEC 除了能够解决数值[31,32]、非数值优化问题外[33,34],还可以进行群体行为、社会行为仿真,具有一定的理论意义与应用价值。

4. 社会情感优化计算

社会情感优化计算是一种新的基于人类群体、模拟人类社会行为的智能计算方法。在复杂的人类社会中,人类群体是具有最高智能的群体,正是群体内彼此之间的合作与竞争行为,有效促进了社会经济发展、文化交流和科技进步,因此人类群体具有高度的自组织、自学习和自适应等智能特性。情感是人类特有的一种高级社会属性,是在人类社会历史发展过程中形成的高级社会性心理因素,常用来描述那些具有稳定的、深刻社会意义的感受。在人类的各种社会活动中,情感对人的行为方式、信息获取和理解、思维判断和行为决策起着决定性的作用,不同的情感将导致不同的行为输出。同时,不同的行为输出在不同的社会环境中将得到不同的社会评价,反过来会影响人后续的行为习惯和方式。鉴于此,崔志华开始尝试对人类的社会情感行为模式进行分析,在此基础上提出了社会情感优化计算方法[35]。

社会情感优化计算从人类社会群体行为着手,将处于特定群体环境中的个体情感作为行为控制策略,建立情感输入到行为输出的映射[36,37],并针对不同的情感采用不同的行为模式。算法依然采用群体和个体的概念,其中每一个体代表一个拟人主体,每一主体均可通过反馈机制从社会环境中获取自己行为的社会评价。如果主体行为是正确的,该行为将得到较高的社会评价值,而个体对此行为的情感值也会随着社会评价反馈的升高而升高;若主体行为是错误的,则其社会评价值会降低,主体自身的情感值也将随之降低。通过这样的反馈机制,每一主体将根据自身相应的情感值来决定和选择下一步的行为方式。基于上述思想,社会情感优化算法采用一种简单的线性加权方式来决定主体的迭代行为,在寻优过程中,主体的行为决策受自身历史社会评价值最高的行为信息、群体历史社会评价值最高的行为信息,以及自身最高情感值所倾向的行为信息三种因素影响,从而不断引导主体优化行为方式,对应优化问题的求解,即引导主体不断逼近问题最优解所对应的行为方式。

显然,社会情感优化计算从一个新的角度为智能计算的模型建立提供了一种思路,目前算法还处于发展初期,后续在算法模型完善、应用以及理论分析等方面需要进行更深入的研究。

1.3.3　生物智能计算

生物智能计算主要是对生物个体某一生理组织或系统的结构或功能进行模拟,并建立相应的计算模型,主要包括模拟人脑神经网络结构和功能的人工神经网络(artificial neural network, ANN)、模拟生物免疫系统处理机制的人工免疫系统(artificial immune system, AIS)以及基于遗传基因串工作机理的 DNA 计算。

1. 人工神经网络

早在 19 世纪末,人类就发现自身的头脑具有许多绝妙之处。准确地说,大脑是由大量的神经元经过复杂的相互连接而形成的一种高度复杂、非线性、并行处理信息的系统。大脑使人类能够快速地从外界环境中摄取大量的信息,加以处理、存储,及时地对环境的变化作出各种响应,并不断向环境学习,从而提高人类的适应能力。而这一切均有赖于大脑的物质基础——神经网络。从那时起,人类就梦想着能够从模仿人脑智能的角度出发,去探寻新的信息表示、存储、处理方式,从而构建一种全新的、接近人类智能的信息处理模型。

1943 年,McCulloch 和 Pitts 根据心理学家 James 所描述的神经网络的基本原理[38]，建立了第一个人工神经网络模型(后被扩展为认知模型)[39]，可用来解决简单的分类问题。1969 年，Minsky 和 Papert[40] 在 *Perceptions* 一书中指出，McCulloch 和 Pitts 所提出的认知模型无法解决经典的异或(XOR)问题。这个结论曾一度使人工神经网络的研究陷入危机。实际上这一结论是非常片面的，因为 Minsky 研究的主要是单隐含层的认知网络模型，而简单的线性感知器功能是有限的。20 世纪 80 年代，Hopfield 等将人工神经网络成功地应用于组合优化问题上[41,42]，McClelland 和 Rumelhart 构造的多层反馈学习算法成功地解决了单隐含层认知网络的异或问题及其他的识别问题[43]，这些突破重新掀起了人工神经网络的研究热潮。

人工神经网络是模拟人脑神经网络结构而形成的一种新型的智能信息处理系统，系统由大量神经元组成，神经元之间具有复杂的连接从而构成信息网络。每一神经元均可视为一个单元处理器，而整个系统则可以视为一种并行分布式处理器，它可以通过学习获取知识并解决问题，并且将知识分布存储在连接权中。因此，人工神经网络具有较强的自适应性、学习能力和大规模并行计算能力，能够近似实现实际工程中的各种非线性复杂系统。目前，人工神经网络已被广泛应用于各种研究及实际工程领域中，如函数拟合、数据分类、模式识别、信号处理、控制优化、预测建模和通信等领域[44,45]。

2. 人工免疫系统

生物系统可被视为一个复杂的信息处理系统，该系统主要由脑神经系统、遗传系统、免疫系统和内分泌系统四部分组成。其中，免疫系统是一个高度进化的生物系统，具有高度的辨别力，能精确识别自己和非己物质，从而有效维持机体的相对稳定性；同时还能接收、传递、扩大、储存和记忆有关免疫的信息，是一个高度并行、分布、自适应和自组织的系统。

受生物免疫系统复杂的信息处理机制的启发，20 世纪 80 年代，Farmer 等[46] 率先基于免疫网络学说给出了免疫系统的动态模型，并探讨了免疫系统与其他人工智能方法的联系，开始了对于人工免疫系统的研究。1996 年 12 月，在日本举行了基于免疫性系统的国际专题讨论会，首次提出了"人工免疫系统"的概念。随后，人工免疫系统进入了兴盛时期，并很快发展成为人工智能领域的理论和应用研究热点。Dasgupta[47] 系统分析了人工免疫系统和人工神经网络的异同，认为在组成单元及数目、交互作用、模式识别、任务执行、记忆学习、系统鲁棒性等方面是相似的，而在系统分布、组成单元间的通信、系统控制等方面是不同的，并指出自然免疫系统是人工智能方法灵感的重要源泉。

人工免疫系统是模拟生物免疫系统功能的一种复杂智能计算模型，具有噪声忍耐、无教师学习、自组织、记忆等进化学习机理，同时结合了分类器、神经网络和机器推理等系统的一些优点,因此成为求解复杂问题的一种有效途径,已被广泛应用于信息安全、故障诊断、智能控制和机器学习等许多领域[48-51]。

3. DNA 计算

DNA 计算是计算机科学和分子生物学相结合而发展起来的新型研究领域。DNA 计算的创始人是美国南加利福尼亚大学的 Adleman 教授,他在 1994 年以 DNA 为计算工具,利用 DNA 反应的强大并行计算能力,成功地解决了哈密顿路径难题,该成果发表在顶级学术期刊 *Science* 上[52],在国际上引起了强烈反响。人们猛然意识到,分子计算的时代已经到来,一直被认为是遗传信息载体的 DNA 其实也可以作为一种有效的计算工具[53]。

DNA 计算是首先利用 DNA 双螺旋结构和碱基互补配对规律进行信息编码,将要运算的对象映射成 DNA 分子链,通过生物酶的作用,生成各种数据池;然后,按照一定的规则将原始问题的数据运算高度并行地映射成 DNA 分子链的可控生化反应过程;最后,利用分子生物技术(如聚合链反应 PCR、超声波降解、亲和层析、克隆、诱变、分子纯化、电泳和磁珠分离等)检测所需的运算结果。近年来,科学家开始利用 DNA 计算来创造生物计算机,放在人体或生物体工作,其计算结果可通过荧光蛋白的活动来读取。

DNA 计算最突出的特点是 DNA 连接反应中强大无比的运算能力,它每秒进行的运算就可以远远超过超级计算机。虽然现有的超级计算机也具有并行运算能力,但仅仅能够进行数千次级的并行运算,而在 DNA 计算机中,可以轻易地达到数十亿次级的并行运算。同时,DNA 计算又是低能耗的运算,以 1J 的能量为例,它足以提供 DNA 计算机进行 2×10^{19} 次运算,而提供给现有的超级计算机却只能进行 10^{9} 次运算。

目前,DNA 计算的大量研究还停留在纸面上,很多设想和方案都是理想化的,对于 DNA 计算构造的现实性及计算潜力、DNA 计算中错误的减少、有效通用算法以及人机交互等问题都需要进行进一步的研究。尤其是 DNA 计算中存在的误码,依概率随机产生,并能被逐级放大,直接影响 DNA 的计算精度,该问题目前尚不能得到有效克服。DNA 计算的大容量、低能耗以及高度并行性等特点,为智能计算提供了一条迥然不同的实现路径,这预示着分子生物学与计算机科学的进一步合作发展将可能形成更高效的并行计算模式,因此有着无限的发展前景。

1.3.4　群集智能计算

相对于生物智能计算,群集智能模拟的是群体性生物系统的社会性行为,这些生物系统往往具有严密的社会组织结构,体现了高度的自组织性,如蚁群、鸟群和蜂群等。模拟这些群居性生物系统智能的涌现机理,可以构造多种群集智能计算模型。

1. 群集智能

自然界中大量的群居性生物系统,如蚂蚁、蜜蜂、黄蜂、白蚁、鱼群和鸟群等,这些群体中的个体都很简单,但是整个群体却能表现出很复杂的行为,例如,蜜蜂能够建造完美的蜂窝,蚂蚁觅食能够找到最短的路径,简单的昆虫可建造复杂形状的巢穴等。群居性生物系统中每个个体看上去都有独自的行为方式,但整个群体却呈现出高度的自组织性,所有个体活动的完美集成过程中不需要任何的指导。研究社会性昆虫的科学家发现:群体中的协作是通过个体之间的交互行为直接实现,或者个体与环境的交互行为间接实现的。虽然这些交互行为非常简单,但是个体聚集成群后却能解决极其复杂的问题。这种群居性生物系统所具有的潜在智能行为逐渐为人们所认识并得到应用。

群集智能是指简单个体在没有集中控制的情况下,通过每个个体自身的简单行为,使得整个群体所表现出来的某种智能行为。准确地说,群集智能中的群体可以视为一组相互之间可以进行直接通信或者间接通信(通过改变局部环境)的主体,这组主体能够合作进行分布式问题求解,则群集智能可以理解为无智能的主体通过合作表现出智能行为的特性。

Bonabeau 等[54]认为,任何启发于群居性昆虫群体和其他动物群体的集体行为而设计的算法和分布式问题解决装置都称为群集智能。

Millonas[55]在将人工生命理论用于研究群居动物的行为时,对于如何采用计算机构建具有合作行为的群集人工生命系统,提出了五条基本原则。

(1)邻近原则(proximity principle)。群体能够执行基本空间和时间运算。由于空间和时间可以转换为能量消耗,因此对于时空环境的某一给定响应,群体应该具有计算其效用的能力。这里的计算可以理解为对环境激励的直接行为响应,而这种响应在某种程度上使得群体的某些整体行为效用最大化。

(2)质量原则(quality principle)。群体不仅能够对时间和空间因素作出反应,而且能够对质量因素(如事务的质量或位置的安全性)作出反应。

(3)反应多样性原则(principle of diverse response)。群体不应将自己获取资源的途径限制在狭窄的范围内,应该通过多种方式分散其资源以应付由于环境变化造成的某些资源的突然变化。一般认为,对于环境完全有序的响应,即使是可能,也是不希望的。

(4)稳定性原则(principle of stability)。群体不应随着环境的每一次变化而改变自己的行为模式,这是由于改变自己的行为模式是需要消耗能量的,而且不一定能产生有价值的投资回报。

(5)适应性原则(principle of adaptability)。当改变行为模式带来的回报与能量投资相比是值得的时候,群体应该适当改变其行为模式。

适应性原则和稳定性原则是同一事物的两个方面。最佳的响应似乎是完全有序和完全混沌之间的某种平衡。因此,群体内的随机性是一个重要因素,足够的干扰将允许反应的多样性,而太多的干扰将会破坏群体的协调行为。

上述原则描述了群集智能的一些基本特征,当某些行为方式符合上述原则时,就可以被认为属于群集智能的范畴。群集智能计算是基于群体智能而产生的一种新型的智能计算模式,目前已成为群体智能研究领域中的一个重要分支。它以生物社会系统为依托,以人工生命模型为指导,模拟简单个体组成的群落与环境以及个体之间的相互行为。这种生物社会性的模拟系统利用局部信息产生难以估量的群体行为,并用来解决那些因为难以建立有效的形式化模型而用传统优化方法又难以有效解决甚至无法解决的问题。现在,群集智能计算的主要代表算法有蚁群优化(ant colony optimization,ACO)、粒子群优化(particle swarm optimization,PSO)以及人工蜂群(artificial bee colony,ABC)等。

作为一种基于概率搜索的计算方法,群智能计算有着传统优化算法不可比拟的优点:①群体中相互协作的个体是分布式的,更能够适应网络环境下的工作状态;②没有中心的控制与数据,系统具有更强的鲁棒性,不会由于某一个或者几个个体的故障而影响整个问题的求解;③个体间可以通过间接通信进行合作,系统具有更好的可扩充性,不会因系统个体的增加而引起过大的通信开销;④系统中单个个体的能力十分简单,每个个体的执行时间比较短,实现也比较简单,具有简单性[54]。另外,与进化计算相比,尽管都采用基于群体的搜索方式,但群集智能模型中智能行为的涌现与基于进化主义进化模型中的智能涌现有着本质的区别,前者更强调学习对个体行为的影响,个体通过感知和信息交互来适应环境,而后者则强调优胜劣汰的自然选择,适应度差的个体将逐渐被优秀者取代和消亡。相比之下,通过学习而获得知识的更新,对于智能的形成和推动远比个体的遗传演化要快得多。

由于群智能的研究具有重要的意义及广阔的应用前景,因此日益受到国际智能计算研究领域学者的关注,并迅速发展成为智能计算领域的一个研究热点。群体智能计算的研究不仅在多主体仿真、系统复杂性以及 NP 问题等方面为人工智能、认知科学和计算经济学等领域的基础理论问题的研究开辟了新的研究途径,同时也为诸如组合优化、机器人协作以及电信路由控制等实际工程问题提供了新的解决方法。

2. 蚁群优化算法

通过对蚂蚁的长期观察和研究,生物学家发现:尽管蚂蚁个体比较简单,但整个蚂蚁群体却是一个高度机构化的社会组织;每只蚂蚁的智能不高,但它们却能够分工协作,搜集食物、建造蚁穴、抚养后代,从而使整个蚁群表现出高度的智能化和极强的生存能力[55]。蚁群能够以惊人的效率有组织地完成优化和控制的复杂任务,这些群体行为引起了生物学家、昆虫学家乃至计算机科学和系统优化学家的研究兴趣。

早期对于蚂蚁行为的研究表明,尽管自然界中许多蚂蚁的视觉感知系统发育并不完全,有些蚂蚁甚至没有视觉系统,但对于随机散布于蚁巢周围的食物源,从蚁巢随机出发的蚂蚁总能找到一条最短路径。这种高度协作的自组织行为缘于蚁群所具有的特殊的信息交互机制。运动中的蚂蚁会在经过的路途中释放一种称为"信息素"的物质,并能够感知这种物质的存在和强度,以此来指导自己的运动方向。蚂蚁总是倾向于往信息素浓度较高的方向移动。通常在相等时间内,路径越短,信息素强度越大,则蚂蚁选择此路径的倾向就越大,由此在觅食蚁群中便形成了一种信息正反馈作用,路径上经过的蚂蚁越多,其上遗留的信息素强度越高,而后来的蚂蚁选择此路径的概率也越大。正是依靠信息素的这种正反馈机制,蚂蚁总能够找到通往食物源的最短路径。受蚁群觅食行为的启发,Dorigo 等于 20 世纪 90 年代初首先提出了用于分布式优化的蚁群系统(ant system)[56],并将其用于旅行商问题的求解,继而提炼出蚁群优化的元启发方法[57,58]。

除了 Dorigo 的蚁群优化模型外,Bonabeau 等[59]依据蚂蚁群体的"任务分配"行为提出了简单阈值模型。任务分配是蚂蚁群体行为的又一个显著特点,蚂蚁个体对任务响应的行为与现实中的生产调度、动态任务分配等问题相似。受蚂蚁群体"构造墓地"和"蚁卵分类"等行为的启示,Deneubourg 等[60]构造了用于聚类的蚁群模型。随着对于蚁群算法研究的不断深入,算法已由单一求解 TSP 问题,成功地推广到许多领域,如调度问题、网络组播路由问题、机器人路径规划、系统辨识、数据挖掘和图像处理等,并且由离散域研究逐渐拓展到连续域研究,算法的理论分析、改进、工程应用以及硬件实现等各方面均取得了丰富的研究成果[61]。

3. 粒子群优化计算

粒子群优化计算(又称为粒子群优化算法、微粒群算法)最早由 Kenndy 和 Eberhart[62]提出,是一种模拟鸟群捕食行为而建立的计算模型。研究者发现,鸟群在飞行过程中的行为方式是不可预测的,例如,会突然散开、聚集和改变方向,但是依然存在着一致性,即个体间保持着最适距离,不会发生碰撞现象。通过对类似生物群体的行为进行研究,发现生物群体中存在着一种信息共享机制。在粒子群优化算法中,每个粒子代表搜索空间的一个可能解,种群即为问题潜在解的集合。初始种群通常是随机产生的,在模拟鸟类觅食的聚集过程中,种群中的每个粒子在解空间中不断搜索进化。而在搜索过程中,每个粒子记录自身的最优值,同时向其他粒子进行学习。通过粒子的个性化学习和彼此间的协作交互,促使整个搜索群体不断向问题最优解逼近。

　　粒子群优化模型的建立与人工生命和进化计算的发展有着密不可分的联系。与进化计算一样,算法采用群体搜索方式,不过分依赖于问题的数学特征。不同的是,进化计算通过进化算子来实现个体的更替和信息的处理,而粒子群优化算法直接通过位置和速度的计算模型来实现信息的更新。与进化计算相比,粒子群优化算法在信息的利用上要明显优于进化计算,因为它不仅考虑了个体的位置信息,同时考虑了位置的变化信息(速度)。因此,粒子群优化算法往往比进化计算具有更高的搜索效率。作为一种仿生的启发式算法,粒子群优化算法模型简单、操作便捷、易于实现、鲁棒性好,有着深刻的智能特征,其优点是显而易见的,目前已被广泛应用于各领域[63-65],具体详见第 2 章的介绍。

4. 人工蜂群算法

　　蜜蜂是一种群居昆虫,虽然单个昆虫的行为极其简单,但是由单个简单的个体所组成的群体却表现出极其复杂的行为。真实的蜜蜂种群能够在任何环境下,以极高的效率从食物源中采集花蜜,同时还能适应环境的改变。受蜂群觅食行为的启发,Karaboga 于 2005 年提出了人工蜂群算法用于解决多变量函数优化问题[66]。

　　作为模仿蜜蜂群体行为的一种优化方法,人工蜂群算法无疑是群集智能思想的又一个具体应用。蜂群产生群体智慧的最小搜索模型包含三个组成要素:食物源、被雇佣蜂(employed foragers)和未被雇佣蜜蜂(unemployed foragers)。在优化过程中,待求解问题的解被看做人工食物源,食物源越丰富,意味着解的质量越好,所需要招募的雇佣蜜蜂越多;反之,食物源越少,解的质量越差,所招募的雇佣蜜蜂越少,达到一定阈值,该食物源将被放弃,雇佣蜜蜂将转向丰富的食物源,类似于寻优过程中搜索方向将不断由适应值低的解向适应值高的解逼近。人工蜂群算法的主要特点是不需要了解问题的特殊信息,只需对问题进行优劣的比较,通过蜜蜂个体的局部寻优行为,最终在群体中使全局最优值突现出来,有着较快的收敛速度。目前,人工蜂群算法已经应用于人工网络训练[67]、目标识别[68]、无人机路径规划[69]和车间调度[70]等众多领域,蜜蜂的采蜜行为、学习、记忆和信息分享的特性也已成为群智能的研究热点之一。

1.3.5　拟物智能计算

　　拟物智能计算,其本质原理是模拟自然界中事物的某一物理现象或运动规律来构建计算模型,主要包括量子计算(quantum computation,QC)、拟态物理计算(physicomimetics or artificial physics,AP)和人工植物优化(artificial plant optimization,APO)等。

1. 量子计算

　　量子计算是一种依照量子力学理论进行的新型计算方法,即对于一个或多个量子比特(qubit)或量子三元(qutrit)进行操作,以达到具有量子特性的演算功能。该概念最早由 IBM 的科学家 Landauer 和 Bennett 于 20 世纪 70 年代提出。他们主要探讨的是计算过程中诸如自由能(free energy)、信息(information)与可逆性(reversibility)之间的关系。1985 年,Deutsch 首次提出量子图灵机的概念[71],希望利用量子力学的特性来进行信息处理以获得计算性能的提升。

1994 年,AT&T 公司的 Shor 基于量子 Fourier 变换提出了大数质因子分解算法[72]。该量子算法可以在多项式时间内破解 RSA 保密体制,这使得依赖该密钥机制的电子银行、网络等在理论上已不再安全。1996 年,贝尔实验室的 Grover 基于量子黑盒加速工具提出了针对乱序数据库的量子搜索算法,可破译 DES(data encryption standard)密码体系[73],该算法取得了相比于经典搜索二次方的加速比。这两个算法的提出震惊了整个信息领域,使人们认识到量子计算巨大的优越性,促使更多的研究者开始关注量子算法的研究。这两个具有里程碑意义的算法也成为目前整个量子算法研究领域的核心。随后,基于量子随机漫步方法又提出对集合中的两个复杂元素进行甄别的量子算法[74],和 Shor 算法、Grover 算法一样都利用已有的量子工具提出了应用于实际问题的算法,具有重大意义。

目前,量子算法的研究主要围绕着现有的几种核心量子算法展开深入的讨论。例如,针对 Grover 算法在特定情况下的失效问题进行改进的研究以及改进 Grover 算法以完成更复杂的数据查询统计工作等;基于 Grover 算法延拓的应用层量子算法也大量涌现,目前已有 Graph 搜索算法、计算几何算法和动态规划算法等都基于 Grover 算法提出了相应的量子算法,以及利用量子 Fourier 变换等进行量子图像处理的研究,与对应的经典算法相比,在计算性能方面取得了理论上的重大提升;此外,利用量子随机漫步进行图形同构性判定也是近年来的一个重要研究方向,利用量子元素甄别算法的思想判断两幅图形是否同构,可以在多项式时间内完成这个经典计算中著名的 NP 难题。从近十多年的量子算法创新来看,如何利用未来的量子计算机解决实际问题,以得到经典计算机无法达到的良好性能,已成为目前量子算法发展的主要方向[75]。

2. 拟态物理计算

自然界中众多的物理现象都遵循着永恒的运动规律,如分子间的作用规律、万有引力定律和库仑定律等,这些物理规律从不同角度揭示了世界万物由无序到有序的运动本质,展示了事物运动的高度自组织性,也为人们研究自组织性智能提供了诸多启迪。近年来涌现的模拟退火算法、类电磁机制算法[76]、中心力算法[77]、引力搜索算法[78]和拟态物理学优化算法[79]正是受自然界有规律的物理现象启发,模拟物理学原理和规律,设计基于种群的寻优策略,为最优化问题的求解提供了有效的解决方案。

拟态物理学最早是由美国怀俄明州立大学的 Spears 等[80,81] 提出的,因为受物理力学定律启发故称为"拟态"。本质上,该方法模拟了牛顿第二定律,描述物体遵循牛顿力学定律在虚拟力作用下的运动规律。通过建立群机器人系统和物理系统的映射,可用于群机器人系统的分布式控制[82],基于个体间的简单引斥力规则,实现群机器人系统智能行为的涌现。其中,物理个体具有质量、速度和位置属性。

考虑优化问题,基于种群的启发式优化算法通常会将问题域中随机采样的样本点看做粒子,粒子在预定的某种智能搜索策略引导下,通过位置迭代逐步求得给定问题的最优解。其中,粒子具有适应值、速度和位置属性。观察到优化搜索和基于拟态物理学的机器人行为控制之间的相似性,太原科技大学曾建潮等率先尝试将拟态物理学相关原理用于全局优化问题的求解,在启发式算法中的搜索粒子与拟态物理学中的抽象粒子之间建立映射,并把后者的引斥力作用规则推广至前者的搜索行为控制中,从而构建了基于拟态物理学的全局优化框架[79]。面向全局优化问题的拟态物理学优化算法的实现关键有两点:①建立物理个体质量和寻优粒子适应值之间的映射关系,个体适应值与其虚拟质量之间呈反比例关系,使得个体适应值越小,质量就越大,产生的引力就越大;②将个体间的虚拟作用力及引斥力规则作为该类优化算法的搜索策略,寻找适合解决优化问题的作用力计算表达式和引斥力规则。在该算法中,适应值较优个体(其质量较大)吸引适应值较差个体(其质量较小),适应值较差个体排斥适应值较优个体;同时为了保留种群最优,最优个体不受其他个体的作用力。在该引斥力规则引导下,个体在其他个体的引斥力合力驱动下将朝着适应值越来越优的方向运动,而整个群体也将不断向着问题最优解所在的区域逼近。

目前,该优化算法的研究尚处于起步阶段,但由相关文献来看,该算法由于其特有的物理模拟机理,初步显示出一定的寻优性能和求解潜力[83,84]。

3. 植物算法

现有的智能计算多采用仿生、拟人和拟物等模拟机理,很少关注到植物这种特殊生物。虽然植物本身无智能,但其物种的变迁和生存也同样遵循达尔文的"物竞天择,适者生存"的自然选择规律,相比较动物而言,植物的生存空间更大,适应性更广,而且个体植物生命周期中的系列生长规律亦包含了许多自然优化模式,例如,植物的向光性动力机制、顶端优势现象和光合作用机制等,能够为现实世界复杂问题的求解提供一种启迪和思路。注意到植物特有的生长速度,李彤等[85]于2005 年提出一种植物生长算法,该算法基于植物的正向光性机制,采用形态发生模型作为建模工具,从外观上模拟植物的生长过程。事实上,在植物的生长过程中光合作用所起的作用是很重要的,它为植物提供了赖以生存的能量,这些能量决定了枝条的生长速度;同时,由于枝条所进行的光合作用需要外界光线的参与,当单侧光线照射枝条时,枝条会发生弯曲,引起向光性运动。由此可见,向光性运动引导了枝条的生长,并在一定程度上决定了枝条的弯曲角度。另外,植物为了获得更充足的阳光,合成更多的能量以保证自身的快速生长,其枝条的顶部(顶芽)会努力向上生长而抑制侧芽生长,这就是植物中常见的顶端优势现象,它是植物调节生长过程的一个很重要的环节,顶芽的存在会抑制侧芽的生长,当摘除顶芽时,侧芽会向着光源充足的地方生长。

受上述研究工作的启发,Cui 等[86]于 2011 年首次面向优化问题提出了一种人工植物算法。该算法综合了植物的正向光性、光合作用及顶端优势等特性,在植物的生长过程与寻优搜索过程之间建立映射,并设计了光合作用算子、顶端优势算子和向光性算子三种操作来实现优化目标解的搜索,其中每种算子均可采用多种灵活的策略来实现。与其他仿生类智能计算相同,人工植物算法依然保留了群体和个体两种概念,其中群体代表优化目标的一组随机抽样解,相对于植物的一个枝条,而个体则代表问题的一个解,相当于植物的一个枝条。植物的生长过程对应于基于群体的寻优过程,个体的寻优即枝条的生长将由三种算子来具体决定。考虑到光照强度直接影响枝条成长状态,光照强度越大,枝条生长得越快越好;反之,枝条的生长越慢越差。因此,寻优个体的优劣(即适应值)对应为植物所接收的光照强度。基于上述映射,人工植物算法可直接应用于优化问题的求解[87,88]。

上述各智能计算研究分支的产生均是相对独立的,在不同程度上均发展成一个相对稳定且宽广的研究方向,有着不同的计算模型与理论基础。但是由于它们具有共同的智能特征,可用来求解各种不同领域中的非线性复杂问题,尤其是现实世界中的各种工程优化问题,因此在发展过程中不可避免地会产生融合,从而形成混合或集成智能计算模型。

1.4　算法研究准则

近年来,由于新型智能计算模型不断涌现,如何面向复杂实际问题设计有效计算模型并对其效能进行评估,则成为一项新的研究课题。下面将阐述几种研究准则用于指导智能计算方法的研究。

1. 无免费午餐定理

Wolpert 和 Macready 于 1997 年在 *IEEE Transactions on Evolutionary Computation* 上发表了题为 *No free lunch theorems for optimization* 的论文[89],提出并严格论证了所谓的无免费午餐定理,简称 NFL 定理。这是一个有趣的研究成果,其结论令众多的研究者感到意外,并在优化领域引发了一场持久的争论。

NFL 定理可以简单表述为:对于所有可能的问题,任意给定两个算法 A 和 B,

如果 A 在某些问题上表现比 B 好(或差),那么 A 在其他问题上的表现就一定比 B 差(或好),也就是说,任意两个算法 A、B 对所有问题的平均表现度量是一致的。值得指出的是,NFL 定理是定义在有限空间的,而在无限空间是否成立尚无定论。

NFL 定理表明:面对形式多样、复杂多变的优化问题,我们不能期望寻找一个万能的、普适的智能计算方法。虽然对于所有函数类不存在"放之四海皆准"的最佳算法,但对于函数的子集却未必如此。在现实世界中存在着大量问题,这些现实问题均可看做所有函数集的特殊子类,其在有限定义域内必定有解[90],而找到这些特殊子类的最优解,正是智能计算的研究动机。

因此,在智能计算的研究过程中,我们需辩证地去分析和应用 NFL 定理,由此可得优化算法研究的一些指导原则[64]。

(1)以算法为导向,从算法到问题。对于每一个算法,都有其适用和不适用的问题;给定一个算法,尽可能通过理论分析,给出其适用问题类的特征。

(2)以问题为导向,从问题到算法。对于一个小的特定的函数集,或者一个特定的实际问题,可以设计专门适用的算法去求解。

2. Occam 剃刀定理

Occam 剃刀定理是由 14 世纪逻辑学家、圣方济各会修士 Occam 提出的。这个原理称为"如无必要,勿增实体"(entities should not be multiplied unnecessarily),即"简单有效原理"。正如他在《箴言书注》2 卷 15 题说的,"切勿浪费较多东西去做用较少的东西同样可以做好的事情"。本质上讲,剃刀定理强调处理问题应保持其简单性,抓住根本,解决实质,不需要人为地把事情复杂化,这样才能更快更有效率地将事情处理好;多出来的东西未必是有益的,相反更容易使人们为自己制造的麻烦而苦恼,因此需要将多余的东西"无情剃掉"。

Occam 剃刀定理在科学领域内引起长时间的争论,并对许多科学研究产生了深远的影响。在智能算法设计中,Occam 剃刀定理是判断过度设计的一条经典法则。事实上,算法设计应该遵循"simple is beauty"的原则,切忌为了不必要的灵活性而使系统变得复杂。智能计算模型往往来源于自然、社会或生物等不同复杂系统的启示,其模拟原型是复杂的,设计者应该从其复杂的行为表象中抽取简单的规则来构建计算模型,而不应选用比"必要"更加复杂的算法模型或操作,简单模型在现实问题的求解过程中往往比复杂模型表现出更强的智能性和优越性[2]。

1.5 本书主要内容及体系结构

本书由基础篇、控制方法篇、协同模型篇、优化应用篇以及结论与展望篇五部分组成,共 11 章,具体结构如图 1-1 所示。

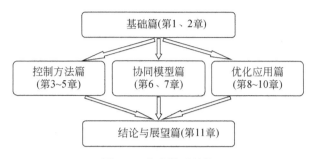

图 1-1 本书体系结构

其中,基础篇介绍了智能计算的发展现状和典型计算模型,以及粒子群优化计算的研究背景、原理、模型、行为及系统特性等相关知识;控制方法篇给出了基于反馈控制理论的三种不同控制优化模型;协同模型篇则展示了基于知识和混合群体的两种协同优化模型;优化应用篇进一步阐述了面向流程工业调度、柔性车间调度、无线传感网络优化的三种优化应用。这三部分核心内容中,控制方法篇和协同模型篇主要基于控制论、群智能和仿生机理等理论与知识,重在方法、策略以及高效模型的设计,其中也穿插着算法应用和理论分析等内容;优化应用篇则专门针对典型离散优化、混合优化和多目标优化等工程应用问题,重在算法的应用研究,根据问题特征进行建模、优化,其中亦穿插着算法分析和策略改进;结论与展望篇对本书内容作了总结并展望了未来的发展方向。最后,附录中给出了标准粒子群优化计算用于函数优化的仿真程序供读者参考。全书内容丰富,为智能计算、粒子群优化计算的读者提供了丰富的方法、思路以及算例。

1.6 本章小结

本章首先介绍了优化问题以及全局和局部优化算法的相关概念,然后分类概述了智能计算的典型模型及其发展起源,并给出算法研究准则,使读者能够以宽广的视野较好地了解智能计算以及粒子群优化计算的研究和发展背景,最后给出了本书的体系结构。

参 考 文 献

[1] 曾建潮,崔志华. 自然计算[M]. 北京:国防工业出版社,2012.

[2] 段海滨,张祥银,徐春芳. 仿生智能计算[M]. 北京:科学出版社,2011.

[3] 王万良,吴启迪. 生产调度智能算法及其应用[M]. 北京:科学出版社,2007.

[4] 焦李成,杜海峰,等. 免疫优化计算、学习与识别[M]. 北京:科学出版社,2006.

[5] 吴启迪,汪镭. 智能微粒群算法研究及应用[M]. 南京:江苏教育出版社,2005.

[6] 王凌. 智能优化算法及其应用[M]. 北京:清华大学出版社,2001.

[7] 潘正君,康立山,陈毓屏. 演化计算[M]. 北京:清华大学出版社,1998.

[8] Storn R,Price K. Differential Evolution-A Simple and Efficient Adaptive Scheme for Global Optimization over Continuous Spaces[R]. Berkley: International Computer Science Institute,1995.

[9] Storn R,Price K. Differential evolution-a simple and efficient heuristic for global optimization over continuous spaces[J]. Journal of Global Optimization,1997,11(4): 341-359.

[10] Holland J H. Adaptation in Natural and Artificial Systems[M]. Ann Arbor: University of Michigan Press,1975.

[11] Schwefel H P. Numerical Optimization of Computer Models[M]. Chichester: John Wiely & Sons,1981.

[12] Fogel L J,Owens A J,Walsh M J. Artificial Intelligence through Simulated Evolution[M]. NewYork: John Wiley,1966.

[13] Koza J R. Genetic Programming: On the Programming of Computers by Means of Natural Selection[M]. Cambridge: MIT Press,1992.

[14] Price K,Storn R,Lampinen J. Differential Evolution: A Practical Approach to Global Optimization[M]. Berlin:Springer-Verlag Press,2005.

[15] 刘波,王凌,金以慧. 差分进化算法研究进展[J]. 控制与决策,2007,22(7): 721-729.

[16] 杨启文,蔡亮,薛云灿. 差分进化算法综述[J]. 模式识别与人工智能,2008,21(4): 506-513.

[17] Reynolds R G. An introduction to cultural algorithms[C]. Proceedings of the 3rd Annual Conference on Evolutionary Programming,San Diego,1994: 131-139.

[18] Reynolds R G,Zhu S N. Knowledge-based function optimization using fuzzy cultural algorithms with evolutionary programming[J]. IEEE Transaction on System,Man and Cybernetics,2001,31(1): 1-18.

[19] Reynolds R G,Peng B,Alomari R S. Cultural evolution of ensemble learning for problem solving[C]. Proceedings of the IEEE Congress on Evolutionary Computation,Vancouver,2006: 1119-1126.

[20] Reynolds R G,Ali M. Embedding a social fabric component into cultural algorithms toolkit for an enhanced knowledge-driven engineering optimization[J]. International Journal of Intelligent Computing and Cybernetics,2008,1(4): 563-597.

[21] Chung C J. Knowledge-based Approaches to Self-adaptation in Cultural Algorithms[D]. Detroit: Wayne State University,1997.

[22] 郭一楠,巩敦卫. 双层进化交互式遗传算法的知识提取与利用[J]. 控制与决策,2007,22(12): 1329-1335.

[23] Peng B. Knowledge and Population Swarms in Cultural Algorithms for Dynamic Environments[D]. Detroit: Wayne State University,2005.

[24] Moscato P. On Evolution,Search,Optimization,Genetic Algorithms and Martial Arts: Towards Memetic Algorithms[R]. Pasadena: California Institute of Technology,1989.

[25] Ong Y S,Lim M H,Chen X S. Research frontier: memetic computation-past,present &future[J]. IEEE Computational Intelligence Magazine,2010,5(2): 24-36.

[26] Ong Y S,Krasnogor N,Ishibuchi H. Special issue on memetic algorithms[J]. IEEE Transaction on Systems,Man and Cybernetics,Part B,2007,37(1): 2-5.

[27] Smith J,Krasnogor N,Hart W. Editorial introduction to special issue on memetic algorithms[J]. Evolutionary Computation,2004,12(3): 3-4.

[28] 刘漫丹. 文化基因算法(memetic algorithm)研究进展[J]. 控制理论与应用,2007,26(11): 1-4,18.

[29] Sun C Y,Sun Y. Mind-evolution-based machine learning: framework and the implementation of optimiza-

tion[C]. Proceedings of the IEEE Conference on Intelligent Engineering Systems, Vienna, 1998：355-359.

[30] 孙承意,谢克明,程明琦. 基于思维进化机器学习的框架及新进展[J]. 太原理工大学学报,1999,30(5)：453-457.

[31] Zeng J C, Zha K. An mind-evolution method for solving numerical optimization problems[C]. Proceedings of the 3rd World Congress on Intelligent Control and Automation, Hefei, 2000：126-128.

[32] Jie J, Zeng J C, Han C Z. An extended mind evolutionary computation model for optimizations[J]. Applied Mathematics and Computation, 2007, 185(2)：1038-1049.

[33] 查凯,介婧,曾建潮. 基于思维进化算法的常微分方程组演化建模[J]. 系统仿真学报,2002,14(2)：539-543.

[34] 刘宏怀,张晓林,孙承意. 思维进化计算在图像识别中的应用[J]. 电子测量技术,2006,29(5)：61-62.

[35] 崔志华. 社会情感优化算法[M]. 北京：电子工业出版社,2011.

[36] 崔志华. 群集智能的新发展——社会情感计算[M]//肖人彬. 面向复杂系统的群集智能. 北京：科学出版社,2013.

[37] 曾建潮,崔志华,等. 自然计算[M]. 北京：国防工业出版社,2012.

[38] James W. Psychology：Briefer Course[M]. New York：Holt, 1890.

[39] McCulloch W S, Pitts W. A logic calculus of the ideas immanent in nervous activity[J]. Bulletin of Mathematical Biophysics, 1943, 5：115-133.

[40] Minsky M, Papert S. Perceptions[M]. Cambridge：MIT Press, 1969.

[41] Hopfield J, Tank D. Neural computation of decisions in optimization problems[J]. Biological Cybernetics, 1985, 52(3)：141-152.

[42] Hopfield J, Tank D. Computing with neural circuits：a model[J]. Science, 1986, 233(4764)：625-633.

[43] McClelland J, Rumelhart D. Explorations in Parallel Distributed Processing[M]. Cambridge：MIT Press, 1988.

[44] 阎平凡,张长水. 人工神经网络与模拟进化计算[M]. 北京：清华大学出版社,2000.

[45] 徐新黎. 生产调度问题的智能优化方法研究及应用[D]. 杭州：浙江工业大学,2009.

[46] Farmer J D, Packard N H, Perelson A S. The immune system[J]. Adaptation and Machine Learning, 1986, 22：187-204.

[47] Dasgupta D. Artificial neural networks and artificial immune systems：similarities and differences[C]. Proceedings of the IEEE on System, Man and Cybernetics Conference, Orlando, 1997：873-878.

[48] de Castro L N, von Zuben F J. Artificial Immune System-Part I：Basic Theory and Application[R]. Brazil：Technical Report RT-DCA 01, 1999.

[49] Timmis J, Neal M, Hunt J. An artificial immune system for data analysis[J]. Biosystem, 2000, 55(1)：143-150.

[50] 焦李成,尚荣华,马文萍,等. 多目标优化免疫算法、理论和应用[M]. 北京：科学出版社,2010.

[51] 莫宏伟,左兴权. 人工免疫系统[M]. 北京：科学出版社,2009.

[52] Adleman L. Molecular computation of solutions to combinatorial problems[J]. Science, 1994, 266(5187)：1021-1024.

[53] Amosa M, Paun G, Rozenberg G, et al. Topic in the theory of DNA computing[J]. Theoretical Computer Science, 2002, 287(1)：3-38.

[54] Bonabeau E, Dorigo M, Theraulaz G. Swarm Intelligence from Natural to Artificial Systems[M]. New

York: Oxford University Press, 1999.

[55] Millonas M M. Swarm, Phase Transitions, and Collective Intelligence[M]//Langton C G. Artificial Life Ⅲ. New Jersey: Addison Wesley, 1994.

[56] Dorigo M, Maniezzo V, Colorni A. The ant system: optimization by a colony of cooperation agents[J]. IEEE Transactions on System, Man and Cybernetics, Part B, 1996, 26(1): 1-13.

[57] Dorigo M, Gambardella L M. Ant colony system: a cooperative learning approach to the traveling salesman problem[J]. IEEE Transactions on Evolutionary Computation, 1997, 1(1): 53-66.

[58] Dorigo M, Stutzle S. 蚁群优化[M]. 张军, 胡晓敏, 罗旭耀, 译. 北京: 清华大学出版社, 2007.

[59] Bonabeau E, Theraulaz G, Deneubourg J L. Quantitative study of the fixed threshold model for the regulation of division of labour in insect societies[C]. Proceedings of the Royal Society, London, 1996: 1565-1569.

[60] Deneubourg J L, Goss S, Franks N, et al. The dynamics of collective sorting: robot-like ants and ant-like robots[C]. Proceedings of the 1st International Conference on Simulation of Adaptive Behavior: From Animals to Animats, Paris, 1991: 356-363.

[61] 段海滨. 蚁群算法原理及其应用[M]. 北京: 科学出版社, 2005.

[62] Kennedy J, Eberhart R. Particle swarm optimization[C]. Proceedings of the 4th IEEE International Conference on Neural Networks, Perth, 1995: 1942-1948.

[63] 彭喜元, 彭宇, 戴毓丰. 群智能理论及应用[J]. 电子学报, 2003, 31(12A): 1982-1988.

[64] 曾建潮, 介婧, 崔志华. 微粒群算法[M]. 北京: 科学出版社, 2004.

[65] Kennedy J, Eberhart R C. Swarm Intelligence[M]. San Francisco: Morgan Kaufmann Publisher, 2001.

[66] Karaboga D. An Idea Based on Honey Bee Swarm for Numerical Optimization[R]. Kayseri: Erciyes University, 2005.

[67] Karaboga D, Akay B. Artificial bee colony algorithm on training artificial neural networks[C]. Proceedings of the 15th IEEE Signal Proceeding and Communications Applications Conference, Eskisehir, 2007: 1-4.

[68] Xu C F, Duan H B. Artificial bee colony(ABC) optimized edge potential function(EPF) approach to target recognition for low-altitude aircraft[J]. Pattern Recognition Letters, 2010, 31(13): 1759-1772.

[69] Xu C F, Duan H B, Liu F. Chaotic artificial bee colony approach to uninhabited combat air vehicle (UCAV) path planning[J]. Aerospace Science and Technology, 2010, 14(8): 535-541.

[70] Huang Y M, Lin J C. A new bee colony optimization algorithm with idle-time-based filtering scheme for open shop-scheduling problems[J]. Expert Systems with Applications, 2011, 38(5): 5438-5447.

[71] Deutsch D. Quantum theory, the church-turing principle and the universal quantum computer[C]. Proceedings of the Royal Society, London, 1985: 97-117.

[72] Shor P W. Algorithms for quantum computation: Discrete logarithms and factoring[C]. Proceedings of the 35th Annual Symposium on Foundations of Computer Science, Santa Fe, 1994: 124-134.

[73] Grover L K. A fast quantum mechanical algorithm for database search[C]. Proceedings of the 28th Annual ACM Symposium on Theory of Computing, Philadelphia, 1996: 212-219.

[74] Ambainis A. Quantum walk algorithm for element distinctness[J]. SIAM Journal on Computing, 2007, 37(1): 210-239.

[75] 张毅, 卢凯, 高颖慧. 量子算法与量子衍生算法[J]. 计算机学报, 2013, 36(9): 1835-1842.

[76] Birbil S I, Fang S C. An electromagnetism-like mechanism for global optimization[J]. Journal of Global

Optimization,2003,25(3):263-282.

[77] Formato R A. Central force optimization: a new nature inspired computational framework for multidimensional search and optimization[J]. Nature Inspired Cooperative Strategies for Optimization,2008, 129:221-238.

[78] Rashedi E,Nezamabadipour H,Saryazdi S. GSA:a gravitational search algorithm[J]. Information Science,2009,179(13):2232-2248.

[79] 谢丽萍,曾建潮. 受拟态物理学启发的全局优化算法[J]. 系统工程理论与实践,2010,30(12):2276-2282.

[80] Spears W M,Spears D F,Heil R,et al. An overview of physicomimetics[J]. Lecture Notes in Computer Science-State of the Art Series,2004:84-97.

[81] Spears W M. Physicomimetics:Physics-based Swarm Intelligence[M]. Berlin:Springer-Verlag Press,2011.

[82] Spears D F,Kerr W,Spears W M. Physics-based robot swarms for coverage problems[J]. International Journal on Intelligent Control and Systems,2006,11(3):11-23.

[83] 谢丽萍,曾建潮. 基于拟态物理学方法的全局优化算法[J]. 计算机研究与发展,2011,48(5):848-854.

[84] 王艳,曾建潮. 一种基于拟态物理学优化的多目标优化算法[J]. 控制与决策,2010,25(7):1040-1044.

[85] 李彤,王春峰,王文波,等. 求解整数规划的一种仿生类全局优化算法——模拟植物生长算法[J]. 系统工程理论与实践,2005,25(1):76-85.

[86] Cui Z H,Cai X J. A new stochastic algorithm to solve lennard-Jones clusters[C]. Proceedings of the 3rd International Conference of Soft Computing and Pattern Recognition,Dalian,2011:528-532.

[87] Cui Z H,Yang H J,Shi Z H. Using artificial plant optimization algorithm to solve coverage problem in WSN[J]. Sensor Letters,2012,10(8):1666-1675.

[88] Yang X S,Cui Z H,Xiao R B,et al. Swarm Intelligence and Bio-inspired Computation:Theory and Applications[M]. Burlington:Elsevier Science,2013:351-365.

[89] Wolpert D H,Macready W G. No free lunch theorems for optimization[J]. IEEE Transactions on Evolutionary Computation,1997,1(1):67-82.

[90] Christensen S,Oppacher F. What can we learn from No Free Lunch? a first attempt to characterize the concept of a searchable Function[C]. Proceedings of the Genetic and Evolutionary Computation Conference,San Francisco,2001:1219-1226.

第 2 章　粒子群优化计算研究基础

2.1　引　　言

粒子群优化计算(PSO)是一种典型的群智能优化算法,最早是由美国社会心理学家 Kennedy 和电气工程师 Eberhart 于 1995 年共同提出的。算法源于对鸟群、鱼群等生物系统的社会行为以及人类认知机理的模拟,其直观背景依托的是动物行为学和社会心理学,其设计思想与进化计算以及人工生命密切相关。

本章首先介绍粒子群优化计算的起源、优化机理以及计算模型,随后给出了算法的社会行为以及收敛行为分析,接着剖析了算法的自组织性、反馈控制机制以及分布式等系统特征,最后分类介绍了粒子群优化计算的研究进展。

2.2　粒子群优化计算简介

2.2.1　算法起源

自然界中的鸟群、鱼群等群居性生物的社会行为一直受到生物学家、动物学家以及社会学家的关注。当观察到鸟群的飞翔和群舞行为时,人们总会诧异于它们为什么能如此一致地朝一个方向飞行,或突然同时转向、分散、再聚集。生物学家和动物学家猜测这些变幻莫测的群体行为仅仅是由单个个体某种简单的行为规则所导致的,而鸟群之所以能在快速飞行中保持各种美妙的队形,仅仅是因为每只鸟为了避免和其他的鸟发生碰撞而努力在飞行中和其他鸟保持合适的最优距离。为了探索其中的奥妙,研究者通过对每个个体的行为建立简单的数学模型,在计算机上模拟和再现这些群体行为。

1986 年,Reynolds 设计了一个有趣的人工生命系统 boid,用于再现鸟群的聚集行为。计算机仿真模型中,群体中每个个体遵循以下简单的规则[1]:①飞离最近的个体,以避免碰撞;②飞向目标;③飞向群体的中心。

在上述简单个体行为规则的控制下,计算机仿真实验中涌现了接近现实鸟群聚集行为的现象。随着时间的推移,初始处于随机状态的鸟通过自组织逐步聚集成小的群落,并且以相同速度朝着相同方向飞行;小的群落又聚集成大的群落,群落过大后又将会分散为一个个小的群落;遇到障碍物时鸟群会迅速分裂,绕过障碍物后又会再度汇合。这些行为和现实中观察到的鸟群行为显然是一致的。

　　借助于计算机仿真的可视化界面，Reynolds 注意到鸟群的协同行为似乎处于某种集中控制之下。然而自然界观察到的鸟群或鱼群的聚集行为并不受组织中个体数量的影响，是一种与尺度无关的行为。显然，鸟群或鱼群的自然个体只具有极其有限的能力，在群集活动中一只鸟或一条鱼只能关注少量邻居个体，信息的交互只能是局部的而非全局的。也就是说，群体中并不存在集中控制，群体不可预知的复杂行为，源于具有简单行为规则的个体的局部信息感知和交互。

　　Eberhart 和 Kennedy 采纳了 Reynolds 的群体模型，将 boid 视为粒子，粒子在飞行过程中也遵循类似的行为规则。

　　Heppner 等[2]建立了模拟鸟群飞向栖息地的行为模型。在模型仿真中，初始时每只鸟均无特定目标飞行着，直到有一只鸟飞到栖息地。由于鸟类使用简单的规则确定自己的飞行方向与飞行速度（实际上，每一只鸟都试图停在鸟群中而又不相互碰撞），当一只鸟飞离鸟群而飞向栖息地时，将导致它周围的其他鸟也飞向栖息地。这些鸟一旦发现栖息地，将降落在此，驱使更多的鸟落在栖息地，直到整个鸟群都落在栖息地。

　　考虑到鸟类寻找栖息地与求解特定问题的过程类似，Eberhart 和 Kennedy 对 Heppner 的模型进行了修正，将寻找问题的最好解作为粒子的社会信念，引导粒子能够飞越解空间并在最好解处降落，信念的社会性又促使个体向周围的成功者学习。一方面，希望个体具有个性化，像鸟类模型中的鸟不互相碰撞，停留在鸟群中，另一方面又希望其知道其他个体已经找到的好解并向它们学习，即社会性；当粒子的个性和社会性之间寻求到一种平衡时，则可实现优化过程中开发和探测之间的有效平衡。经过上述的思考和反复的修正，最终导致粒子群优化算法作为一种优化工具而问世。Kennedy 和 Eberhart 在 1995 年的 IEEE 国际神经网络学术会议上正式发表了题为 *Particle swarm optimization*（PSO）的文章，标志着粒子群优化计算的诞生。

　　Kennedy 和 Eberhart 曾这样描述粒子群优化算法的思想起源[3]：自 20 世纪 30 年代以来，社会心理学的发展揭示：我们都是鱼群或鸟群聚集行为的遵循者。在人们的不断交互过程中，由于相互的影响和模仿，他们总会变得更相似，结果就形成了规范和文明。人类的自然行为和鱼群及鸟群并不类似，而人类在高维认知空间中的思维轨迹却与之非常类似。思维背后的社会现象远比鱼群和鸟群聚集过程中的优美动作复杂得多：首先，思维发生在信念空间，其维数远远高于 3。其次，当两种思想在认知空间汇聚于同一点时，我们称其一致，而不是发生冲突。由此有理由认为，PSO 是在信念空间对人类思维和人类社会行为的一种高级智能性的模拟。

2.2.2 算法原理及计算模型

1. 基本 PSO 模型

与其他进化类算法相似，粒子群优化算法也采用"群体"和"进化"的概念，同样是依据个体的适应值大小进行操作。所不同的是，粒子群优化算法对个体并不使用进化算子，而是将个体看做搜索空间中的一个没有重量和体积的粒子，粒子在搜索空间中以一定的速度飞行，飞行状态可以通过速度与位置向量来描述，其飞行速度由个体的飞行经验和群体的飞行经验进行动态调整。

考虑如下全局优化问题：

$$\min \sigma = f(X)$$
$$\text{s. t.} \quad X \in S \subset \mathbf{R}^n \tag{2-1}$$

记群体中任意粒子 i 的位置为 $X_i = (x_{i1}, x_{i2}, \cdots, x_{id}, \cdots, x_{in})$，速度为 $V_i = (v_{i1}, v_{i2}, \cdots, v_{id}, \cdots, v_{in})$，且该粒子所经历的最好位置为 $P_i = (p_{i1}, p_{i2}, \cdots, p_{id}, \cdots, p_{in})$，群体所经历的最好位置为 $P_g = (p_{g1}, p_{g2}, \cdots, p_{gd} \cdots, p_{gn})$，则粒子的速度与位置取决于下述的更新方程：

$$\begin{cases} v_{id}(t+1) = v_{id}(t) + c_1 r_1 (p_{id}(t) - x_{id}(t)) + c_2 r_2 (p_{gd}(t) - x_{id}(t)) \\ x_{id}(t+1) = x_{id}(t) + v_{id}(t+1) \end{cases} \tag{2-2}$$

式中，c_1、c_2 是两个加速度常数，分别称为认知学习因子和社会学习因子；r_1、r_2 是服从 $(0,1)$ 上均匀分布相互独立的两个随机数。

粒子 i 所经历的最好位置 $P_i(t)$ 由式(2-3)确定：

$$P_i(t) = \begin{cases} P_i(t-1), & f(X_i(t)) \geqslant f(P_i(t-1)) \\ X_i(t), & f(X_i(t)) < f(P_i(t-1)) \end{cases} \tag{2-3}$$

而群体所经历过的最好位置 $P_g(t)$ 由式(2-4)确定：

$$P_g(t) = \arg \min\{f(P_0(t)), f(P_1(t)), \cdots, f(P_s(t))\} \tag{2-4}$$

从上述粒子的更新方程可以看出，c_1 用来调节粒子飞向自身最好位置方向的步长，c_2 用来调节粒子向全局最好位置飞行的步长。为了减少进化过程中粒子飞出搜索空间的可能性，V_i 通常限定于一定范围内，即 $V_i \in [-V_{\max}, V_{\max}]$。如果问题的搜索空间限定在 $[-X_{\max}, X_{\max}]$ 内，则可设定 $V_{\max} = k \cdot X_{\max}$，$0.1 \leqslant k \leqslant 1$。

式(2-2)描述了 Eberhart 和 Kennedy 最早提出的粒子群优化模型，在后续的内容中，称该模型为基本粒子群优化(basic particle swarm optimization，BPSO)算法。

2. 标准 PSO 模型

在 BPSO 模型中，粒子的飞行速度相当于搜索步长，其大小直接影响着算法的优化性能。当粒子的搜索步长过大时,粒子能够以较快的速度飞向目标区域,但是当逼近最优解时,过大的搜索步长很容易使得粒子飞越最优解,转而去探索其他区域,从而使算法难以收敛;当粒子的搜索步长过小时,尽管能够保证算法局部区域的精细搜索,但却直接导致算法全局探测能力的降低。由此可知,为达到算法局部开采和全局探测之间的有效平衡,必须对粒子的飞行速度采取有效的控制与约束。

为此,Shi 等在 BPSO 算法中引入了名为惯性权重(inertial weight)的控制参数,来实现对粒子飞行速度的有效控制[4]。这一思想源于模拟退火算法,惯性权重类似于其中的温度控制参数。计算模型如下:

$$
\begin{cases}
v_{id}(t+1) = wv_{id}(t) + c_1 r_1 (p_{id}(t) - x_{id}(t)) + c_2 r_2 (p_{gd}(t) - x_{id}(t)) \\
x_{id}(t+1) = x_{id}(t) + v_{id}(t+1)
\end{cases}
$$

$$(2\text{-}5)$$

式中,w 为惯性权重。Shi 和 Eberhart 通过大量的实验,仔细研究了惯性权值 w 对算法优化性能的影响,发现 w 可以取代 $V_{\max}$ 对速度的约束作用,较大的 w 有利于跳出局部极值从而提高算法的全局探测能力,而较小的 w 值则有利于提高算法的局部搜索能力。他们建议,在搜索过程中可以对 w 进行动态调整:算法初期可以选用较大的 w,而算法后期则选用较小的 w。在此基础上,他们提出了令 w 随搜索时间线性减小的调整策略(linearly decreased inertial weight,LDIW)[5],具体调整方法如下:

$$
w = w_{\mathrm{I}} + (w_{\mathrm{T}} - w_{\mathrm{I}}) \frac{t}{T_{\max}}
$$

$$(2\text{-}6)$$

式中,w_{I} 为初始时的惯性权重;w_{T} 为终止时的惯性权重;t 为当前搜索时间;$T_{\max}$ 为最大迭代次数。

在实验中,当 w 从 0.9 随时间线性减小至 0.4 时,算法的优化性能有较明显的改善。除此之外,他们还提出了惯性权重的随机调整[6]和模糊控制策略[7],用于进一步提高算法在动态环境中的跟踪能力以及算法的全局优化能力。

引入惯性权重的粒子群优化计算模型通常被称为标准粒子群优化(standard particle swarm optimization,SPSO)算法,粒子群优化算法的诸多研究以及本书内容均以此模型为研究基础。

2.3　粒子群优化计算行为分析

2.3.1　社会行为分析

由式(2-2)可知,简单粒子群优化算法的速度更新方程可分成三项:第一项为动量部分,表示粒子以先前速度所进行的惯性运动;第二项为认知部分,代表粒子对自己历史经验的认知和肯定,鼓励粒子飞向自身所发现的最佳位置;第三项为社会部分,表示粒子对群体社会信息的共享和学习,引导粒子飞向群体所经历的最佳位置。上述三项以不同的权重相互协调和制约,第一部分为粒子的飞行提供了必要的动量,第二项和第三项则对算法的局部和全局搜索有一定的平衡作用。模型中,认知因子 c_1 决定了粒子飞行过程中所记忆的历史最好位置对自身当前飞行速度的影响大小,而社会因子 c_2 决定了整个群体的历史最好位置对粒子当前飞行速度的影响,由此可见,加速度系数 c_1、c_2 对算法性能的好坏有着本质的决定作用。

假设 SPSO 算法的速度进化方程仅包含认知部分,即认知模型(cognition-only model):

$$v_{id}(t+1) = wv_{id}(t) + c_1 r_1 (p_{id}(t) - x_{id}(t)) \tag{2-7}$$

此时,由于粒子间不存在社会信息共享和信息交互,粒子的搜索是相互独立且非互惠的,因此失去了群体搜索的优势,一方面会造成搜索效率的降低,另一方面由于强调了粒子的个性化而保证了搜索群体的多样性,一定程度上会减少算法陷入局部极点的可能。

假设 SPSO 的速度进化方程中仅包含社会部分,即社会模型(social-only model):

$$v_{id}(t+1) = wv_{id}(t) + c_2 r_2 (p_{gd}(t) - x_{id}(t)) \tag{2-8}$$

此时,粒子不具备认知能力,粒子之间却存在着信息共享和交互。受群体最优信息的指导,每一粒子都有能力快速到达新的搜索空间。与基本粒子群优化算法相比,此模型具有更快的收敛速度,然而对于复杂问题,粒子的单一趋同却容易使算法陷入局部极点。

Kennedy 以 XOR 问题的神经网络训练为例进行了大量仿真实验,证明了上述结论。有结果显示,在某些问题中,模型的社会部分似乎显得比认知部分更重要,但两部分的相对重要性还难从理论上给予定论,相应控制参数 c_1、c_2 的合理选取要视具体问题而定。基于大量的实验分析,Kennedy 指出 c_1 与 c_2 之和最好接近 4.0,同时权衡社会部分和认知部分的作用,建议取 $c_1 \approx c_2 = 2.05$。

2.3.2　收敛行为分析

为了分析标准粒子群优化算法的收敛性,Bergh[8] 曾利用递归求极限的方法,对单个粒子的运动行为进行分析,进而给出保证粒子轨迹收敛的参数取值范围。

为方便起见,Bergh 将算法的分析限定于一维空间,因此单个粒子的更新方程可由式(2-5)所示的标准粒子群优化算法模型简化为

$$\begin{cases} v(t+1) = wv(t) + c_1 r_1 (p_i(t) - x(t)) + c_2 r_2 (p_g(t) - x(t)) \\ x(t+1) = x(t) + v(t+1) \end{cases} \tag{2-9}$$

记 $\varphi_1 = c_1 r_1$,$\varphi_2 = c_2 r_2$,简记 $x(t) = x_t$,并设 w、φ_1、φ_2 为常量,单个粒子和群体的最佳位置 p 和 p_g 在某一时间段内也为常量,则其速度和位置更新方程可进一

步简写为

$$v_{t+1} = wv_t + c_1 r_1 (p - x_t) + c_2 r_2 (p_g - x_t) \tag{2-10}$$

$$x_{t+1} = x_t + v_{t+1} \tag{2-11}$$

将上述两式合并,整理可得

$$x_{t+1} = (1 + w - \varphi_1 - \varphi_2) x_t - w x_{t-1} + \varphi_1 p + \varphi_2 p_g \tag{2-12}$$

显然,式(2-12)是一个非奇次递归方程,可表示为如下矩阵形式:

$$\begin{bmatrix} x_{t+1} \\ x_t \\ 1 \end{bmatrix} = \begin{bmatrix} 1 + w - \varphi_1 - \varphi_2 & -w & \varphi_1 p + \varphi_2 p_g \\ 1 & 0 & 0 \\ 0 & 0 & 1 \end{bmatrix} \begin{bmatrix} x_t \\ x_{t-1} \\ 1 \end{bmatrix} \tag{2-13}$$

上述矩阵的特征方程为

$$(1 - \lambda) [\lambda^2 - \lambda (1 + w - \varphi_1 - \varphi_2) + w] = 0 \tag{2-14}$$

除了 $\lambda = 1$ 的特征根之外,式(2-14)的特征方程还有如下 2 个特征根:

$$\alpha = \frac{1 + w - \varphi_1 - \varphi_2 + \gamma}{2} \tag{2-15}$$

$$\beta = \frac{1 + w - \varphi_1 - \varphi_2 - \gamma}{2} \tag{2-16}$$

式中

$$\gamma = \sqrt{(1 + w - \varphi_1 - \varphi_2)^2 - 4w} \tag{2-17}$$

因此,递归方程式(2-12)有如下解:

$$x_t = k_1 + k_2 \alpha^t + k_3 \beta^t \tag{2-18}$$

当给定初始条件 x_0 和 x_1 后,可求得式(2-18)的 3 个系数分别为

$$k_1 = \frac{\varphi_1 p + \varphi_2 p_g}{\varphi_1 + \varphi_2} \tag{2-19}$$

$$k_2 = \frac{\beta(x_0 - x_1) - x_1 + x_2}{\gamma(\alpha - 1)} \tag{2-20}$$

$$k_3 = \frac{\alpha(x_1 - x_0) + x_1 - x_2}{\gamma(\beta - 1)} \tag{2-21}$$

式中

$$x_2 = (1 + w - \varphi_1 - \varphi_2) x_1 - w x_0 + \varphi_1 p + \varphi_2 p_g \tag{2-22}$$

据此,粒子的运动轨迹可由式(2-18)来描述。

考虑 x_t 的极限:

$$\lim_{t \to \infty} x_t = \lim_{t \to \infty} (k_1 + k_2 \alpha^t + k_3 \beta^t) \tag{2-23}$$

显然,当 $\max(\| \alpha \|, \| \beta \|) > 1$ 时,序列 $\{x_t\}_{t=0}^{+\infty}$ 将发散,其极限不存在,粒子的轨迹是发散的;当选择参数 w、φ_1、φ_2 使得 $\max(\| \alpha \|, \| \beta \|) < 1$ 满足时,序列

$\{x_t\}_{t=0}^{+\infty}$ 将收敛,即有

$$\lim_{t \to \infty} x_t = \lim_{t \to \infty}(k_1 + k_2\alpha^t + k_3\beta^t) = k_1 = \frac{\varphi_1 p + \varphi_2 p_g}{\varphi_1 + \varphi_2} \tag{2-24}$$

在上述的分析过程中,φ_1 和 φ_2 被视为常量,但实际算法中却是 2 个服从均匀分布的随机量,考虑其期望值:

$$E(\varphi_1) = E(c_1 r_1) = c_1 \int_0^1 x \mathrm{d}x = \frac{c_1}{2} \tag{2-25}$$

$$E(\varphi_2) = E(c_2 r_2) = c_2 \int_0^1 x \mathrm{d}x = \frac{c_2}{2} \tag{2-26}$$

将式(2-24)中的随机量 φ_1 和 φ_2 用其期望值代替,可得

$$\begin{aligned} \lim_{t \to \infty} x_t &= \frac{c_1 p + c_2 p_g}{c_1 + c_2} = \frac{c_1}{c_1 + c_2}p + \left(1 - \frac{c_1}{c_1 + c_2}\right)p_g \\ &= ap + (1-a)p_g \end{aligned} \tag{2-27}$$

基于以上分析可知,粒子的运动轨迹是收敛还是发散真正取决于算法参数 w、c_1 和 c_2。当精心选择的算法参数能够使粒子以收敛的轨迹运行时,粒子最终将收敛于自身历史最优和群体历史最优的某一线性加权位置。

经进一步的分析,Bergh 指出,当算法参数 w、c_1 和 c_2 满足如下关系时:

$$1 > w > \frac{1}{2}(c_1 + c_2) - 1 \tag{2-28}$$

粒子可以得到收敛的运动轨迹。尽管可以通过参数选择使粒子的轨迹收敛,但是上述结论只能说明标准粒子群优化算法具有收敛性,但却并不能保证算法能够收敛于某一局部极值或全局极值。因此,标准粒子群优化算法的全局收敛性尚有待于进一步的研究和改进。

2.4　粒子群优化计算的系统特征

系统创始人 Bertalanffy 曾给出"系统"的定义:系统是处于一定相互关系中并与环境发生关系的各组成部分(要素)的综合体。这个定义强调的不是功能,而是系统元素之间的相互作用以及系统对于元素的整体作用[9]。

显然,粒子群优化算法的自然模拟原型是鸟群、鱼群等群居性生物系统,这些系统具有多元性、相关性和整体性,其产生的映射自然也是一种人工系统。和所有的自然计算方法相同,粒子群优化算法的运行基础是由一定数目个体构成的群体,而采用群体搜索机制的优化结果要明显优于单个粒子个体的优化结果,因此系统不具有加和性。从优化角度看,粒子群优化算法采用群体搜索方式;从信息处理的角度来看,群体中的个体之间均存在着信息的感知和交互。通过个体元素的信息交互和相互作用,系统能够有效地实现优化目标,这充分体现了系统的完整性和整

体突现原理。因此,粒子群优化算法本身就是一个系统,而算法中的粒子元素也可视做一个个子系统,可以采用系统的方法和观点来对其加以研究。

2.4.1　自组织性和涌现特性

自组织性是自然系统或生物系统的本质属性,因此也是粒子群优化算法、蚁群算法、遗传算法、人工免疫系统和人工神经网络等仿生类算法的基本特征之一。

和其他的自然计算方法一样,粒子群优化算法中的群体系统是自组织群体,其中的个体间存在着相互作用和信息交互。在寻优过程中,个体逐渐会从无序的随机搜索慢慢趋向于全局最优解的方向,从无序到有序,体现了系统的自组织演化。

自组织理论主要包括耗散结构理论、协同学和超循环理论等,它们力图沟通物理学与生物学甚至社会科学,对时间本质问题等的研究有突破性的进展,一定程度上揭示了生物及社会领域的有序现象[10-13]。

根据自组织理论,系统从无序向有序转化,必须具备开放性、非平衡性、非线性和随机涨落等条件[14]。

(1)开放性是指产生有序结构的系统必须是一个开放系统,能不断与外界进行交互作用,从而使外部输入负熵大于内部熵的增加,从而使系统熵减少,或至少保持不变,这样才能维持自身的有序结构,或者使系统更趋向复杂化。

(2)非平衡性是指系统欲从无序走向有序,必须处于远离热平衡态。在热平衡态附近,不会出现新的有序结构。系统中的交互作用只发生在远离均衡态的时候,这种情况下才有可能从杂乱无序的初态,跃迁到新的有序状态。

(3)非线性是指形成有序结构的系统内部各要素之间要有非线性的相互作用。这种相互作用使系统内各要素间产生相干效应与协同动作,从而变无序为有序。非线性的相互作用,会导致系统有序化的多方向性。

(4)随机涨落是指在一个系统从无序向有序转化的过程中,偶然性、随机涨落起着十分重要的作用,即通过涨落才能导致有序。

在自组织系统中,低层次局部单元在没有中心控制的情况下,仅通过简单的交互作用就能产生宏观形态或秩序。与还原论不同的是,自组织系统的设计是一个自下而上的过程[15]。设计者只需规定各个个体行为的局部规则,不用预先设定群体行为的“全面规则”,而系统的宏观形态或秩序可以由低层次的个体之间局部地相互作用,随着时间的发展而表现出来。系统科学把这种整体具有而部分不具有的东西,即那些高层次具有而还原到低层次就不复存在的属性、特征、行为和功能等,称为涌现。

通常,自组织系统中的涌现性质具有以下特性。

(1)适应性。使得一个生物系统可以对环境的变化作出调整,在环境中生存下来。自组织系统的状态处于完全的秩序与完全的混沌之间,是具有最大适应性的系统。

（2）行为规则的简洁性。不需要复杂的行为规则，就可以适应变动的环境。也就是说，个体所具有的生物本能行为模型可以大大地减少，不必每一种只有细微差异的环境都得有全新的行为模型与之相适应。

涌现的性质阐明了整体为何大于部分之和。只把部分特性累加起来的整体特性不是涌现性，只有那些依赖于部分之间特定关系的特征才是涌现性。涌现是作为总体系统行为从多个系统元素的相互作用中产生出来的，从系统的各个组成部分的孤立行为中无法预测，甚至无法想象。如果我们从物质世界的最深层次，即基本粒子谈起，一切整体涌现性都是组成整体的各部分相互作用、相互制约的结果。一切涌现现象归根结底是结构效应、组织效应，即系统的组成部分相互作用造成的整体效应[16]。也可以将涌现理解成一种群体协作：生物群体内部的每个个体都只有解决简单问题的局部性知识和目标，以及约束各个个体行为的若干规则，没有统一的整体性知识和目标，但整个群体却表现出了巧妙解决复杂问题的强大能力。

例如，社会性生物如蚁群、蜂群、鸟群和人类等，在这些生物的群体行为中存在一种自然智能协作机制，它能保证生物群体的能力高于任何单一个体的能力，使整个群体能够更好地生存繁衍下去。涌现性是自组织的基本问题，也是复杂系统的重要特征之一。描述涌现性，被认为是对人类认知能力的新挑战。自然计算方法摒弃了传统还原论的设计思想，重点研究自组织的生物、物理和社会现象中的涌现性质，并致力于发展适于大规模并行且具有自组织、自适应和自学习等特性的智能系统，为解决人类社会各个领域的复杂问题提供了卓有成效的方法和途径。

2.4.2　反馈控制机制

控制论是一门以数学为纽带，把研究自动调节、通信工程、计算机和计算技术以及生物科学中的神经生理学和病理学等学科共同关心的共性问题联系起来而形成的边缘学科。它揭示了机器中的通信和控制机能与人的神经、感觉机能的共同规律，为现代科学技术研究提供了崭新的科学方法，从多方面突破了传统思想的束缚，有力地促进了现代科学思维方式和当代哲学观念的一系列变革。

1948 年维纳《控制论》（Cybernetics）的出版，宣告了信息科学这门学科的诞生。维纳对控制论的定义：设有两个状态变量，其中一个是能由我们进行调节的，而另一个则不能控制。这时我们面临的问题是如何根据那个不可控制的变量从过去到现在的信息来适当地确定可以调节的变量的最优值，以实现对于我们最为合适、最有利的状态。

控制论的研究表明，无论自动机器，还是神经系统、生命系统，以至经济系统、社会系统，撇开各自的质态特点，都可以看做一个自动控制系统。整个控制过程就是一个信息流通的过程，控制就是通过信息的传输、变换、加工和处理来实现的。

反馈对系统的控制和稳定起着决定性的作用,无论生物体保持自身的动态平稳(如温度、血压等),或是机器自动保持自身功能的稳定,都是通过反馈机制实现的。反馈是控制论的核心问题。控制论就是研究如何利用控制器,通过信息的变换和反馈作用,使系统能自动按照人们预定的程序运行,最终达到最优目标的学问。控制论是具有方法论意义的科学理论。控制论的理论、观点可以成为研究各门科学问题的科学方法,即撇开各门科学质的特点,把它们看做一个控制系统,分析它的信息流程、反馈机制和控制原理。控制论的主要方法还有信息方法、反馈方法、功能模拟方法和黑箱方法等。信息方法是把研究对象看做一个信息系统,通过分析系统的信息流程来把握事物规律的方法。反馈方法则是利用反馈控制原理分析和处理问题的研究方法。

反馈控制是控制论中的一个重要概念。系统学认为,反馈就是用系统现在的行为去影响系统未来的行为。反馈通常可分为正反馈和负反馈两种,前者是以现在的行为去加强未来的行为,而后者则是以现在的行为去削弱未来的行为[17]。单一的正反馈或者负反馈是无法实现系统的自组织性的,因此自组织群体中存在着大量的正负反馈,正是通过各种正负反馈机制,才使得个体间存在着丰富的信息交互,从而影响个体行为,继而促使群体智能的涌现。因此,反馈控制是群智能计算中的一个重要概念,例如,蚁群算法中,用于指导蚂蚁正确觅食的信息素,其堆积过程就是一个正反馈过程,正是通过这种正反馈作用,使得个体获得正确的信息以指导后继的行为。

粒子群优化算法中同样隐含着正负反馈机制。一方面,粒子群体中的所有个体均以群体历史最佳位置为社会信念,并且在搜索过程中不断加强这种社会信念,从而引导所有粒子不断飞向群体所经历的最佳位置,以更大的概率在该最佳位置的邻域内找到问题的更好解,这个过程体现了算法的正反馈作用;另一方面,粒子同时总是记忆自身的历史最佳位置,使得个体的成功经验在后续的行为中不断加强,这又阻碍了个体不断向群体最佳位置的聚集,保持了群体的多样性。正是通过社会信念和个体经验的这两种信息的正负反馈作用,算法的全局探测和局部开采得以平衡,粒子群体得以自组织的进化,最终得到问题一定程度的满意解。

2.4.3　分布式特点

生物系统或生命系统均是分布式系统,它能够使生物个体具有更强的适应能力。例如,自然界的蚁群、鸟群或生命体中的细胞群,每个个体为整体的目标而独立工作着,当其中的一个个体停止工作后,整体的效能并不会受到影响,这正是分布式给群体所带来的强适应性。由于采用种群搜索方式以及多个体单元协同寻优方式,粒子群优化算法更大意义上属于一种分布式多智能体系统,具有本质的并行性;同时,算法可被视做一个开放的系统,具有综合性。

一个体系抵抗组织程度衰变的重要方法就是保持开放,这是维纳的结论。不断地与外界交换信息(和能量),调节体系内部变量之间的综合,抗拒组织解体的自然趋势,是保持体系充满活力的重要途径。

在智能计算以及群集智能计算的体系中,每种算法均可视做一个开放系统,能够和其他算法系统产生融合,从而构造更完备的算法系统。粒子群优化算法也不例外,算法本身可以视做一个开放系统,因此具有良好的可扩充性,从系统优化的总目标出发,将各种有关的经验和知识予以有机结合,协调运用,从而开发出全新的系统概念,产生全新的混合智能系统,实现 $1+1>2$ 的系统综合效果。

2.5　粒子群优化计算的研究进展

作为一种典型的群智能计算方法,粒子群优化算法一经问世,便得到了学术界和工程界的广泛重视。根据 PSO 搜索空间的不同,可以分为连续 PSO 和离散 PSO;根据 PSO 求解问题目标的个数,可以分为单目标 PSO 和多目标 PSO;而根据群体结构,则可分为单种群 PSO 和多种群协同 PSO 等。下面以连续 PSO、离散 PSO、多目标 PSO、多群体协同 PSO 以及 PSO 理论分析和研究机理几个方面来介绍 PSO 算法的研究进展。

1. 连续 PSO 算法研究

标准粒子群优化算法的位置更新公式最早定义在连续搜索空间,因此在求解连续优化问题上具有天然优势,众多学者对 SPSO 算法提出各种改进措施,有效地改善了算法性能,并成功应用于连续优化问题以及离散优化问题。

Shi 等首先在 BPSO 算法中引进了惯性权重因子用于调控粒子速度[4],在此基础上进一步提出线性递减惯性权重策略[5],并采用随机惯性权重方法来增加算法对动态优化问题的求解能力[6]。Clerc 等提出收缩因子的概念,并分析了该参数对算法性能的影响,给出了算法的理论分析[18]。Zhang 等提出一种无标度的全局粒子群优化算法[19],该算法将粒子群分为两个子种群:一个是活跃粒子群,一个是懒惰粒子群。前者用于寻找全局最优位置,后者伴随前者进行迭代并等待变为活跃粒子。廖平将分割逼近法和粒子群优化算法相结合,用于计算复杂曲面轮廓度误差[20]。杨帆等为了解决粒子群优化算法惯性权重自适应问题,提出一种基于蚁群系统的惯性权重自适应粒子群优化算法[21],该算法根据种群的进化信息,通过蚁群算法实现惯性权重参数的自适应调整和进化,并实际应用于复杂系统模型参数的优化估计,获得满意的效果。金久才等提出一种全相互作用的变速度自推进粒子模型[22],引入粒子间的空间距离信息,实现所有粒子沿实轴或虚轴方向的空间同步平行编队,解决了平行编队的空间同步问题。姚灿中等探讨了无标度网、全局耦合网、环形网、随机网和星形网等邻域拓扑结构对粒子群优化算法寻优效果的影响[23]。鲁建夏等针对装配线平衡问题,分析了标准粒子群优化算法的缺陷,提出了将粒子群优化算法与模拟退火算法相结合的方法,使算法同时具有全局搜索能力和局部搜索能力[24]。刘志雄等详细分析了粒子群算法相关参数对粒子群优化性能的影响,并根据连续优化问题、作业车间调度问题以及设备拥有量参数优化问题进行实验,表明粒子群优化算法中设置不同的随机参数对粒子群性能会有较大的影响[25]。

将连续 PSO 算法应用于离散优化问题,需考虑如何将粒子位置的连续值矢量转换为离散编码,实现位置矢量到离散问题的恰当映射。Zhang 等针对资源受限的项目调度问题,采用基于优先权的编码方式,并根据并行策略将表示操作优先权的粒子位置转化为一个可行项目调度[26]。Doctor 等针对车辆路径规划问题,采用二维向量表达一个粒子,使用评价函数将二维粒子位置的连续值分别转化为车辆编号和各任务在对应车辆路径中的执行次序,使粒子和车辆路径问题的解相对应[27]。雷德明等提出了将作业车间调度问题转化为连续优化问题的有效策略,并设计有效的粒子群优化算法来求解该问题[28]。Liu 等提出一种基于随机键的 ROV 规则的粒子编码方式,可以有效地将连续的粒子位置值转化为表达工件排序的离散值,使得粒子群优化算法可用于求解置换流水车间调度问题[29]。

2. 离散 PSO 算法研究

Kennedy 等首次提出了基于二进制编码的离散化粒子群优化算法,扩展了粒子群算法在离散优化问题中的应用[30]。Coello 等提出用二进制编码的离散粒子群优化算法解决组合逻辑电路问题[31]。Zhang 等针对资源约束项目调度问题[32],采用基于排列的编码方式,设计了特有粒子的位置更新和速度更新操作,并比较了基于优先权编码方式[26]与基于排列编码方式的优劣,基于优先权编码时可以直接利用 SPSO 算法,而后者需重新设计粒子更新操作,但基于排列编码的求解结果要优于基于优先权编码的求解结果。Jarboui 等针对多模态资源受限项目调度问题,提出一种组合粒子群优化算法,粒子位置更新通过更新中间矢量来完成[33]。钟一文等针对旅行商问题,重新定义粒子的位置和速度以及相关操作,构造了一种离散粒子群优化算法[34]。薛云灿等提出了一种基于序列倒置的改进离散粒子群优化算法,有效结合了粒子群优化算法利用局部最优值和全局最优值和序列倒置算子收敛速度快、精度高的特点,并用于求解最优调度计划模型[35]。

Lian 等[36]和 Sha 等[37]针对作业车间调度问题,分别采用基于操作和基于先后表的粒子编码方式,设计了基于粒子群进化机制的遗传算法,得到两种有效离散粒子群优化算法。Zhang 等[38]针对流水车间调度问题,设计了一种循环离散粒子群优化算法,当粒子间活性低于某个阈值时,获得有效的粒子信息使粒子循环进化。Pan 等针对以最小化最大完工时间为目标的无等待置换流水车间调度问题[39]和无等待流水车间调度问题[40],以最小化最大完工时间和最小化拖期时间为求解目标的无等待流水车间调度问题[41]，分别设计了离散粒子群优化算法进行求解。更多基于离散粒子群优化算法的研究进展可以查阅文献[42]。

3. 多目标 PSO 算法研究

前面阐述了连续 PSO 和离散 PSO 在单目标优化中的研究及应用。由于实际问题往往需要同时考虑多个目标，因此很多学者把研究的方向转向了多目标粒子群优化算法，近年来，基于 PSO 的多目标优化成为进化多目标算法的一个研究热点[43]。与其他多目标进化算法不同的是，对于 PSO 的多目标优化问题，首要解决的问题就是为粒子选择合适的个体最优位置和全局最优位置。对于个体最优位置的选择，要求计算复杂性较小，尽可能通过较少的比较次数达到非支配解的更新；对于全局最优位置来说，不仅要求算法能快速收敛，而且要求非支配解能均匀分布在 Pareto 边界，以保持粒子的多样性[44]。一些为粒子选取最好位置的有效方法被研究学者提出。例如，雷德明等[45]提出将外部档案维护与全局最优位置选取相结合，在外部档案维护中为粒子重新分配全局最优位置；Mostaghim 等根据粒子的 ε 值，选取全局最优位置[46]；Zhao 等提出具有两个个体最优位置的多目标 PSO 算法，并选取外部档案按照非支配排序后等级最高的粒子作为全局最优位置和两个个体最优位置[47]；Zhang 等采用无标度拓扑寻找全局最优位置[19]。

Coello 等将 Pareto 支配概念引入 PSO 算法中，扩展了粒子群优化算法以求解多目标优化问题，并用基准多目标测试函数验证了多目标 PSO 的性能优于现有的多目标进化算法[48]；随后又设计了一种独特的变异操作算子[49]，搜索早期，变异作用于所有粒子和决策变量区间，随着迭代参与变异的粒子减少，达到整个迭代次数近一半时，不再有个体参与变异，这种方法有效加强了 PSO 算法的探索能力。Li[50]将粒子群优化算法与经典的多目标进化算法"改进的非劣排序遗传算法 NSGA-Ⅱ"[51]结合，并用算例验证了其算法性能优于 NSGA-Ⅱ，继而将 Maximin 策略引入多目标 PSO 中，根据粒子的 Maximin 函数值判断粒子的非支配关系，从而使求得的非支配解分布均匀[52]。Lei 针对作业车间调度问题[53]、模糊作业车间调度问题[54]，分别设计了基于 Pareto 外部档案的粒子群优化算法对其进行求解。徐鸣等将函数相对值算法和 ε- 支配概念引入 Maximin 适应函数中，解决了粒子飞行过程中偏向性和多样性损失的问题，有效地解决了直流变频压缩机启动时峰值电流和启动转速的优化问题[55]。冯琳等针对多目标函数优化问题，采用动态调整粒子群种群数目的方法使粒子摆脱局部最优解对它的吸引，并利用方差 Maximin 策略来评价 Pareto 最优解，将其保存在可变的外部精英集中[56]。

4. 多种群协同 PSO 算法研究

协同进化是近年来受自然界生物系统进化模式启发而发展起来的新思想，目前已有不少研究人员对该思想在智能计算中的应用作了有益的尝试。Potter 等最早将协同机制引入遗传算法中,提出了一种合作型协同进化遗传算法[57],该算法采用分而治之的方法,将目标解分解为若干子目标,利用不同的子群体予以求解,而各子群体通过协作方能找到一个完整的目标解。借鉴 Potter 的协同思想,Bergh 提出了类似的协同粒子群优化算法,并将其用于神经网络的优化设计[8]。郑向伟等开发了合作型协同算法用于多目标问题的求解[58]。吴学静等将协同粒子群思想用于多层供应链的调度优化中[59]。安静等从生态竞争模式出发,提出了一种竞争型协作粒子群模型[60]。不可否认,自然界普遍存在的生物协同进化机制为粒子群应对大规模复杂问题提供了一种有效的处理模式。

5. PSO 机理及理论研究

算法优化机理及理论研究主要集中于粒子群优化算法的行为分析和收敛性分析。Clerc 等针对粒子群优化算法的简化模型,分别采用代数方法、解析分析和状态空间模型,对离散空间和连续空间中粒子的运行轨迹以及系统的稳定性进行了分析[18]。Bergh 认为基本粒子群优化算法不能全局或局部收敛,在此基础上给出了局部收敛的改进粒子群优化算法[8]。潘峰等分析了粒子的运动特性,对群体最佳粒子的运动形式进行改变以保证算法收敛[61]。Kadirkamanathan 等利用正定系统和李雅普诺夫稳定性条件对粒子的行为动态进行分析,提出有益的参数选择方案[62]。利用随机系统理论,金欣磊等对算法的动力系统进行分析,给出系统均方稳定的充分条件[63]。冯远静等将连续 PSO 离散化,利用误差动力系统的李雅普诺夫函数分析其稳定性,并提出改变采样周期以提高算法优化性能[64]。任子晖等基于马尔可夫链概率转移特性对 PSO 进行了分析,得出 PSO 不能全局收敛的结论[65],为算法改进提供了一定参考。值得注意的是,上述研究一定程度上揭示了粒子群特定条件下的运行机理,但大多工作都是从单粒子的简化动力模型出发,着重对其稳定性进行分析,由于简化模型过多忽略了算法模拟原型的集群特性和随机特性,因此所获得的结论在指导算法的实际工程应用中具有一定的局限性。

上述文献介绍只是粒子群优化算法研究的冰山一角,更多研究集中于模型改进、理论分析和工程应用等领域,从而使粒子群优化计算在智能计算以及各种实际工程领域中显示出蓬勃的生命力。

2.6 本 章 小 结

本章首先介绍了粒子群优化计算的起源、优化机理以及计算模型,然后阐述了算法的社会行为、收敛行为分析,接着剖析了算法的系统特征,包括自组织性、反馈控制机制以及分布式特点等,最后介绍了粒子群优化计算的研究进展。本章内容为后续章节内容提供了一定的理论依据和研究基础。

参 考 文 献

[1] Reynolds C W. Flocks, herds and schools: a distributed behavioral model[J]. Computer Graphics, 1987, 21(4): 25-34.

[2] Heppner F, Grenander U. A Stochastic Nonlinear Model for Coordinated Bird Flocks[M]//Krasner S. The Ubiquity of Chaos. Washington: American Association for the Advancement of Science, 1990.

[3] Kennedy J, Eberhart R C. Swarm Intelligence[M]. San Francisco: Morgan Kaufmann Publisher, 2001.

[4] Shi Y, Eberhart R C. A modified particle swarm optimizer[C]. Proceedings of the IEEE Congress on Evolutionary Computation, Washington, 1999: 69-73.

[5] Shi Y, Eberhart R C. Empirical study of particle swarm optimization[C]. Proceedings of the IEEE Congress on Evolutionary Computation, Washington, 1999: 1945-1950.

[6] Eberhart R C, Shi Y. Tracking and optimizing dynamic systems with particle swarms[C]. Proceedings of the IEEE Congress on Evolutionary Computation, Seoul, 2001: 94-97.

[7] Shi Y, Eberhart R C. Fuzzy adaptive particle swarm optimization[C]. Proceedings of the IEEE Congress on Evolutionary Computation, Seoul, 2001: 101-106.

[8] Bergh F V D. An Analysis of Particle Swarm Optimizers[D]. Pretoria: University of Pretoria, 2001.

[9] 汪应洛. 系统工程[M]. 北京: 机械工业出版社, 2003.

[10] 郭垒. 还原论、自组织理论和计算主义[J]. 自然辩证法研究, 2003, 19(12): 83-87.

[11] 张强. 论系统自组织思维[J]. 系统辩证学学报, 2001, 9(2): 11-15.

[12] 邓周平. 论社会自组织研究方法[J]. 系统辩证学学报, 2003, 11(3): 60-65.

[13] 李衍达. 生物世界的自组织现象与可能的机理[C]. 中国人工智能学会 2005 年全国学术年会, 武汉, 2005.

[14] 李夏, 戴汝为. 系统科学与复杂性(Ⅱ)[J]. 自动化学报, 1998, 24(4): 476-483.

[15] 李建会, 张江. 科学创世纪: 人工生命的新科学[M]. 北京: 科学出版社, 2006.

[16] 王芳. 粒子群算法的研究[D]. 重庆: 西南大学, 2006.

[17] 段海滨. 蚁群算法原理及其应用[M]. 北京: 科学出版社, 2005.

[18] Clerc M, Kennedy J. The particle swarm-explosion, stability, and convergence in a multidimensional complex space[J]. IEEE Transactions on Evolutionary Computation, 2002, 6(1): 58-73.

[19] Zhang C G, Zhang Y. Scale-free fully informed particle swarm optimization algorithm[J]. Information Sciences, 2011, 181(20): 4550-4568.

[20] 廖平. 基于粒子群算法和分割逼近法的复杂曲面轮廓度误差计算[J]. 中国机械工程, 2010, (2): 201-205.

[21] 杨帆, 胡春平, 颜学峰. 基于蚁群系统的参数自适应粒子群法及其应用[J]. 控制理论与应用, 2010, (11): 1479-1488.

[22] 金久才, 张杰, 官晟, 等. 自推进粒子群的空间同步平行编队控制[J]. 控制理论与应用, 2011, (4): 587-590.

[23] 姚灿中, 杨建梅. 基于网络邻域拓扑的粒子群优化算法[J]. 计算机工程, 2010, 36(19): 18-20, 23.

[24] 鲁建厦, 蒋玲玲, 李修琳. 基于混合粒子群算法求解装配线第二类平衡问题[J]. 中国机械工程, 2010, (4): 420-424.

[25] 刘志雄, 梁华. 粒子群算法中随机数参数的设置与实验分析[J]. 控制理论与应用, 2010, (11): 1489-1496.

[26] Zhang H,Li H,Tam C M. Particle swarm optimization for resource-constrained project scheduling[J]. International Journal of Project Management,2006,24(1)：83-92.

[27] Doctor S,Venayagamoorthy G K. Unmanned vehicle navigation using swarm intelligence[C]. Proceedings of the International Conference on Intelligent Sensing and Information Processing,Chennai,2004：249-253.

[28] 雷德明,吴智铭.基于粒子群优化的多目标作业车间调度[J].上海交通大学学报,2007,41(11)：1796-1800.

[29] Liu B,Wang L,Jin Y H. An effective hybrid PSO-based algorithm for flow shop scheduling with limited-buffers[J]. Computers & Operations Research,2008,35(9)：2791-2806.

[30] Kennedy J,Eberhart R C. A discrete binary version of the particle swarm algorithm[C]. Proceedings of the IEEE International Conference on Computational Cybernetics and Simulation,Orlando,1997：4104-4108.

[31] Coello C A C,Luna E H,Aguirre A H. A comparative study of encodings to design combinational logic circuits using particle swarm optimization[C]. Proceedings of the NASA/DoD Conference on Evolvable Hardware,Seattle,2004：71-78.

[32] Zhang H,Li X,Li H,et al. Particle swarm optimization-based schemes for resource-constrained project scheduling[J]. Automation in Construction,2005,14(3)：393-404.

[33] Jarboui B, Damak N, Siarry P. A combinatorial particle swarm optimization for solving multi-mode resource-constrained project scheduling problems[J]. Applied Mathematics and Computation, 2008, 195(1)：299-308.

[34] 钟一文,杨建刚,宁正元.求解 TSP 问题的离散粒子群优化算法[J].系统工程理论与实践,2006,26(6)：88-94.

[35] 薛云灿,郑东亮,杨启文.基于改进离散粒子群算法的炼钢连铸最优浇次计划[J].控制理论与应用,2010,27(2)：273-277.

[36] Lian Z,Jiao B,Gu X. A similar particle swarm optimization algorithm for job-shop scheduling to minimize makespan[J]. Applied Mathematics and Computation,2006,183(2)：1008-1017.

[37] Sha D Y,Hsu C. A hybrid particle swarm optimization for job shop scheduling problem[J]. Computers & Industrial Engineering,2006,51(4)：791-808.

[38] Zhang J D,Zhang C S,Liang S B. The circular discrete particle swarm optimization algorithm for flow shop scheduling problem[J]. Expert Systems with Applications,2010,37(8)：5827-5834.

[39] Pan Q K,Wang L. No-idle permutation flow shop scheduling based on a hybrid discrete particle swarm optimization algorithm[J]. International Journal of Advanced Manufacturing Technology,2008,39(7/8)：796-807.

[40] Pan Q K,Wang L,Tasgetiren M F,et al. A hybrid discrete particle swarm optimization algorithm for the no-wait flow shop scheduling problem with makespan criterion[J]. International Journal of Advanced Manufacturing Technology,2008,38(3/4)：337-347.

[41] Pan Q K, Wang L, Qian B. A novel multi-objective particle swarm optimization algorithm for no-wait flow shop scheduling problems[J]. Proceedings of the Institution of Mechanical Engineers,Part B：Journal of Engineering Manufacture,2008,222(4)：519-539.

[42] 潘全科,王凌,高亮.离散微粒群优化算法的研究进展[J].控制与决策,2009,(10)：1441-1449.

[43] 公茂果,焦李成,杨咚咚,等.进化多目标优化算法研究[J].软件学报,2009,20(2)：271-289.

［44］王凌,刘波. 微粒群优化与调度算法［M］. 北京：清华大学出版社,2008.

［45］雷德明,吴智铭. Pareto 档案多目标粒子群优化［J］. 模式识别与人工智能,2006,19(4)：475-480.

［46］Mostaghim S,Teich J. Strategies for finding local guides in multi-objective particle swarm optimization (MOPSO)［C］. Proceeding of the IEEE Swarm Intelligence,Indianapolis,2003：26-33.

［47］Zhao S Z,Suganthan P N. Two-lbests based multi-objective particle swarm optimizer［J］. Engineering Optimization,2011,43(1)：1-17.

［48］Coello C A C,Lechuga M S. MOPSO：a proposal for multiple objective particle swarm optimization［C］. Proceedings of the Congress on Evolutionary Computation,Honolulu,2002：1051-1056.

［49］Coello C A C,Pulido G T,Lechuga M S. Handling multiple objectives with particle swarm optimization［J］. IEEE Transactions on Evolutionary Computation,2004,8(3)：256-279.

［50］Li X D. A non-dominated sorting particle swarm optimizer for multiobjective optimization［C］. Proceedings of the Genetic and Evolutionary Computation Conference,Chicago,2003：37-48.

［51］Deb K,Pratap A,Agarwal S,et al. A fast and elitist multiobjective genetic algorithm：NSGA-Ⅱ［J］. IEEE Transactions on Evolutionary Computation,2002,6(2)：182-197.

［52］Li X. Better spread and convergence：particle swarm multiobjective optimization using the maximinfitness function［C］. Proceedings of the Genetic and Evolutionary Computation Conference,Washington,2004：117-128.

［53］Lei D M. Apareto archive particle swarm optimization for multi-objective job shop scheduling［J］. Computers & Industrial Engineering,2008,54(4)：960-971.

［54］Lei D M. Pareto archive particle swarm optimization for multi-objective fuzzy job shop scheduling problems［J］. International Journal of Advanced Manufacturing Technology,2008,37(1/2)：157-165.

［55］徐鸣,沈希,马龙华,等. 一种多目标粒子群改进算法的研究［J］. 控制与决策,2009,24(11)：1713-1718.

［56］冯琳,毛志忠,袁平. 基于 Maximin 的动态种群多目标粒子群算法［J］. 东北大学学报(自然科学版),2010,31(7)：913-916.

［57］Potter M A,de Jong K A. Cooperative co-evolution：an architecture for evolving co-adapted sub-components［J］. Evolutionary Computation,2000,8(1)：1-29.

［58］郑向伟,刘弘. 一种基于合作型协同和 ε-占优的多目标微粒群算法［J］. 软件学报,2007,18：109-119.

［59］吴学静,周泓,梁春华. 基于协同进化粒子群的多层供应链协同优化［J］. 计算机集成制造,2010,16(1)：127-132.

［60］安静,康琦,汪镭,等. 一种生态粒子群竞争优化计算模式［J］. 模式识别与人工智能,2010,23(4)：471-476.

［61］潘峰,陈杰,甘明刚. 粒子群优化算法模型分析［J］. 自动化学报,2006,32(3)：368-377.

［62］Kadirkamanathan V,Selvarajah K,Fleming P J. Stability analysis of the particle dynamics in particle swarm optimizer［J］. IEEE Transactions on Evolutionary Computation,2006,10(3)：245-255.

［63］金欣磊,马龙华,吴铁军,等. 基于随机过程的 PSO 收敛性分析［J］. 自动化学报,2007,33(12)：1263-1268.

［64］冯远静,俞立,冯祖仁. 采样粒子群优化模型及其动力学行为分析［J］. 控制理论与应用,2009,26(1)：28-34.

［65］任子晖,王坚,高岳林. 马尔科夫链的粒子群优化算法全局收敛性分析［J］. 控制理论与应用,2011,(4)：462-466.

控制方法篇

第 3 章　基于预测控制器的粒子群优化模型

3.1　引　　言

粒子群优化算法的产生与人工生命和进化计算的发展有着密不可分的联系。与进化计算一样,算法采用群体搜索方式,不过分依赖于问题的数学特征。不同的是,进化计算通过进化算子来实现个体的更替和信息的处理,而粒子群优化算法直接通过位置和速度的计算模型来实现信息的更新。另外,粒子群优化算法在信息的利用上要明显优于进化计算,因为它不仅考虑了个体的位置信息,同时考虑了位置的变化信息(速度)。因此,粒子群优化算法往往比进化计算具有更高的搜索效率[1]。作为一种仿生的启发式算法,粒子群优化算法模型简单、操作便捷、易于实现、鲁棒性好,有着深刻的智能特征,其优点是显而易见的。

但是,相对于其鲜明的生物社会特征,粒子群优化算法的数学理论基础显得相对薄弱,没有一套完整的理论解释算法的运行机理,也没有一个通用的办法分析算法的收敛性。和其他的仿生类算法一样,粒子群优化算法源于对某种群体搜索现象的简化模拟,因此算法的有效性以及适用性很难获得理论上的支持。

目前,有些学者尝试对粒子群优化算法的运行机理以及收敛性进行分析,希望寻求算法运行的理论支撑。Ozcan 等最早对简单粒子群优化算法中粒子的运行轨迹进行了数学分析,发现基本算法中的粒子遵循正弦波的运动轨迹[2,3]。Clerc 等[4]针对粒子群优化算法的简化模型,分别采用代数方法、解析分析和状态空间模型,对离散空间和连续空间中粒子的运行轨迹以及系统的稳定性进行分析,并详细研究了控制参数对粒子运动行为的影响,进一步引入收缩因子以保证算法收敛。根据 Solis 和 Wets 所提出的随机优化算法全局收敛性条件[5],Bergh 对标准粒子群算法的全局收敛性和局部收敛性进行分析,指出标准粒子群优化算法不能保证全局或局部收敛[6],随后提出具有局部收敛性能的改进粒子群优化算法,该算法被证明难以实现全局收敛性。考虑到生物行为的连续性,Emara 等提出了一种连续空间的粒子群模型,并对其稳定性及参数选择进行详细分析[7]。谭瑛等基于离散时间线性系统理论对算法进行收敛性分析,指出标准粒子群优化算法具有渐进收敛特性,但是否收敛于局部最优或全局最优则没有保证[8]。曾建潮等对标准粒子群优化算法的数学模型进行详细分析,认为其速度和位置的更新方程在连续空间可等价为一组微分方程,可视做一个双输入、单输出的控制系统,并建议可采用经典的控制器对算法行为进行控制[9]。潘峰等对粒子群体中不同粒子的运动特性进行分析,指出由于群体最佳粒子所能达到的信息搜索空间非常有限,为保证算法的收敛性,在优化搜索中必须对群体最佳粒子的运动形式进行改变,同时提出参数时变状态下系统渐进稳定的参数充分条件[10]。Kadirkamanathan 等将粒子群优化算法模型看做一个非线性反馈系统,利用正定系统和李雅普诺夫稳定性条件对粒子的行为动态进行分析,并为算法的参数选择提供有益的建议[11]。在此基础上,他进一步指出,尽管从理论上可以获得保证系统稳定的算法参数,但由于算法本身特有的随机性,在实际操作中精心选择的控制参数往往不能保证算法的稳定性,而作为一种优化算法,更应该关心的是它的优化性能,而不仅仅是稳定性。

不可否认,上述研究一定程度上揭示了粒子群优化算法在特定条件下的运行机理,有助于人们对粒子群优化算法的理解。但是,上述分析都是基于标准粒子群的一种简化模型而展开的,这种简化模型将认知和社会部分的参数视为常量,将粒子所参考的个体最优和群体最优的位置信息作为不变量,从而忽略了算法本身的随机特性,其结论往往和动态搜索过程中的算法特性相差很远,研究结果并不能从根本上成为算法机理的理论支撑。因此,作为一种优化算法,依然需要从其他的途径寻求更好的研究方法,以实现对其性能的改进和提高。

为此,我们重新分析了算法的模拟原型——鸟群系统的行为特性。事实上,鸟群协同一致的群体行为离不开每一个体对群体信息的正确感知、预测和响应。考虑到微分环节可以增加系统的预测和响应能力,同时不会引起系统阶次的变化,我们在粒子群优化算法的差分模型中引入比例微分控制环节,构成预测控制器用于改善算法的动态性能,并对改进模型在离散状态空间中的稳定性和收敛性进行分析[12]。

3.2　标准粒子群优化模型的动态行为分析

在对标准粒子群优化模型进行改进之前,先来分析一下原有模型中粒子的动态行为。为方便起见,现将其进化方程重新描述如下:

$$\begin{cases} v_{id}(t+1) = wv_{id}(t) + c_1 r_1 (p_{id}(t) - x_{id}(t)) + c_2 r_2 (p_{gd}(t) - x_{id}(t)) \\ x_{id}(t+1) = x_{id}(t) + v_{id}(t+1) \end{cases}$$

$$(3-1)$$

记 $\varphi_1 = c_1 r_1, \varphi_2 = c_2 r_2, \varphi = \varphi_1 + \varphi_2$,则速度更新方程可简化如下:

$$v_{id}(t+1) = wv_{id}(t) + \varphi(p_{Qd}(t) - x_{id}(t)) \tag{3-2}$$

式中

$$p_{Qd}(t) = \frac{\varphi_1 p_{id}(t) + \varphi_2 p_{gd}(t)}{\varphi_1 + \varphi_2} \tag{3-3}$$

易知 $v_{id}(t) = x_{id}(t) - x_{id}(t-1)$，合并式（3-2）与式（3-3），可得如下的位置更新方程：

$$x_{id}(t+1) = (w+1)x_{id}(t) - wx_{id}(t-1) + \varphi(p_{Qd}(t) - x_{id}(t)) \quad (3\text{-}4)$$

对式（3-4）进行 z 变换，则有

$$x_{id}(z) = \frac{\varphi \cdot z}{z^2 - (w+1)z + w}(p_{Qd}(z) - x_{id}(z)) \quad (3\text{-}5)$$

式（3-5）所对应的 z 变换系统结构如图 3-1 所示。

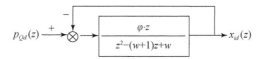

图 3-1　标准粒子群优化模型 z 变换系统结构

显然，此系统的开环传递函数为

$$G(z) = \frac{\varphi \cdot z}{z^2 - (w+1)z + w} \quad (3\text{-}6)$$

由此可知，标准粒子群优化模型具有如下的系统动态特性[10]：

（1）粒子系统是一个二阶动态系统。

（2）该系统中，p_{Qd} 是系统的输入量，当 $p_{id} \neq p_{gd}$ 时，粒子系统不存在一个稳定点。

（3）当 $p_{id} = p_{gd} = p_{Qd}$ 时，粒子系统存在唯一的稳定点。

显而易见，整个群体中只有全局最优粒子存在系统稳定点。在动态搜索过程中，当该粒子的历史最优与群体最优相同时，此粒子系统将稳定于该系统稳定点。而对于其他的粒子而言，尽管受最优粒子的影响，搜索过程中不断朝着最优粒子和自身历史最优的加权位置逼近，但是这些粒子永远不可能达到平衡状态，除非该粒子在搜索过程中转变为群体最优粒子。

由此可见，在优化过程中，随着其他粒子向群体最优粒子的逼近，最优粒子所能达到的系统稳定点将最终成为群体收敛的位置。然而，该收敛点并不一定是优化问题的全局最优解。该收敛点能够以多大概率与问题的全局最优解相一致，这取决于粒子群优化算法本身的搜索机理和搜索动态。如果算法本身能够以较大的概率保证搜索中群体遍历问题的解空间，则自然能够保证群体最终以较高的概率收敛于全局最优解。但在粒子群优化算法的搜索机理中，个体粒子间共享信息的单一化会导致粒子的集聚方向单一化，很容易陷入局部极值。因此，为了改善算法的全局收敛性能，需要改善算法本身的搜索机理。一方面，在搜索过程中，保证群体最优粒子具有足够的能量在解空间进行多方位的探测，从而以更高的概率探测到全局最优解；另一方面，保证普通粒子能够通过信息共享追随群体最优粒子进行搜索,同时具备超越群体当前最优粒子的能力。

接下来的问题就是,如何找到新的粒子进化方程,使之符合上述的寻优特性。

3.3　基于 PD 控制器的粒子群优化模型

每当看到自然界中的鸟群以优美的姿态和队形从天空中飞过,人们总是对这种群体飞行的协同一致感到诧异和惊叹。为什么鸟群能如此整齐地朝一个方向飞行;当遇到障碍或外袭时,鸟群为什么会做到迅速分散后再聚集;当鸟群中头鸟突然转向时,为什么其他鸟也能迅速调整自己的飞行速度和方向,协同一致地突然转向,保持群体整齐的队形? 动物行为学家分析:这些变幻莫测的群体行为是由单个个体某种简单的行为规则所导致的,每只鸟为了避免和其他的鸟发生碰撞而努力在飞行中和其他鸟保持合适的最优距离。而这种最优距离的保持,却离不开每只鸟对局部环境变化信息的感知和正确的预测。实际上,每只鸟都是一种简单的智能主体,在长期的群体飞行中,已经形成了对环境变化响应的敏锐性,而这种敏锐性离不开鸟对周边运动信息的准确预测。粒子群优化算法是一种模拟鸟群社会智能行为的人工模型,其显式的描述是一个离散二阶系统。考虑到微分控制环节可以增加系统的预测响应能力,因此尝试在标准粒子群优化算法的系统结构中引入比例微分控制环节,希望能获得更好的粒子进化模型,使之具有自然界鸟类所具有的对环境变化的预测和响应能力。

3.3.1　模型结构

假如在标准粒子群优化算法的 z 变换系统结构图的前向和后向通道中分别引入 PD 控制环节,可以得到两种粒子系统结构,这里分别称为 SPSO-PD1 和 SPSO-PD2,其具体系统结构如图 3-2 和图 3-3 所示。

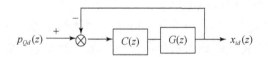

图 3-2　基于前向 PD 控制器的粒子系统(SPSO-PD1)结构

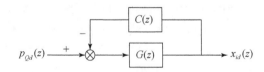

图 3-3　基于后向 PD 控制器的粒子系统(SPSO-PD2)结构

图中，$G(z)$ 为标准粒子优化系统的开环传递函数，$C(z)$ 表示 PD 控制器的传递函数：

$$C(z) = K_\mathrm{P}\left(1 + T_\mathrm{D} \cdot \frac{z-1}{z}\right) \tag{3-7}$$

下面将对上述两种系统进行动态行为分析、稳定性分析和收敛性分析。

3.3.2 动态行为分析

1. SPSO-PD1 模型的动态行为分析

由图 3-2 可知 SPSO-PD1 系统的输出为

$$\begin{aligned}
x_{id}(z) &= C(z) \cdot G(z) \cdot (p_{Qd}(z) - x_{id}(z)) \\
&= K_\mathrm{P}\left(1 + T_\mathrm{D} \cdot \frac{z-1}{z}\right) \cdot \frac{\varphi z}{z^2 - (w+1)z + w} \cdot (p_{Qd}(z) - x_{id}(z))
\end{aligned} \tag{3-8}$$

对式(3-8)进行 z 反变换可得

$$\begin{aligned}
x_{id}(t+1) = {}& (w+1)x_{id}(t) - wx_{id}(t-1) \\
& + \varphi K_\mathrm{P}\big[(1+T_\mathrm{D})(p_{Qd}(t) - x_{id}(t)) - T_\mathrm{D}(p_{Qd}(t-1) - x_{id}(t-1))\big]
\end{aligned} \tag{3-9}$$

记

$$x_{id}(t+1) - x_{id}(t) = v_{id}(t+1), \quad x_{id}(t) - x_{id}(t-1) = v_{id}(t)$$
$$\Delta p_{Qd}(t) = p_{Qd}(t) - p_{Qd}(t-1), \quad \Delta x_{id}(t) = x_{id}(t) - x_{id}(t-1)$$

则式(3-9)等价为

$$v_{id}(t+1) = wv_{id}(t) + \varphi \cdot K_\mathrm{P}\big[(p_{Qd}(t) + T_\mathrm{D}\Delta p_{Qd}(t)) - (x_{id}(t) + T_\mathrm{D}\Delta x_{id}(t))\big] \tag{3-10}$$

由于粒子群优化算法是一种迭代算法，其每次迭代的时间步长为 1，故有

$$\Delta p_{Qd}(t) = v_{Qd}(t) \cdot \Delta t = v_{Qd}(t), \quad \Delta x_{id}(t) = v_{id}(t) \cdot \Delta t = v_{id}(t)$$

由此可得 SPSO-PD1 模型的速度更新方程如下：

$$v_{id}(t+1) = wv_{id}(t) + \varphi \cdot K_\mathrm{P}\big[(p_{Qd}(t) + T_\mathrm{D}v_{Qd}(t)) - (x_{id}(t) + T_\mathrm{D}v_{id}(t))\big] \tag{3-11}$$

式中，$v_{Qd}(t)$ 描述了 p_{Qd} 在 t 时刻的历史运动速度；$p_{Qd}(t) + T_\mathrm{D}v_{Qd}(t)$ 则代表了 p_{Qd} 在 t 时刻沿历史方向运动可能到达的某一新位置，将其记为 $p'_{Qd}(t)$；同样，$x_{id}(t) + T_\mathrm{D}v_{id}(t)$ 代表了粒子 i 在 t 时刻以历史速度继续运动可能达到的新位置，记为 $x'_{id}(t)$。显然，$p'_{Qd}(t)$ 和 $x'_{id}(t)$ 可视为粒子根据历史信息对 p_{Qd} 和自身位置的一个预测量，而 T_D 可视为预测因子。对比 SPSO-PD1 与 SPSO 算法的速度进化方程，可以看出：在标准粒子系统的前向通道中引入 PD 控制环节后，粒子的运动

行为发生了很大的变化,在飞行过程中,粒子不再急于飞向当前群体最佳位置和自身历史最佳的加权位置,而是更倾向于飞向根据历史运动信息对此加权位置所作的预测位置。通过对加权位置的预测和自身运动的预测,粒子能够更准确地调整自身的飞行速度。显而易见,SPSO-PD1 的粒子系统模型,似乎更符合鸟群飞行运动的惯性和连续性,更能够揭示鸟群步调一致协同飞行的自然现象。

假如从另一个角度来观察 SPSO-PD1 的进化模型,可将式(3-10)重新整理如下:

$$v_{id}(t+1) = wv_{id}(t) + \varphi \cdot K_P[(p_{Qd}(t) - x_{id}(t)) + T_D(v_{Qd}(t) - v_{id}(t))]$$

$$(3-12)$$

可以看出,与标准粒子群优化算法的速度更新方程相比,式(3-12)所描述的速度更新方程中增加了新的信息—— $T_D(v_{Qd}(t) - v_{id}(t))$,即粒子 i 与加权位置历史速度差,其反映了粒子 i 与加权位置的相对运动。这说明引入 PD 控制环节后,粒子在飞行过程中不仅会及时判断自身与加权位置的相对距离,同时还会考虑加权位置的动态运动,如果加权位置相对于粒子自身速度变化较快,则粒子将会在后续的飞行中加速,从而对群体的动态变化作出较快的响应,使自己以较佳的速度停留于飞行的群体中,既不至于掉队,又不至于碰撞。因此说,SPSO-PD1 准确地描述了粒子在连续飞行过程中的相对运动,从而更加符合真实鸟群飞行的运动特征。引入 PD 控制环节后,粒子能够充分感知群体的运动以及自身在群体中的相对运动,从而更加准确地调整自身的飞行行为。

除此之外,式(3-10)还可等价为

$$v_{id}(t+1) = (w - \varphi \cdot K_P \cdot T_D)v_{id}(t) + \varphi \cdot K_P[(p_{Qd}(t) - x_{id}(t)) + T_D v_{Qd}(t)]$$

$$(3-13)$$

说明引入 PD 环节后,粒子的速度由自身历史速度、加权位置 Q 的运动速度以及粒子对于加权位置的相对距离三种量来决定。由于充分考虑到加权位置的动态变化,因此新模型能够更准确地使粒子对群体飞行状态进行预测从而作出决策和响应,使粒子在群体中保持正确的飞行行为。

2. SPSO-PD2 模型的动态行为分析

在图 3-3 中,SPSO-PD2 系统的开环传递函数和控制器的传递函数如下:

$$G(z) = \frac{\varphi z}{z^2 - (w+1)z + w}, \quad C(z) = K_P\left(1 + T_D \cdot \frac{z-1}{z}\right)$$

则系统的输入为

$$x_{id}(z) = \frac{G(z)}{1 + C(z) \cdot G(z)} \cdot p_{Qd}(z)$$

$$= \frac{\varphi z}{z^2 - (w + 1 - K_P\varphi - K_P T_D\varphi)z + w - K_P T_D\varphi} \cdot p_{Qd}(z) \qquad (3\text{-}14)$$

不失一般性,记 $K_P \cdot \varphi = \varphi$。

对式(3-14)进行 z 反变换,可得

$$x_{id}(t+1) = (w + 1 - \varphi - T_D\varphi)x_{id}(t) - (w - T_D\varphi)x_{id}(t-1) + \varphi p_{Qd}(t)$$

$$(3\text{-}15)$$

已知 $x_{id}(t+1) - x_{id}(t) = v_{id}(t+1)$, $x_{id}(t) - x_{id}(t-1) = v_{id}(t)$,则式(3-15)转换为

$$v_{id}(t+1) = wv_{id}(t) + \varphi[p_{Qd}(t) - (x_{id}(t) + T_D v_{id}(t))] \qquad (3\text{-}16)$$

同样记 $x'_{id}(t) = x_{id}(t) + T_D v_{id}(t)$,代表粒子在连续飞行过程中对自身运动的一种预测,则式(3-16)说明了在标准粒子系统结构图的反馈通道中引入比例-微分环节后,粒子在飞行过程中总会根据自身的惯性运动对未来的位置进行预测,然后根据预测位置与加权位置之间的距离大小来调整自身的速度。由于强调了粒子自身运动的连续性和惯性,新模型比标准粒子系统对粒子运动行为的描述更加准确。

3.3.3　稳定性分析

这里分析 SPSO-PD1 系统的稳定性。由图 3-2 可知,SPSO-PD1 系统的开环传递函数为

$$C(z) \cdot G(z) = K_P\left(1 + T_D \cdot \frac{z-1}{z}\right) \cdot \frac{\varphi \cdot z}{z^2 - (w+1)z + w} \qquad (3\text{-}17)$$

其特征方程为

$$1 + C(z) \cdot G(z) = 0 \qquad (3\text{-}18)$$

即

$$z^2 - (w + 1 - K_P\varphi - K_P\varphi \cdot T_D) \cdot z + w - K_P\varphi \cdot T_D = 0 \qquad (3\text{-}19)$$

注:在式(3-19)中,由于 φ 为随机量,不失一般性,记 $K_P \cdot \varphi = \varphi$。

令 $z = \dfrac{y+1}{y-1}$,代入式(3-19)可得

$$\varphi y^2 + (2 - 2w + 2\varphi T_D)y + (2w + 2 - \varphi - 2\varphi T_D) = 0 \qquad (3\text{-}20)$$

根据控制理论,上述二阶系统稳定的充要条件为各项系数均大于零,由此可知以下关系式成立:

$$\begin{cases} \varphi > 0 \\ 2 - 2w + 2\varphi T_D > 0 \\ 2w + 2 - \varphi - 2\varphi T_D > 0 \end{cases} \qquad (3\text{-}21)$$

式(3-21)可等价为

$$
\begin{cases}
\varphi > 0 \\
w < 1 + \varphi T_D \\
w > \dfrac{\varphi}{2} + \varphi T_D - 1
\end{cases}
\tag{3-22}
$$

由此可知，当 SPSO-PD1 系统的参数满足式(3-22)时，此二阶系统稳定。此时有 $\dfrac{\varphi}{2} + \varphi T_D - 1 < 1 + \varphi T_D$ 成立，等价为 $\varphi < 4$。因此，SPSO-PD1 系统稳定所需满足的参数选择为

$$
\begin{cases}
0 < \varphi < 4 \\
\dfrac{\varphi}{2} + \varphi T_D - 1 < w < 1 + \varphi T_D
\end{cases}
\tag{3-23}
$$

若 $T_D = 0$，系统相当于仅引入比例控制器，此时保证系统稳定的参数范围为 $0 < \varphi < 4$，$\dfrac{\varphi}{2} - 1 < w < 1$；若 $T_D = 1$，则保证系统稳定的参数范围为 $0 < \varphi < 4$，$\dfrac{3}{2}\varphi - 1 < w < 1 + \varphi$。

由于 SPSO-PD2 具有与 SPSO-PD1 相同的特征方程，因此使系统稳定的参数范围也相同。

3.3.4 收敛性分析

这里分析 SPSO-PD1 系统的收敛性。由图 3-2 所示的 SPSO-PD1 系统结构可知

$$
\frac{x_{id}(z)}{p_{Qd}(z)} = \frac{C(z) \cdot G(z)}{1 + C(z) \cdot G(z)} = \frac{K_P \varphi (z + T_D z - T_D)}{z^2 - (w + 1 - K_P \varphi - K_P \varphi T_D) z + w - K_P \varphi T_D}
\tag{3-24}
$$

即

$$
x_{id}(z) = \frac{K_P \varphi (z + T_D z - T_D)}{z^2 - (w + 1 - K_P \varphi - K_P \varphi T_D) z + w - K_P \varphi T_D} \cdot p_{Qd}(z)
\tag{3-25}
$$

根据终值定理有

$$
\begin{aligned}
\lim_{t \to \infty} x_{id}(t) &= \lim_{z \to 1}(z - 1) x_{id}(z) \\
&= \lim_{z \to 1}(z - 1) \cdot \left[\frac{K_P \cdot \varphi \cdot (z + T_D z - T_D)}{z^2 - (w + 1 - K_P \varphi - K_P \varphi T_D) z + w - K_P \varphi T_D} \right. \\
&\quad \left. \cdot \frac{z}{z - 1} \cdot p_{Qd} \right] \\
&= p_{Qd}
\end{aligned}
\tag{3-26}
$$

即

$$\lim_{t \to \infty} x_{id}(t) = p_{Qd} = \frac{\varphi_1 p_{id} + \varphi_2 p_{gd}}{\varphi_1 + \varphi_2} \qquad (3\text{-}27)$$

等价为

$$-(\varphi_1 + \varphi_2) \lim_{t \to \infty} x_{id}(t) + \varphi_1 p_{id} + \varphi_2 p_{gd} = 0 \qquad (3\text{-}28)$$

由于 φ_1 与 φ_2 为两个非零随机数,易知当且仅当 $\lim\limits_{t \to \infty} x_{id}(t) = p_{id} = p_{gd}$ 时,式(3-28)成立。

据以上分析可知,当时间趋于无穷时,SPSO-PD1 算法最终能够收敛于群体最优,这与标准粒子群优化算法的收敛性是一样的。同理,参照上述证明方法,SPSO-PD2 算法的收敛性也很容易得证。当时间趋于无穷时,SPSO-PD2 算法最终能够收敛于群体最优。

3.3.5　算法流程

1.　SPSO-PD1 的算法流程

下面是 SPSO-PD1 的算法流程。

(1)初始化粒子群体,包括任意粒子的位置、速度、个体历史最佳位置、群体历史最佳位置,以及两者的加权位置;令 $t = 0$。

(2)若满足终止条件,则输出结果并结束;否则,转步骤(3)。

(3)计算群体中每一粒子的适应值。

(4)更新粒子的历史最佳位置、群体的历史最佳位置。

(5)计算加权位置及其运动速度。

(6)根据式(3-11)更新粒子的速度,再更新粒子的位置;令 $t = t + 1$,转步骤(2)。

2.SPSO-PD2 的算法流程

下面是 SPSO-PD2 的算法流程。

(1)初始化粒子群体,包括任意粒子的位置、速度、个体历史最佳位置、群体历史最佳位置,以及两者的加权位置;令 $t = 0$。

(2)若满足终止条件,则输出结果并结束;否则,转步骤(3)。

(3)计算群体中每一粒子的适应值。

(4)更新粒子的历史最佳位置以及群体的历史最佳位置。

(5)根据式(3-16)更新粒子的速度,再更新粒子的位置;令 $t = t + 1$,转步骤(2)。

3.4　数值仿真实验与分析

3.4.1　测试优化函数

本节选用 6 个多模态 Benchmark 函数来对算法性能进行测试,这些函数的基本信息如表 3-1 所示。其中,$f_1 \sim f_3$ 为二维多模态函数,$f_4 \sim f_5$ 为高维多模态函数。由于这些函数的解空间分布着大量的局部极值点,因此要实现全局优化具有一定的难度。

表 3-1　Benchmark 函数的基本信息表

函数	公式	解空间	全局最小值
f_1-Rana	$f_1(x,y) = x\sin\sqrt{\lvert y+1-x \rvert}\cos\sqrt{\lvert y+1+x \rvert}$ $+ (y+1)\cos\sqrt{\lvert y+1-x \rvert}\sin\sqrt{\lvert y+1+x \rvert}$	$[-512,512]^2$	-511.7
f_2-Shubert	$f_2(x,y) = \sum_{i=1}^{5}\left[i\cos((i+1)x+i)\right]\sum_{j=1}^{5}\left[j\cos((j+1)y+j)\right]$	$[-10,10]^2$	-186.73
f_3-Levy No. 5	$f_3(x,y) = \sum_{i=1}^{5}\left[i\cos((i-1)x+i)\right]\sum_{j=1}^{5}\left[j\cos((j+1)y+j)\right]$ $+ (x+1.42513)^2 + (y+0.80032)^2$	$[-100,100]^2$	-176.1375
f_4-Griewank	$f_4 = \dfrac{1}{4000}\sum_{i=1}^{N}x_i^2 - \prod_{i=1}^{N}\cos\left(\dfrac{x_i}{\sqrt{i}}\right)+1$	$[-600,600]^N$	0
f_5-Rastrigin	$f_5 = \sum_{i=1}^{N}(x_i^2 - 10\cos(2\pi x_i)+10)$	$[-5.12,5.12]^N$	0
f_6-2^nminima	$f_6 = \dfrac{1}{N}\sum_{i=1}^{N}(x_i^4 - 16x_i^2 + 5x_i)$	$[-5,5]^N$	-78.3323

3.4.2　预测因子选择

根据 3.4.1 节的分析可知,满足 SPSO-PD1 和 SPSO-PD2 模型稳定性条件的参数范围为

$$\begin{cases} 0 < \varphi < 4 \\ \dfrac{\varphi}{2} + \varphi T_{\mathrm{D}} - 1 < w < 1 + \varphi T_{\mathrm{D}} \end{cases}$$

式中,随机参数 φ 的取值范围与标准粒子群优化算法的取值基本一致,惯性权重取决于参数 φ 和预测因子 T_{D}。由于比例因子 K_{P} 的存在,加速度系数 c_1 和 c_2 的取值

更加灵活。因此,在新模型中需着重考虑预测因子。从优化搜索的角度来看,预测因子过大则不利于粒子的精细搜索,过小则不利于粒子对局部极值的跳跃,因此初步指定预测因子 $T_D \in [0,1]$,并在此基础上通过大量的实验统计来寻求最佳的预测因子取值。

实验中选用复杂多模态的 Griewank 函数及 Rastrigrin 函数进行优化,算法的其他参数选用标准粒子群优化算法中四种经典的参数设置策略,如表 3-2 所示。

表 3-2 标准粒子群优化算法的参数设置策略

策略	参数	备注
FPM	$w = 0.729$	$c_1 = c_2 = 1.49$
RDIW	$w = 0.5 + \dfrac{1}{2}\text{Rand}(0,1)$	$c_1 = c_2 = 1.49$
LDIW	$w = w_I + (w_T - w_I)\dfrac{t}{T_{\max}}, c_1 = c_2 = 2.0$	$w_I = 0.9, w_T = 0.4$
TVPM	$c_1(t) = (c_{1T} - c_{1I})\dfrac{t}{T_{\max}} + c_{11}, c_2 = (c_{2T} - c_{2I})\dfrac{t}{T_{\max}} + c_{2I}$	$c_{1I} = 2.5, c_{1T} = 0.5$ $c_{2I} = 0.5, c_{2T} = 2.5$

注:FPM 表示固定参数(fixed parameters)[4];RDIW 表示随机惯性权重(random inertial weight)[13];LDIW 表示线性递减惯性权重(linearly decreased inertial weight)[14];TVPM 表示时变参数(time-varying parameters),此策略中 2 个加速度系数如表中所示[15],惯性权重设置同 LDIW。

上述四种参数设置均满足系统稳定的参数条件。

实验中对于不同取值的预测因子,统计 30 次独立函数优化中的成功收敛率并以此进行对比分析,寻求最佳的预测因子取值。

(1)实验 1:优化 Griewank 函数,维数为 10,最大迭代次数为 1000,成功收敛时须满足的精度为 0.1,统计结果见表 3-3。

(2)实验 2:优化 Rastrigrin 函数,维数为 20,最大迭代次数为 1000,成功收敛时须满足的精度为 0.1,统计结果见表 3-4。

由表 3-3 和表 3-4 中的实验统计数据可知,在满足系统稳定的参数条件下,预测因子的最佳取值范围是(0,0.6),而四种参数设置中以时变惯性权重和加速度系数的策略为最佳选择。

表 3-3 不同参数设置下 Griewank 函数优化的成功收敛次数

T_D	FPM	LDIW	RDIW	TVPM
0	30	27	27	30
0.1	29	27	30	30
0.2	29	27	30	30
0.3	30	26	30	30

T_D	FPM	LDIW	RDIW	TVPM
0.4	30	29	30	30
0.5	30	29	29	29
0.6	30	21	26	26
0.8	0	0	0	0
1.0	0	0	0	0

表 3-4　　不同参数设置下 Rastrigrin 函数优化的成功收敛次数

T_D	FPM	LDIW	RDIW	TVPM
0	6	8	0	8
0.1	1	9	0	13
0.2	1	0	0	15
0.3	16	0	2	18
0.4	14	0	14	25
0.5	21	0	15	27
0.6	1	0	11	14
0.8	0	0	0	0
1.0	0	0	0	0

3.4.3　算法性能分析

本节分别利用 SPSO、SPSO-PD1 和 SPSO-PD2 算法进行多模态函数优化,每个优化实验独立运行 30 次,统计各种性能指标,包括 30 次独立运行中算法所获得的最优值、最差值、平均值、标准差,以及算法运行的平均时间和搜索的成功次数等,对三种算法进行性能对比分析。其中,当某次搜索的寻优结果满足给定的精度时,认为该次搜索成功。

为保证对比分析的公平性,实验中三种算法的参数设置相一致,即惯性权重和加速度系数均采用表 3-2 中的 TVPM 策略,即 SPSO 代表参数效果最佳的粒子群优化算法,而 SPSO-PD1 和 SPSO-PD2 算法中的预测因子 $T_D=0.5$。

表 3-5~表 3-7 记录了三种算法在不同模态多维函数优化中的统计数据,而图 3-4~图 3-6 描述了各算法在不同函数优化中的搜索动态。

表 3-5 各算法在 Griewank 函数优化中的统计结果

维数	算法	最优值	最差值	平均值	标准差	平均时间/s	成功次数
	SPSO	0	0.118127	0.049048	0.010315	0.308	29
10	SPSO-PD1	0	0.100864	0.052162	0.010078	0.379	29
	SPSO-PD2	0.014779	0.103313	0.052656	0.010488	0.372	29
	SPSO	0	0.164358	0.026862	0.007935	1.378	28
20	SPSO-PD1	0	0.066341	0.026054	0.005902	1.790	30
	SPSO-PD2	0	0.103033	0.026286	0.006732	1.398	29
	SPSO	0	0.110142	0.026849	0.006915	2.815	26
30	SPSO-PD1	0	0.114801	0.026217	0.007314	3.250	24
	SPSO-PD2	0	0.134349	0.028870	0.007350	3.171	26

注:终止条件为 $T_{max}=100\times D$,当误差 $\varepsilon=0.1$ 时认为成功收敛。

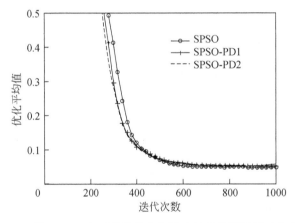

图 3-4 10 维 Griewank 函数优化中各算法的优化平均值动态曲线图

由表 3-5 中的各项数据可知,各算法在 10 维 Griewank 函数中的优化平均值要劣于 20 和 30 维的优化结果,且标准差较大,这是由该函数的复杂性随着维数的增多而降低所致,在低维空间,各算法的优化性能相对来说不是很稳定。但在同等条件下(同维空间、同样的迭代次数以及同样的精度要求),SPSO-PD1 和 SPSO-PD2 算法的优化结果略优于或接近于 SPSO 算法,只是 SPSO-PD1 的平均 CPU 运行时间略有增加。图 3-4 显示,如果以迭代次数为参考时间,则 SPSO-PD1 和 SPSO-PD2 算法的搜索速度略快于 SPSO 算法。

表 3-6　各算法在 Rastrigin 函数优化中的统计结果

维数	算法	最优值	最差值	平均值	标准差	平均时间/s	成功次数
	SPSO	0	3.98385	1.09556	0.267657	0.190	10
10	SPSO-PD1	0	0.995964	0.132795	0.066397	0.232	26
	SPSO-PD2	0	0.995964	0.095994	0.057502	0.214	27
	SPSO	1.99193	10.9556	6.04242	1.17661	0.71	0
20	SPSO-PD1	1.069E−12	2.9879	0.479111	0.176499	0.851	21
	SPSO-PD2	0	1.00458	0.299292	0.099736	0.782	21
	SPSO	7.96771	22.9071	15.1054	2.84678	1.761	0
30	SPSO-PD1	6.001E−05	9.99921	2.90218	0.653363	1.967	4
	SPSO-PD2	5.117E−06	9.00294	2.96485	0.655464	1.731	2

注:终止条件为 $T_{max}=100 \times D$,当误差 $\varepsilon=0.1$ 时认为成功收敛。

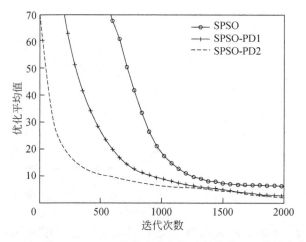

图 3-5　20 维 Rastrigin 函数优化中各算法的优化平均值动态曲线

　　表 3-6 记录了各算法在 Rastrigin 函数优化中的统计结果。该函数的极值点分布较为密集,其函数模态的复杂度随着维数增加而显著增加,由表中各项数据可知,在高维空间,各算法的优化性能受到很大的挑战。但是在相同的条件下(同维空间、同样的迭代次数以及同样的精度要求),无论低维还是高维空间,SPSO-PD1和 SPSO-PD2 算法所得到的最优值、最差值和平均值都要好于 SPSO 算法,且解的标准差要明显小于 SPSO 算法。例如,与 SPSO 算法相比,在 10 维、20 维和 30 维时,SPSO-PD1 算法的平均值分别提高了 87.8%、92.1%和 80.8%,而 SPSO-PD2 算法的平均值要分别提高 91.2%、95.1%和 80.4%。从平均 CPU 运行时间来看,SPSO-PD1 和 SPSO-PD2 算法的时间代价要高于 SPSO 算法,但这种差别随着维

数的增加显著减小,如在 10 维、20 维和 30 维时,SPSO-PD1 算法的平均运行时间依次为 SPSO 算法的 1.22 倍、1.19 倍和 1.11 倍,而 SPSO-PD2 算法的运行平均时间依次为 SPSO 算法的 1.12 倍、1.1 倍和 0.98 倍。由此可见,SPSO-PD1 和 SP-SO-PD2 算法由于引入了速度的预测信息而增加了时间代价,但是却换来了算法优化性能的显著提高,而且随着优化问题复杂度的增加,这种时间代价将逐渐因算法优化性能的改进而消除。图 3-5 详细描述了三种算法优化 20 维 Rastrigin 函数的动态过程,其中 SPSO-PD2 算法的搜索速度最快,SPSO-PD1 算法次之,SPSO 算法最慢,但在指定的迭代次数终止时,SPSO-PD1 和 SPSO-PD2 算法所求的解都具有较高的精度,而对于 30 维的优化函数,SPSO-PD1 算法要略优于 SPSO-PD2 算法,这可能要归功于 SPSO-PD1 算法中信息预测的准确性和完备性。

表 3-7 记录了各算法在 Minima 函数优化中的统计结果,该函数也是一个复杂多模态函数,其极值点随着维数的增加而呈指数增加。可以看出,对于 10 维的函数来说,三种算法的优化性能看不出显著的差异,30 次独立运行中都能够满足精度要求而百分之百成功。在 Minima 函数的高维空间,SPSO-PD1 算法的性能与 SPSO-PD2 算法的性能比较接近。当函数取 20 维时,两者的寻优结果略逊于 SPSO算法,而当函数维数增加至 30 维时,可以观察到两种算法的寻优结果在各项指标上都要优于 SPSO 算法。同时比较图 3-6 中各算法在 30 维 Minima 函数优化中平均函数值的动态曲线,可知 SPSO-PD1 和 SPSO-PD2 算法的搜索速度要快于 SPSO,且最终所求解的精度要明显高于 SPSO 算法。这些进一步说明了 SPSO-PD1 和 SPSO-PD2 算法由于对信息预测功能的引入,算法在复杂高维空间的优化性能得到一定的提高。

表 3-7　各算法在 Minima 函数优化中的统计结果

维数	算法	最优值	最差值	平均值	标准差	平均时间/s	成功次数
	SPSO	−78.3323	−78.3323	−78.3323	5.734E−06	0.2012	30
10	SPSO-PD1	−78.3323	−78.3323	−78.3323	5.734E−06	0.2293	30
	SPSO-PD2	−78.3323	−78.3323	−78.3323	5.734E−06	0.2216	30
	SPSO	−78.3323	−76.9186	−78.2381	0.066639	0.7751	28
20	SPSO-PD1	−78.3323	−76.9186	−78.1909	0.081616	0.8769	27
	SPSO-PD2	−78.3323	−75.5049	−78.0967	0.124672	0.8308	26
	SPSO	−78.3323	−74.5625	−77.1699	0.279217	1.7071	8
30	SPSO-PD1	−78.3323	−74.5625	−77.4841	0.241298	1.9835	14
	SPSO-PD2	−78.3323	−76.4474	−77.5783	0.188485	1.8192	11

注:终止条件为 $T_{max}=50 \times D$,当误差 $\varepsilon=0.001$ 时认为成功收敛。

表 3-8～表 3-10 分别记录了三种算法在 Rana、Shubert 以及 Levy No.5 等二

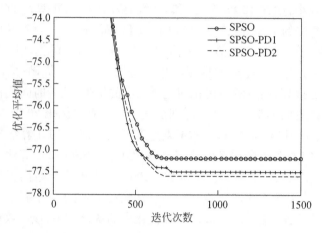

图 3-6　30 维 Minima 函数优化中各算法的优化平均值动态曲线

维多模态优化函数中的寻优结果和寻优动态。表 3-8 的数据显示：对于 Rana 函数来说，SPSO-PD1 算法具有最佳的优化性能，能够以较大的概率收敛于全局最优，所求的平均值、最差值都要优于 SPSO-PD2 和 SPSO 算法，而 SPSO-PD2 算法的优化性能则要优于 SPSO 算法。观察表 3-9 中数据可知，对于 Shubert 函数而言，同样是 SPSO-PD1 算法的寻优结果最佳，而 SPSO-PD2 与 SPSO 算法相比，寻优性能没有显著变化。如表 3-10 所示，在 Levy No. 5 函数的优化中，SPSO-PD2 算法的优化结果最好，尽管 SPSO-PD1 算法所获的平均值和最差值要劣于 SPSO-PD2 算法，但其同样具有较大的概率成功收敛。而与 SPSO 算法相比，SPSO-PD1 算法的平均解和成功次数都要优于 SPSO 算法。观察各表中算法的平均 CPU 运行时间可知，SPSO-PD1 和 SPSO-PD2 算法在迭代中由于需要计算粒子自身和加权位置的预测信息，不同程度上增加了时间代价，但却换来了算法全局优化性能的提高。

表 3-8　各算法在 Rana 函数优化中的统计结果

算法	最优值	最差值	平均值	标准差	平均时间/s	成功次数
SPSO	-511.73288	-492.56804	-510.21618	0.78510023	0.0032	22
SPSO-PD1	-511.73288	-500.46128	-511.22316	0.38012025	0.0065	26
SPSO-PD2	-511.73288	-499.49574	-510.72583	0.47426229	0.0038	24

注：迭代上限 T_{max} 为 200，精度 ε 为 0.0001。

表 3-9　各算法在 Shubert 函数优化中的统计结果

算法	最优值	最差值	平均值	标准差	平均时间/s	成功次数
SPSO	-186.731	-184.255	-186.625	0.0842685	0.0073	19
SPSO-PD1	-186.731	-185.963	-186.697	0.0262471	0.0083	25

续表

算法	最优值	最差值	平均值	标准差	平均时间/s	成功次数
SPSO-PD2	−186.731	−185.062	−186.561	0.0860459	0.0070	18

注:迭代上限 T_{max} 为 200,精度 ε 为 0.0001。

表 3-10　各算法在 Levy No. 5 函数优化中的统计结果

算法	最优值	最差值	平均值	标准差	平均时间/s	成功次数
SPSO	−176.13758	−135.22135	−168.02712	3.0162158	0.0033	21
SPSO-PD1	−176.13758	−128.82904	−170.33228	2.637518	0.0083	25
SPSO-PD2	−176.13758	−144.32503	−172.94205	1.8329714	0.0036	25

注:迭代上限 T_{max} 为 100,精度 ε 为 0.0001。

再观察图 3-7～图 3-9 中各算法在寻优过程中平均解随迭代次数的动态变化情况。比较图 3-7 中求解 Rana 函数的动态曲线可知,在搜索前期,SPSO-PD1 算法解的质量变化较慢,但是搜索后期解的变化速度明显加快并超过 SPSO-PD2 和 SPSO 算法。这说明预测信息的引入,能够避免算法在早期过快陷入局部极值,且使算法在后期的精细搜索能力有所提高,最终收敛于较高精度的解。相比而言,SPSO-PD2 在后期的精细搜索能力不如 SPSO-PD1 算法,但相对于 SPSO 算法也有一定的改善。由图 3-8 中优化 Shubert 函数的各动态曲线可知,在搜索前期和中期,三种算法的动态曲线相互交织着呈振荡下行之势,难以区分孰快孰慢,但到了搜索后期,SPSO-PD1 算法似乎显出较强的精细搜索能力,使得解的精度有所提高。图 3-9 则表明,在 Levy No. 5 函数优化的过程中,SPSO-PD2 算法在后期的精细搜索能力较强,故解的改善速度要明显快于 SPSO-PD1 和 SPSO 算法。

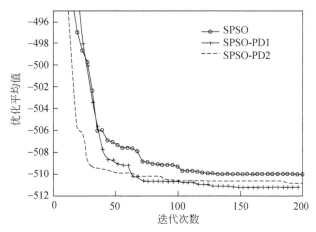

图 3-7　Rana 函数优化中各算法的优化平均值动态曲线

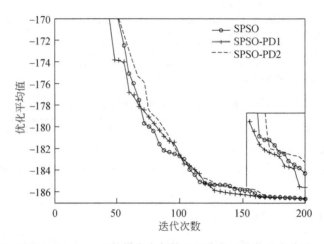

图 3-8　Shubert 函数优化中各算法的优化平均值动态曲线

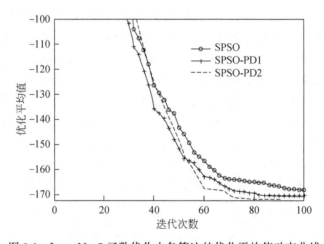

图 3-9　Levy No. 5 函数优化中各算法的优化平均值动态曲线

　　综上所述,无论在低维还是高维的多模态函数优化中,SPSO-PD1 和 SPSO-PD2 算法由于引入 PD 控制环节能够通过预测信息正确指导粒子的飞行行为,其优化性能有了一定的改善。

3.5　动态环境中的算法应用

　　目前,粒子群优化算法在静态优化问题中已经得到了许多成功的应用。然而,受各种不确定因素的干扰,现实世界中很少有系统是静态的,因此动态优化问题的研究更具有实际的工程意义。动态优化问题的有效求解,需要优化算法对环境或目标的动态变化具有较快的追踪和响应能力。因此,许多学者致力于研究粒子群优化算法在动态环境中的优化性能,并取得了相应的成果[16-20]。

由 3.4 节的实验分析可知,本章的两种 SPSO-PD 算法在静态优化问题中的性能明显优于基本粒子群优化算法。这里,我们将基于一定的动态环境对 SPSO-PD 算法的动态跟踪和响应能力加以分析。为了有效求解随环境不断变化的优化问题,算法需要解决两个问题:①如何能够快速检测到环境的变化;②如何能较快地跟踪环境的变化并获得问题在环境变化后的最好解,即响应环境的变化。针对上述两个问题,Hu 和 Eberhart 曾提出通过监测全局最好解和次全局最好解的方法来检测环境的变化,如果环境发生了变化,则采用重新初始化的方法来加以响应,从而追踪问题最优解的变化[16]。这里采用同样的监测和响应方法,将 SPSO 算法和两种 SPSO-PD 算法分别用于如下的动态环境中:

$$f(X) = \sum_{i=1}^{n} (x_i - \text{offset})^2, \quad x_i \in [-50, 50] \tag{3-29}$$

式中,offset 表示环境变化时 x_i 的偏移量。

上述动态函数是由静态抛物线函数进行偏移而形成的,这是目前动态优化研究中动态环境常采用的一种构造方法。基于上述动态环境的优化仿真,我们观测了不同算法对环境变化的响应情况。实验中,各算法采用随机惯性权重策略 $w = 0.5 + \text{Rand}(0,1)/2, c_1 = c_2 = 1.49$;预测因子取 0.5。具体的实验结果见表 3-11。

表 3-11　各算法在动态环境中的响应速度

offset	SPSO		SPSO-PD1		SPSO-PD2	
	变化前	变化后	变化前	变化后	变化前	变化后
0.00001	222.79	0.06	171.54	0	170.82	0
0.0001	221.68	0.77	169.04	0	163.38	0
0.001	221.48	14.86	166.4	0	168.32	0
0.01	220.55	54.86	170.62	20.05	169.54	22.2
0.1	223.35	108	168.08	48.45	169.40	60.25
1.0	220.20	186.74	172.4	108.1	167.72	105.55
10	220.46	213.97	166.24	157.75	168.90	159.65

注:SPSO 数据来自于文献[16],"变化前"和"变化后"分别指环境变化前后收敛所需的迭代次数。

表 3-11 中数据显示,两种 SPSO-PD 算法在环境未发生变化时,其搜索速度要快于 SPSO 算法;当环境变化后,两种 SPSO-PD 算法对变化后最优解的搜索速度仍然明显快于 SPSO 算法,这说明引入 PD 控制环节,算法的预测和响应能力有所增强。其中,SPSO-PD1 算法对于环境变化的响应速度更快。这是由于 SPSO-PD1 算法同时对个体历史最优和群体历史最优位置两种信息的变化进行了预测,而

SPSO-PD2 算法只预测了个体历史最优位置信息的变化,因此前者更能准确地指导粒子的飞行行为,对于环境变化具有更快的响应速度。

图 3-10 描述了各种算法在动态环境中对目标最优解的跟踪过程。实验中,环境每隔 100 代变化一次,其变化偏差 offset＝10。显然,随着环境的反复变化,SPSO-PD1 和 SPSO-PD2 算法对目标最优解的跟踪精度和速度不断提高,明显优于 SPSO 算法,这进一步说明基于 PD 控制器的两种改进模型,由于引入了信息预测机制,在动态优化问题的求解中显示了更强的鲁棒性和适应性。

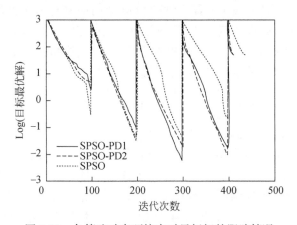

图 3-10　各算法动态环境中对目标解的跟踪情况

3.6　本 章 小 结

粒子群优化算法是一种模拟鸟群社会智能行为的人工模型,该模型具有离散二阶系统的动态特性。为了提高系统的预测响应能力以及优化性能,本章尝试在标准粒子群优化算法系统结构中的前向和后向通道中引入 PD 控制环节,构成两种新的粒子进化模型[19]。PD 控制环节的引入,使粒子能够根据预测信息更准确地调整自身的飞行速度。因此,改进的粒子系统模型,更符合鸟群飞行运动的惯性和连续性,更能够揭示鸟群步调一致协同飞行的自然现象。两种新的粒子模型被用于求解复杂多模态函数优化问题。仿真结果显示,无论在高维空间还是低维空间,与当前性能较好的采用时变参数的标准粒子群优化算法相比,改进模型的优化性能都有显著的提高。动态环境下的仿真结果说明,PD 控制环节的引入改善了算法对环境变化的预测和响应能力,使之能有效地跟踪动态环境中目标的变化,有效求解动态优化问题。后续的工作是进一步研究本模型在不同复杂动态环境中的优化性能,拓展该模型在实际工程中的应用。

参 考 文 献

［1］ Angeline P J. Evolutionary optimization versus particle swarm optimization: philosophy and performance differences[C]. Proceedings of the 7th International Conference on Evolutionary Programming, San Diego, 1998: 601-610.

［2］ Ozcan E, Mohan C K. Analysis of a simple particle swarm optimization system[J]. Intelligent Engineering Systems Through Artificial Neural Networks, 1998, 8: 252-258.

［3］ Ozcan E, Mohan C K. Particle swarm optimization: surfing the waves[C]. Proceedings of the International Congress on Evolutionary Computation, Washington, 1999: 1939-1944.

［4］ Clerc M, Kennedy J. The particle swarm-explosion, stability, and convergence in a multidimensional complex space[J]. IEEE Transactions on Evolutionary Computation, 2002, 6(1): 58-73.

［5］ Solis F, Wets R. Minimization by random search techniques[J]. Mathematics of Operations Research, 1981, 6: 19-30.

［6］ Bergh F V D. An Analysis of Particle Swarm Optimizers[D]. Pretoria: University of Pretoria, 2001.

［7］ Emara H M, Fattah H A. Continuous swarm optimization technique with stability analysis[C]. Proceedings of the American Control Conference, Boston, 2004: 2811-2817.

［8］ 谭瑛, 曾建潮, 高慧敏. 基于离散时间系统理论的微粒群算法分析[C]. Proceedings of the 5th World Congress on Intelligent Control and Automation, Hangzhou, 2004: 2210-2213.

［9］ 曾建潮, 崔志华. 微分进化微粒群算法及其控制[J]. 系统工程学报, 2007, 22(3): 328-332.

［10］ 潘峰, 陈杰, 等. 粒子群优化算法模型分析[J]. 自动化学报, 2006, 32(3): 368-377.

［11］ Kadirkamanathan V, Selvarajah K, Fleming P J. Stability analysis of the particle dynamics in particle swarm optimizer[J]. IEEE Transactions on Evolutionary Computation, 2006, 10(3): 245-255.

［12］ Jie J, Wang W L. Comprehensive analysis for modified particle swarm optimization with PD controllers[J]. International Journal of Intelligent Information and Database Systems, 2011, 5(6): 579-596.

［13］ Eberhart R C, Shi Y. Tracking and optimizing dynamic systems with particle swarms[C]. Proceedings of the IEEE Congress on Evolutionary Computation, Seoul, 2001: 94-97.

［14］ Shi Y, Eberhart R C. Empirical study of particle swarm optimization[C]. Proceedings of the IEEE Congress on Evolutionary Computation, Washington, 1999: 1945-1950.

［15］ Ratnaweera A, Halgamuge S K, Watson H C. Self-organizing hierarchical particle swarm optimizer with time-varying acceleration coefficients[J]. IEEE Transactions on Evolutionary Computation, 2004, 8(3): 240-255.

［16］ Hu X, Eberhart R C. Adaptive particle swarm optimization: detection and response to dynamic systems[C]. Proceedings of the IEEE Congress on Evolutionary Computation, Honolulu, 2002: 1666-1670.

［17］ Carlisle A, Dozier G. Adapting particle swarm optimization to dynamic environments[C]. Proceedings of the International Conference on Artificial Intelligence, Athens, 2000: 429-434.

［18］ Blackwell T M, Bentley P J. Dynamic search with charged swarms[C]. Proceedings of the Genetic and Evolutionary Computation Conference, New York, 2002: 19-26.

［19］ Esquivel S C, Coello C A C. Particle swarm optimization in non-stationary environments[J]. Lecture Notes in Computer Science, 2004, 3315: 757-766.

［20］ 单世明, 邓贵仕. 动态环境下一种改进的自适应微粒群算法[J]. 系统工程理论与实践, 2006, 3: 39-44.

第 4 章　基于反馈控制器的自组织粒子群优化模型

4.1　引　　言

作为一种典型的群智能优化算法,粒子群优化算法将鸟群类比为一群没有体积及质量的粒子,鸟群飞向的目的地类比为优化问题目标解的位置。在飞行过程中,通过认知、记忆及信息交互,每一粒子可以根据自身及周围粒子的飞行经验,动态调整自己的飞行速度及方向,进而促使整个群体逐步向着优化问题的可能解区域逼近。粒子群优化算法模拟了简单生物群体所表现的智能涌现现象,即简单个体通过协作及信息交互从而表现出复杂的智能行为。算法采用自下而上的设计方式,模型简单、操作便捷,具有较强的自学习、自组织和自适应性。因此,粒子群优化算法一经问世,便迅速成为智能计算领域的一个研究热点,并被广泛应用于各种优化问题及工程领域。然而,随着求解问题复杂性的增加,现有粒子群优化算法模型同样面临着早熟、收敛效率低和全局收敛性能差等问题的挑战。

为了提高粒子群优化算法的全局收敛性,诸多学者提出了各种各样的改进策略。Shi 和 Eberhart 在基本粒子群优化算法中引入惯性权重因子 w,并提出线性递减惯性权重(linearly decreased inertia weight,LDIW)[1,2]、随机惯性权重[3]和模糊调整惯性权重[4]等策略用以更好地协调算法的局部开采与全局探测。Clerc 等提出了收缩因子的概念用于保证算法收敛[5]。借鉴线性递减惯性权重策略,Ratnaweera 等利用时变加速度系数(time-varying acceleration coefficients,TVAC)的方法以改善算法的收敛性能[6]。Li 提出了基于物种的邻域自适应选择方案来保证群体多样性[7]。Riget 等通过"吸引"(attraction)和"扩散"(repulsion)算子控制群体多样性[8]。曾建潮等提出利用模拟退火算法和禁忌算法等策略在群体中产生随机粒子以保证算法的全局收敛性[9]。赫然等引入自适应逃逸算子来克服算法早熟问题[10]。Liang 等提出了全面学习的粒子群优化(comprehensive learning PSO,CLPSO)算法,通过概率学习的方法来增加粒子获取信息的多样性[11]。上述算法一定程度上改善了算法的收敛性能,但很难在提高搜索速度和保持种群多样性之间达到平衡。

本章基于控制理论,阐述了一种新的算法性能改善思路,即利用群体多样性自适应调节粒子的寻优动态,给出了一种基于反馈控制器的自组织粒子群优化模型。

4.2　自组织粒子群优化模型

4.2.1　模型结构

对于优化算法而言,我们最关注的是其全局优化性能,总是希望算法能够以较小的计算代价或较快的速度稳健地找到目标问题的最优解。对于基于种群搜索方式的随机优化算法而言,搜索速度与解的质量永远是一对矛盾体,如果群体搜索的随机范围越大,则算法收敛于全局最优解的概率越大,但搜索速度必然会减缓;而群体搜索的随机范围越小,搜索速度自然较快,但算法易陷入局部最优。因此,我们希望能借助一些启发式的策略来引导搜索方向,尽可能从搜索过程中提取有效的信息用来指导优化搜索,既有利于全局搜索,又避免过度的随机,从而提高搜索效率。

众所周知,对基于群体搜索的随机优化算法而言,其搜索动态是难以预知的,要想尽可能地克服早熟问题,就需要对搜索过程中的群体动态进行洞察和监测,判断群体出现早熟的时间和范围。通常,算法出现早收敛是由群体多样性过早缺失所致。因此,能否在搜索的不同状况下维持正确的群体多样性水平,将从根本上影响算法全局收敛性的好坏。

粒子群优化算法模拟了简单生物群体所表现的智能涌现现象,强调的是简单个体间的协作、信息交互及感知。因此,由此隐喻而成的优化算法模型中,简单个体间的协作、信息交互方式以及个体所感知的信息的有效性,将直接影响算法的优化性能。在粒子群优化算法中,群体所经历的最佳位置作为唯一共享的群体信息,被所有粒子所感知并引导粒子快速朝着此位置所在的方向飞行,这种单趋向的粒子聚集行为,直接导致群体多样性的快速缺失。如果全局最优解或次优解存在于群体的最佳位置附近,算法有可能快速收敛至全局最优解或次优解;否则,算法极有可能陷入某一非全局最优点而难以逃逸,这正是粒子群优化算法难以保证全局收敛的问题所在。为了有效地避免早熟问题,需要对群体的多样性加以监控和调节。事实上,在自然的鸟群系统中,群体的分布密度及多样性往往也是影响个体行为的一个关键因素,例如,飞行中的鸟可根据群体的拥挤程度,及时调整自己的速度以避免相互冲撞,而觅食的鸟则会根据群体的密度大小来判断分享食物的可能性,从而选择加速或逃逸。

作为一种隐喻的群智能算法,粒子群优化算法中的群体可被视为一种自组织系统。在粒子群体中,没有发号施令的领导,不存在集中控制,但每个粒子却能够依据简单的行为规则相互协作及交互,促使整个群体呈现出一种复杂的协调和适应能力。这种群智能的涌现,依赖于群体内部存在的大量正负反馈。正是这些正负反馈的作用,使得粒子能够不断从群体环境中获取信息来调整自身的行为。因此,要想有效地改善粒子群优化算法的性能,应该从群体和个体两个层次出发去考察算法模型,并且重视群体环境和粒子之间存在的信息交互。考虑到优化问题,我们可以将目标问题的全局解视为群体系统的期望输出:一方面,希望群体在寻优过程中保持较好的可进化性,以较大的概率收敛于目标问题的全局解;另一方面,希望每一个体粒子能够感知有效的群体状态信息并正确调整自身的行为,继而影响群体的进化状态,以得到更好的系统输出。

　　基于以上分析,我们把粒子群体作为一个自组织系统,把群体多样性作为影响个体粒子行为的关键因素和重要的群体性能指标,借鉴自组织系统中所存在的反馈机制来模拟粒子个体和群体环境间的信息交互,设计了自组织粒子群优化(self-organized PSO,SOPSO)模型[12],如图 4-1 所示。在搜索过程中,个体粒子根据所感知的群体状态信息,自适应地调整飞行行为,通过不同的控制策略实现个体的集聚和分散,动态调节群体的全局探测和局部开采功能的平衡,使得群体能够维持适当的多样性,进而以较大的概率全局收敛。

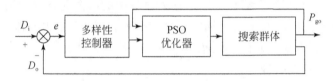

图 4-1　自组织粒子群优化模型

　　在上述模型中,D_i代表群体多样性的参考输入,D_o表示群体的实际多样性输出,P_{go}表示群体所经历的最佳位置,系统最终的稳定输出即作为目标问题的全局解。显而易见,自组织控制粒子群优化算法模型利用反馈机制,模拟了粒子群体中存在的信息感知及交互,是一种典型的负反馈控制系统。系统主要包括多样性控制器(diversity controller)、粒子群优化器(PSO optimizer)和搜索群体(swarm)三个部分,其中搜索群体由一定群体规模的粒子组成,其多样性信息直接反馈于多样性控制器;多样性控制器根据群体实时的多样性信息和参考输入的偏差,来确定群体多样性增加或减小的策略;粒子群优化器则按照多样性控制器输出的规则或指令,通过调整个体粒子的飞行行为来改变群体多样性,使群体具有较好的可进化性,最终给出更好的系统输出。

　　在设计模型时有三个关键问题需要解决:①如何有效地计算和度量群体多样性;②如何确定理想的多样性参考输入以利于全局搜索;③如何设计多样性控制器的控制策略,使之能够根据群体的动态正确调整个体粒子的行为。

4.2.2　群体动态测度

在基于群体搜索方式的仿生算法中,尽管群体多样性不是算法的研究目的,但由于其与算法的全局优化性能密切相关,因此也引起诸多研究者的注意。与以往许多研究不同,自组织粒子群优化算法不仅关注群体多样性,而且把群体多样性作为一个显性的指标来定量地反映群体的进化动态,并用于指导粒子的进化行为。因此要实现这一目标,就需要找到合理的方法用于群体多样性的度量。

群体多样性是用来表征群体内个体的特征差异性的。通常认为个体在解空间中越分散,则群体多样性越好;而个体分布越集中,则群体多样性越差。目前,对于群体多样性的度量主要有群体分布方差、群体熵以及群体的平均点距等几种方法。

1. 群体分布方差

假设第 t 代群体中个体 X_i^t 由 J 个分量组成,即 $X_i^t = (x_{i1}^t, x_{i2}^t, \cdots, x_{ij}^t, \cdots, x_{iJ}^t)$, $i \in \{1, 2, \cdots, N\}$, $j \in \{1, 2, \cdots, J\}$, N 为群体规模,则定义第 t 代种群的平均个体为

$$\overline{X^t} = (\overline{x}_1^t, \overline{x}_2^t, \cdots, \overline{x}_j^t, \cdots, \overline{x}_J^t) \tag{4-1}$$

式中, $\overline{x}_j^t = \dfrac{1}{N} \sum_{i=1}^{N} x_{ij}^t$ 。

由此定义第 t 代群体的方差为[13]

$$\boldsymbol{D}^t = (D_1^t, D_2^t, \cdots, D_j^t, \cdots, D_J^t) \tag{4-2}$$

式中, $D_j^t = \dfrac{1}{N} \sum_{i=1}^{N} (x_{ij}^t - \overline{x}_j^t)^2$, $j \in \{1, 2, \cdots, J\}$ 。

由式(4-2)可以看出,方差 $\boldsymbol{D}^t$ 是 L 维的行向量,每一个分量表示群体在该维坐标上的空间分布偏差。

2. 群体熵

若第 t 代群体分布的解空间 $\mathbf{R}^n$ 划分为 Q 个子集: $S_1^t, S_2^t, \cdots, S_Q^t$,各个子集所包含的个体数目记为 $|S_1^t|, |S_2^t|, \cdots, |S_Q^t|$,且对任意 $i, j \in \{1, 2, \cdots, Q\}$, $S_i^t \bigcap S_j^t = \Phi$, $\bigcup_{j=1}^{Q} S_j^t = A^t$, A^t 为第 t 代群体的集合,则第 t 代群体的熵可定义如下[13]:

$$E^t = -\sum_{j=1}^{Q} p_j \cdot \lg p_j \tag{4-3}$$

式中, $p_j = \dfrac{|S_j^t|}{N}$, $j = 1, 2, \cdots, Q$, N 为群体规模。

从上述定义可以看出:当群体中所有个体都相同,即 $Q=1$ 时,熵取最小值 $E=0$;当所有个体都不同,即 $Q=N$ 时,熵取最大值 $E=\lg N$。群体中个体类型越多,分

配得越平均,熵就越大。

3. 群体的平均点距

设群体规模为 N,其搜索空间中最长对角线的长度为 L,若第 t 代个体 X_i^t 由 J 个分量组成,即 $X_i^t = (x_{i1}^t, x_{i2}^t, \cdots, x_{ij}^t \cdots, x_{iJ}^t), i \in \{1,2,\cdots,N\}, j \in \{1,2,\cdots,J\}$,则种群的平均中心记为

$$\overline{X}^t = (\overline{x}_1^t, \overline{x}_2^t, \cdots, \overline{x}_j^t, \cdots, \overline{x}_J^t) \tag{4-4}$$

式中,$\overline{x}_l^t = \dfrac{1}{N} \sum\limits_{i=1}^{N} x_{il}^t$,则个体到种群中心的平均点距可定义如下[14]:

$$\mathrm{Dis}^t = \frac{1}{NL} \cdot \sum_{i=1}^{N} \sqrt{\sum_{j=1}^{J} (x_{ij}^t - \overline{x}_j^t)^2} \tag{4-5}$$

上述定义的三种测度方法,都在不同程度上反映了群体中个体的分布状况,但作为群体的多样性测度,却各有优缺点。群体的分布方差仅反映群体中个体分布的空间偏离程度,却不能完全刻画出个体的分散程度。例如,种群$\{1,2,3,4,5\}$由5个个体构成,方差为2;种群$\{1,1,1,1,5\}$的方差为2.56,虽然后者的方差比前者的大,但前者比后者更具进化能力。群体熵反映的是种群中不同类型个体的分布状况,并没有反映群体中各个体的平均分散程度,尤其是实际计算过程中种群内个体的类属情况很难预知,群体熵的计算要依赖于对群体进行正确的聚类分析,故计算代价较大[15]。因此,群体熵并不实用。

相比之下,式(4-5)定义的平均点距反映了单位搜索空间上个体的分布情况,与种群规模及搜索空间的大小均无关,能较好地描述个体在解空间中分布的疏密状况,是一种理想的多样性测度。因此,本章选用群体的平均点距作为群体多样性的测度。

4.3　多样性控制器的设计

4.3.1　多样性参考输入的确定

对于图4-1中的自组织粒子群优化算法模型而言,我们的期望是通过负反馈机制,利用多样性参考输入的控制,使粒子群体在整个搜索期间保持较好的多样性水平,因此多样性参考输入 D_i 必须代表一种理想的群体多样性水平,能够保证算法以较大的概率全局收敛。考虑到优化过程,通常在搜索早期,我们希望群体尽可能维持较高的多样性,以利于粗粒度的全局探测,避免过早陷入局部极值;随着搜索的进行,多样性逐渐降低,使得探测和开采协同进行;在搜索后期,则应强调细粒度的局部开采,多样性迅速降低直至群体收敛。鉴于此,我们构造了如下的线性函

数作为多样性的参考输入：

$$\begin{cases} D_i(t) = a\left(1 - \dfrac{t}{bT_{\max}}\right), & t < bT_{\max} \\ 0, & bT_{\max} \leqslant t < T_{\max} \end{cases} \quad (4\text{-}6)$$

式中，$T_{\max}$ 代表最大迭代次数；a 和 b 代表参考输入的控制系数，$a,b \in (0,1]$。显而易见，此参考输入可以在限定的搜索时间内由初值 a 线性递减至 0，是一种合理而简单的选择。

在参考输入 D_i 的控制下，群体多样性 D_o 将跟随参考输入的变化而变化：当 D_o 低于 D_i 时，则需要调整粒子行为，使之发散，扩大探测范围，增加群体多样性；当 D_o 高于 D_i 时，则需要粒子朝着最佳位置聚集，进行精细搜索，继而使群体多样性降低。

4.3.2　多样性控制策略

在自组织粒子群优化算法中，多样性控制器通过多样性增加算子和多样性减少算子来实现对群体多样性的调节，而群体多样性的增加和减少体现着群体搜索范围的扩充和收缩，可以探求多种方式来实现。本书拟从控制参数的角度出发寻求自适应的控制策略来设计多样性控制规则。对于自组织的粒子群体而言，群体多样性的变化是由个体粒子行为方式的变化而引起。考虑到算法的惯性权重和加速系数对个体粒子行为具有不同的影响，因此本书拟从两个角度来选择参数，调整个体粒子的发散和聚集，以实现群体多样性的增加和减少，分别提出了基于惯性权重的多样性控制（diversity-controlled inertia weight，DCIW）策略和基于加速度系数的多样性控制（diversity-controlled accleration coefficients，DCAC）策略。

1. 基于惯性权重的多样性控制策略

在标准粒子群优化算法中，惯性权重决定着粒子以多大的动量维持惯性运动。为了能够从根本上克服早熟问题，需要个体粒子在面临陷入局部极值的危险时能够以较大的动量飞越或逃逸。从相关文献可以看出，目前惯性权重的选择主要依赖于实验和经验，绝大部分研究参考了 Kenney、Eberhard、Shi 等的工作，令 $w \in (0,1)$ 或从 0.9 线性递减至 0.4，而加速度系数 $c_1 = c_2 = 2.0$。Bergh 曾经指出，标准粒子群优化算法能够使个体粒子逐渐收敛于自身历史最佳和群体历史最佳的加权中心，但这一收敛行为依赖于正确的参数设置[16]。当算法参数满足下述关系时，个体粒子的运动轨迹才可能是收敛的：

$$1 > w > \frac{1}{2}(c_1 + c_2) - 1, \quad 2.0 \leqslant c_1 + c_2 \leqslant 4.0 \quad (4\text{-}7)$$

尽管 $|w| < 1$ 能够保证粒子以收敛的轨迹运动，但是却难以提供粒子逃逸局

部极值的足够动量。因此,我们在自组织粒子群优化算法中引入了违背上述条件的参数组合,当需要增加群体多样性的时候,令$|w|>1$,使个体粒子获得较大的动量分散或逃逸;而当需要降低群体多样性时,根据式(4-7)选择参数组合,使个体粒子以收敛的轨迹聚集。根据以上分析,我们设计了基于惯性权重的多样性控制规则。

(1)多样性增加规则:当$e(t)=D_i(t)-D_o(t)>0$时,群体多样性低于参考输入,则控制器输出一组发散参数$\{w(t)>1,c_1(t)=c_2(t)=2.0\}$,使个体粒子发散以增加群体多样性。

(2)多样性减小规则:当$e(t)=D_i(t)-D_o(t)<0$时,群体多样性高于参考输入,则控制器输出一组收敛参数$\{1>w(t)>\frac{1}{2}(c_1(t)+c_2(t))-1,2.0\leqslant c_1(t)+c_2(t)\leqslant 4.0\}$,使个体粒子集聚以减小群体多样性。

2. 基于加速度系数的多样性控制策略

Ozcan 和 Mohan 曾经对没有惯性约束的个体粒子轨迹进行了数学分析,发现个体粒子以正弦波的轨迹在解空间中飞行,其幅度和频率取决于初始位置、速度和加速度系数[17,18]。Kennedy[19]曾仔细研究了c_1和c_2对算法性能的影响,发现$c_1=0$时,算法易陷入局部点;而当$c_2=0$时,算法难以搜索到全局最优解。在算法模型中,c_1决定了个体对自身经验和信念的肯定和坚持,而c_2决定了个体对社会共享信息及群体目标的认可程度。较大的c_1强调了粒子的个性化,有利于维持群体的多样性;而较大的c_2强调粒子的社会性,会导致粒子的趋同而降低群体多样性。鉴于此,我们利用不同的加速度系数来实现多样性增加和多样性减少,具体规则如下。

(1)多样性增加规则:当$e(t)=D_i(t)-D_o(t)>0$时,群体多样性低于参考输入,则控制器输出参数$\{w\in(0,1),c_1(t)=c_{1max},c_2(t)=c_{2min}\}$,促进粒子的个性化以增加群体多样性。

(2)多样性减小规则:当$e(t)=D_i(t)-D_o(t)<0$时,群体多样性高于参考输入,则控制器输出参数$\{w\in(0,1),c_1(t)=c_{1min},c_2(t)=c_{2max}\}$,促使个体粒子趋同以减小群体多样性。

4.4 仿真实验与结果分析

4.4.1 实验参数及优化测试函数

基于表 4-1 中的多模态 Benchmark 函数优化实验,分析多样性控制技术对算法性能的影响,并尽可能在相同的条件下将本章算法 SOPSO-DCIW、SOPSO-DCAC 与标准 PSO(SPSO)、线性递减惯性权重 SPSO(SPSO-LDIW)和时变加速度系数 SPSO(SPSO-TVAC)的性能进行了对比,所有实验数据均源于算法独立运行 30 次的平均抽样。实验中各算法群体规模均为 100,各粒子的最大速度 $V_{max} = X_{max}$,其他控制参数见表 4-2,其中 SPSO、SPSO-LDIW、SPSO-TVAC 等算法的参数设置分别取自文献[4]、[1]、[6]。

表 4-1　Benchmark 优化函数

函数	名称	解空间	最优值
$f_1 = \sum_{i=1}^{N}(x_i^2 - 10\cos(2\pi x_i) + 10)$	Rastrigrin	$[-5.12, 5.12]^N$	0
$f_2 = \dfrac{1}{4000}\sum_{i=1}^{N}x_i^2 - \prod_{i=1}^{N}\cos\left(\dfrac{x_i}{\sqrt{i}}\right) + 1$	Griewank	$[-600, 600]^N$	0
$f_3 = 20 + \mathrm{e} - 20\exp\left(-0.2\sqrt{\dfrac{1}{N}\sum_{i=1}^{N}x_i^2}\right) - \exp\left(\dfrac{1}{N}\sum_{i=1}^{N}\cos 2\pi x_i\right)$	Ackley	$[-30, 30]$	0
$f_4 = \dfrac{1}{N}\sum_{i=1}^{N}(x_i^4 - 16x_i^2 + 5x_i)$	2^n minima	$[-5, 5]^N$	-78.3323

表 4-2　不同算法的参数设置

算法	w	c_1	c_2	备注
SPSO	0.72	1.49	1.49	
SPSO-LDIW	0.9→0.4	2.0	2.0	
SPSO-TVAC	0.9→0.4	2.5→0.5	0.5→2.5	
SOPSO-DCIW	1.2～2.0	2.0	2.0	DP
	0.72	1.49	1.49	CP
SOPSO-DCAC	0.9→0.4	2.5～3.5	0～0.5	DP
	0.9→0.4	0～0.5	2.5～3.5	CP

注:→表示参数随时间线性递减或递增;DP 代表发散参数;CP 代表收敛参数。

4.4.2　实验结果及分析

1. 多样性参考输入的实验分析

在对算法进行性能分析之前,通过实验来观察不同多样性参考输入对算法性能的影响。图 4-2 给出了 SOPSO-DCIW 算法在三种不同多样性输入控制下群体多样性和群体平均函数值的动态变化曲线。

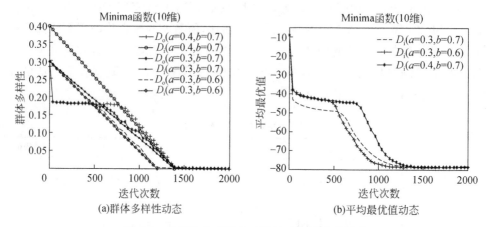

(a)群体多样性动态　　　　　　　　(b)平均最优值动态

图 4-2　多样性参考输入对算法动态性能的影响

由图 4-2(a)、(b)可知,在搜索初期,为了维持较高的多样性水平,群体一直处于发散状态以进行充分的全局探测,粗粒度的搜索一定程度上延缓了解质量的改善,故群体平均函数值的变化较为缓慢;在搜索中期,当群体多样性 D_o 逼近参考输入 D_i 时,D_o 将围绕 D_i 小幅波动,并随其逐渐振荡减小,尽管在此期间群体时而发散、时而聚集,但群体平均函数值却以较快的速度降低,这说明多样性参考输入的控制使得群体的可进化性得以动态调整,并逐渐引导算法由全局探测转向局部搜索;到了搜索后期,当 D_i 逐渐趋近于 0 时,D_o 也逐渐趋近于 0,此时群体平均函数值逐渐逼近于问题的全局最优解,说明在此期间群体中所有个体在多样性的控制下不断朝群体最优解的方向聚集。

从以上分析可知,线性参考输入 D_i 能够有效地控制算法的搜索动态,协调算法全局探测和局部搜索之间的平衡。在实际应用中,可以根据需要在参考范围内选择适当的 a、b 取值来确定 D_i。由图 4-2 易知,a 越大,则算法在早期的探测时间越长,故发现更好解的概率也越大,能有效阻止算法过早陷入局部极值;b 越小,则算法后期收敛的速度越快。综合考虑解的质量和收敛速度,a 和 b 较好的取值范围为 $0 < a \leqslant 0.5, 0.5 \leqslant b \leqslant 1.0$。

2. 算法性能的实验结果及分析

本章算法与其他 PSO 改进算法在不同函数优化中的寻优结果及统计数据详细记录于表 4-3,其中 Rastrigin 和 Griewank 函数取 30 维,Ackley 和 2^n Minima 函数取 50 维,算法的最大迭代次数为维数的 100 倍。

表 4-3　不同算法的寻优结果比较

函数	算法	平均值(标准差)	最优值	最差值
Rastrigrin	SPSO	18.4253(3.6171)	6.9717	34.8587
	SPSO-LDIW	25.4666(4.8487)	12.9477	43.8332
	SPSO-TVAC	18.0269(3.4576)	8.96367	34.8587
	SOPSO-DCIW	17.0975(3.3372)	4.97985	31.8708
	SOPSO-DCAC	10.3499(2.3620)	3.67385	20.5162
Griewank	SPSO	0.0173(0.0046)	0	0.0659
	SPSO-LDIW	0.0249(0.0059)	0	0.1078
	SPSO-TVAC	0.0284(0.0075)	0	0.1148
	SOPSO-DCIW	0.0164(0.0046)	0	0.0163
	SOPSO-DCAC	0.0214(0.0053)	0	0.0931
Ackley	SPSO	0.0765(0.0326)	$3.13E-14$	1.2703
	SPSO-LDIW	$5.75E-06(1.61E-06)$	$3.22E-07$	$7.47E-05$
	SPSO-TVAC	0.3927(0.0720)	$4.66E-10$	1.4716
	SOPSO-DCIW	0.0293(0.0175)	$3.13E-14$	0.8794
	SOPSO-DCAC	0.1922(0.0516)	$2.74E-10$	1.2653
2^n Minima	SPSO	$-65.7954(2.3281)$	-69.6988	-60.949
	SPSO-LDIW	$-46.0087(5.90664)$	-49.2985	-43.8694
	SPSO-TVAC	$-77.1456(0.274678)$	-78.3026	-74.7085
	SOPSO-DCIW	$-73.441(1.1411)$	-76.0705	-70.9812
	SOPSO-DCAC	$-78.2238(0.0342427)$	-78.3277	-77.6961

由表 4-3 可知,在极值点密集的 Rastrigrin 函数的优化中,SOPSO-DCAC 算法表现最佳,SOPSO-DCIW 算法次之,两种算法在指定时间内所得解的质量明显优于其他三种算法;对于 Griewank 函数的优化,SOPSO-DCIW 算法所得解的质量最高,而 SOPSO-DCAC 算法的解却略次于 SPSO 算法;对于 Ackley 函数而言,SOPSO-DCIW 算法因为一次搜索失败而使搜索性能次于 SPSO-LDIW 算法,但相对于其他算法而言,其解的质量却很高。虽然 SOPSO-DCAC 算法在优化 Ackley 函数时表现欠佳,但与 SPSO-TVAC 算法相比,其性能还是有较大的改善。在极值点随维数指数增加的 2^n minima 函数优化中,SOPSO-DCAC 算法表现最佳,SPSO-TVAC 算法居第二,说明对于此函数而言,调整加速度系数比惯性权重更为有效。虽然 SOPSO-DCIW 算法的寻优结果略次于前两者,但其所求解的质量远远要好于 SPSO 和 SPSO-LDIW 算法。综上所述,本章的 SOPSO 算法在不同函数优化中的平均性能明显要优于其他改进 SPSO 算法。

　　图4-3～图4-6分别从群体多样性和最优解的角度描述了各算法的平均动态性能。分析各图中多样性的变化曲线可知,在所有多模态函数优化过程中,采用固定参数的SPSO算法,其多样性在搜索前期就急速下降,而多样性的快速缺失直接导致该算法陷入局部极值且难以逃逸,因此在后续的搜索过程中解的质量很难有所改善,说明固定参数的SPSO算法缺乏对群体动态的自适应调控能力。惯性权重和加速度系数的线性调整策略,克服了群体多样性过早过快缺失的缺点,使得SPSO算法的性能有所改善。可以看出,在整个搜索期间,SPSO-LDIW算法的群体多样性降低最为缓慢,以至于到了搜索后期,群体多样性还维持在较高的水平上,此时观察到解的质量却停止了改善,说明算法在搜索后期不具备精细搜索的能力,惯性权重由于速度过小已经失去了它的控制意义。相对于SPSO算法,SPSO-TVAC算法在搜索早期群体多样性的降低有所减缓,而相对于SPSO-LDIW算法,其早期多样性的降低还是过快;在搜索后期,其群体多样性能够在较低的水平上缓慢降低,说明SPSO-TVAC算法在此期间具有一定的精细搜索能力,加速度系数的时变控制策略更利于群体后期的收敛,而其最终求解精度不如SPSO-LDIW算法的根本原因是前期多样性的缺失。

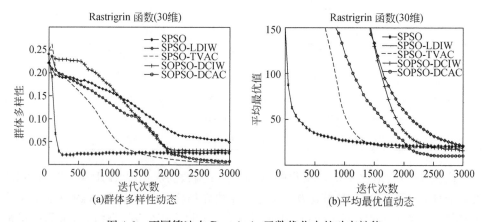

图4-3　不同算法在Rastrigrin函数优化中的动态性能

　　相对于其他算法而言,SOPSO-DCIW算法早期的群体多样性变化缓慢,并且持续保持在最高的水平,说明该算法在早期进行的全局探测最为充分,尽管延缓了前期的搜索速度,但避免了算法过早陷入局部极值,反而有利于后续的全局搜索。在搜索中期,该算法中的群体多样性以相对最快的速率降低,进入搜索后期,尽管群体多样性已经很小,但依然能观察到最优解有所改善。因此,多样性自适应控制惯性权重策略能使算法更有效地控制局部开采和全局探测的进行,从而提高其全局收敛性。这正是SOPSO-DCIW算法具有较好平均优化性能的原因所在。

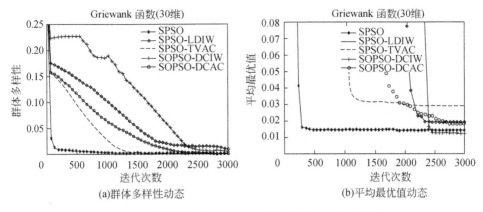

(a)群体多样性动态　　　　　　　　(b)平均最优值动态

图 4-4　不同算法在 Griewank 函数优化中的动态性能

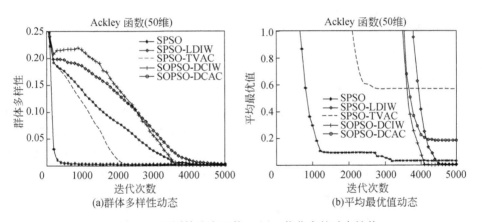

(a)群体多样性动态　　　　　　　　(b)平均最优值动态

图 4-5　不同算法在函数 Ackley 优化中的动态性能

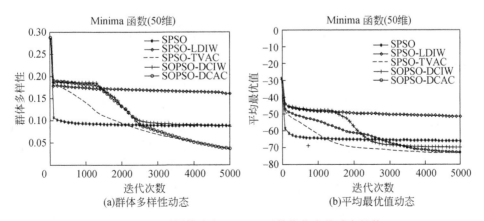

(a)群体多样性动态　　　　　　　　(b)平均最优值动态

图 4-6　不同算法在 Minima 函数优化中的动态性能

考察各图中的曲线,其中 SOPSO-DCAC 算法的群体多样性似乎最为理想。在搜索前期,其多样性水平略低于 SOPSO-DCIW 和 SPSO-LDIW 算法,而高于 SPSO-TVAC 和 SPSO 算法;而在中期,其多样性下降速率逐渐增大;到了搜索后期,当其他算法的多样性变化几乎停滞时,SOPSO-DCAC 算法的多样性却能以相对最快的速率持续降低。早期较高的群体多样性使算法避免了过早收敛,而后期较强的精细搜索能力使群体多样性持续降低的同时加速了算法的收敛,使所求解的精度得到有效的改进,这些正说明了多样性控制加速系数策略的有效性,也是 SOPSO-DCAC 算法具有良好平均优化性能的根本原因。

4.5　模型的优化应用

4.5.1　约束布局优化问题

布局优化属于一类典型的 NP 难问题,同时又具有较强的工程应用背景,许多实际工程应用均涉及布局优化问题,如人造卫星舱布局、机械装配布局以及大规模集成电路布局等,因此引起了研究者的广泛关注。

所谓布局优化,就是按一定的要求,把某些物体最优地放置在一个特定空间内。在布局过程中,通常要求待布物之间、待布物与容器之间互不干涉,并尽可能提高空间利用率,此类问题属于无性能约束布局。除此之外,有些布局优化问题还需考虑其他的性能约束,如惯性、平衡性和稳定性等,属于性能约束布局,简称约束布局优化,由于包含多种实际约束,该类问题的解空间通常为非凸且不连续,故很难求解。近年来,随着智能计算的兴起,人们开始尝试采用不同的智能计算方法来求解该类问题,如模拟退火[20]、遗传算法[21,22]和多智能体技术[23]等。作为一种新兴的群智能计算方法,粒子群优化算法也适用于求解类似约束布局优化问题的 NP 难问题,为此,李宁等[24]和周驰等[25]先后将粒子群优化算法用于二维约束布局问题的求解,取得了一定的效果。

文献[26]以人造卫星舱布局设计为背景,研究了带性能约束的圆布局优化问题。在一个旋转的人造卫星舱中,设置有垂直于舱中心轴线的圆形隔板,要求将所需的系统功能部件如仪器、设备等待布物最优地配置于这些圆形隔板上。每一旋转隔板上的待布物应尽量向容器中心聚集,同时满足系列约束要求:待布物之间、待布物与容器之间不干涉;系统静止时,隔板上的静不平衡量小于允许值;在给定的角速度下,各待布物的动不平衡量小于允许值等。若假设待布物均为圆柱体,此时问题可归结为一个转动圆桌平衡布局问题。如图 4-7 所示。

假设圆桌半径为 R,以角速度 ω 转动,欲在其上布置 n 个圆盘 $\{O_i \mid i \in I = \{1, 2, \cdots, n\}\}$。以圆桌的形心 O 为原点建立平面直角坐标系 XOY,设第 i 个圆盘的形

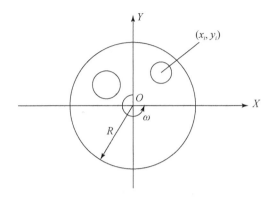

图 4-7　旋转隔板上圆形待布物布局示意图

心为 $X_i = (x_i, y_i)$，其半径和质量分别为 r_i 和 m_i，则待布物 $O_i = (X_i, r_i, m_i)$，令 $X = (X_1, X_2, \cdots, X_n)$ 表示布局变量。设各圆盘的质心与形心重合，圆盘与桌面固定。显然，此问题的关键在于需要先在圆桌的二维平面内实现静态布局优化。忽略问题的动不平衡约束，则该二维约束布局优化问题的数学模型可描述如下：

$$\min f(X) = \max\{\sqrt{x_i^2 + y_i^2} + r_i \,|\, i \in I; x_i, y_i \in [-R, R]\} \qquad (4\text{-}8)$$

同时满足如下约束：

$$f_1(X_i) = \sqrt{x_i^2 + y_i^2} + r_i - R \leqslant 0, \quad i \in I \qquad (4\text{-}9)$$

$$f_2(X_i) = r_i + r_j - \sqrt{(x_i - x_j)^2 + (y_i - y_j)^2} \leqslant 0, \quad i \neq j; i, j \in I \qquad (4\text{-}10)$$

$$f_3(X) = \sqrt{\left(\sum_{i=1}^n m_i x_i\right)^2 + \left(\sum_{i=1}^n m_i y_i\right)^2} - [\delta_J] \leqslant 0 \qquad (4\text{-}11)$$

式中，$f(X)$ 表示包络圆半径；$f_1(X_i)$ 表示待布物和圆桌容器互不干涉约束；$f_2(X_i)$ 表示待布物之间互不干涉约束；$f_3(X)$ 表示静不平衡约束；$[\delta_J]$ 表示静不平衡允许值。

4.5.2　算法设计

本节将尝试采用 SOPSO 算法来求解式(4-8)～式(4-11)所描述的二维约束布局问题。为此，选用常见的罚函数法来处理问题的约束，构造罚函数如下：

$$\Phi(X) = \lambda_1 \sum_{i=1}^n (\mu(f_1) f_1(X_i)) + \lambda_2 \sum_{i=1}^{n-1} \sum_{j=i+1}^n (\mu(f_2) f_2(X_i)) + \lambda_3 \mu(f_3) f_3(X)$$

$$(4\text{-}12)$$

式中，λ_m 为约束条件 f_m 的惩罚因子，$\lambda_m > 0, m \in \{1, 2, 3\}$；

$$\mu(f_m) = \begin{cases} 0, & f_m(\cdot) \leqslant 0 \\ 1, & f_m(\cdot) > 0 \end{cases} \tag{4-13}$$

为方便起见,采用极坐标编码方式,以圆桌的形心 O 为极点建立极坐标系,则任意待布圆 O_i 的形心 X_i 的极坐标为 (l_i, θ_i),对应的直角坐标为 $(x_i, y_i) = (l_i\cos\theta_i, l_i\sin\theta_i)$,其中 $l_i \in [0, R-r_i], \theta_i \in [-\pi, \pi]$。此时,第一个约束即待布物和圆桌容器互不干涉总是可以满足,故式(4-12)中的罚函数可以简化为

$$\Phi'(X) = \lambda_2 \sum_{i=1}^{n-1} \sum_{j=i+1}^{n} (\mu(f_2)f_2(X_i)) + \lambda_3\mu(f_3)f_3(X) \tag{4-14}$$

由此,可将约束布局优化问题转化为下述无约束优化问题:

$$\min F(X) = f(X) + \Phi'(X) \tag{4-15}$$

在上述问题中,若待布物有 n 个,则算法的搜索空间为 $2n$ 维,任意粒子代表目标函数的一个候选解,可表示为 $2n$ 维极坐标向量 $(l_1, \theta_1, l_2, \theta_2, \cdots, l_n, \theta_n)$,其中 $l_i \in [0, R-r_i], \theta_i \in [-\pi, \pi], 1 \leqslant i \leqslant n$。显然,目标函数值越小的粒子越好。

采用 SOPSO 算法求解性能约束布局问题,实质上可转化为求解式(4-15)的无约束优化问题,其算法流程描述如下:

(1)令 $t=0$,初始化系统的多样性输入和多样性输出。

(2)在可行解空间随机初始化粒子群体,包括每一粒子的位置、速度及其最佳位置,群体的最佳位置以及粒子的控制参数。

(3)计算每一粒子的函数值;更新每一粒子的历史最佳位置,以及群体的最佳位置。

(4)更新系统的多样性输入和输出,并根据控制规则调节控制参数。

(5)如果满足终止条件,则算法结束;否则,令 $t=t+1$,继续步骤(6)。

(6)更新粒子群体,包括各粒子的位置、速度。返回步骤(3)。

4.5.3　仿真结果分析

本节选用较复杂的四十圆约束布局优化问题来观察 SOPSO 算法的优化性能,并将其与人机交互的遗传算法(HCIGA)[21] 和带变异算子的粒子群优化算法(MPSO)[24] 进行了比较分析。已知圆容器半径 $R=880$mm,欲在其上布局 40 个圆形待布物。给定静不平衡量 J 的允许值为 $\delta_J = 20$g·mm,待布物的相关数据见表4-4,布局结果见图 4-8 和表 4-5。实验中,HCIGA 算法的群体规模为 60,MPSO 和 SOPSO 算法的群体规模为 100;SOPSO 算法采用 DCIW 控制策略,最大迭代次数为 5000。

表 4-4　40 个待布圆数据

序号	半径/mm	质量/g	序号	半径/mm	质量/g	序号	半径/mm	质量/g	序号	半径/mm	质量/g
1	106	11	11	89	7	21	108	11	31	111	12
2	112	12	12	92	8	22	86	7	32	91	8
3	98	9	13	109	11	23	93	8	33	101	10
4	105	11	14	104	10	24	100	10	34	91	8
5	93	8	15	115	13	25	102	10	35	108	11
6	103	10	16	110	12	26	106	11	36	114	12
7	82	6	17	114	12	27	111	12	37	118	13
8	93	8	18	89	7	28	107	11	38	85	7
9	117	13	19	82	6	29	109	11	39	87	7
10	81	6	20	120	14	30	91	8	40	98	9

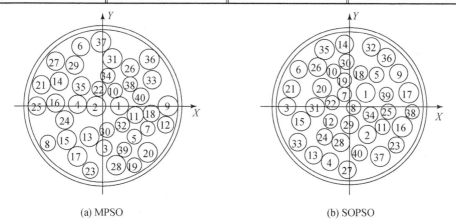

(a) MPSO　　　　　　　　　　　　　(b) SOPSO

图 4-8　两种算法布局结果示意图

表 4-5　算法在 40 个待布圆布局中的约束性能

算法	外包络圆半径/mm	静不平衡量/(g·mm)	干涉量	计算时间/s
HCIGA	870.331	0.006000	0	1358
MPSO	843.940	0.003895	0	2523
SOPSO	816.650	0.008526	0	1462

图 4-8 显示了 MPSO 和 SOPSO 算法在满足所有性能约束的情况下所得到的最佳布局,图中外侧大圆为圆容器,内侧大圆为最佳布局中的外包络圆,外包络圆内分布着互不干涉的 40 个待布圆。表 4-5 记录了图 4-8 中两种最优布局所对应的约束性能,以及 HCIGA 算法在该问题求解中所获得的最佳结果。显然,三种算法所获得的最佳布局均实现了各待布圆之间以及待布圆与容器间互不干涉这一要求,故表中各算法的干涉量为零;在此前提下,观察每一布局结果中的外包络圆半径,HCIGA 算法为 870.331mm,MPSO 算法为 843.940mm,而 SOPSO 算法为

816.650mm，显然 SOPSO 算法所获得的包络圆半径要远小于 MPSO 和 HCIGA 算法的，这说明 SOPSO 算法的布局结果能更好地实现待布物尽可能朝向中心聚集这一要求。此时，尽管 SOPSO 算法布局中的静不平衡量稍大于其他两种算法，但其值也远远小于所要求的给定值 $\delta_J = 20\,\text{g} \cdot \text{mm}$。以上结果说明了 SOPSO 算法在复杂约束布局优化问题中的有效性。

4.6　本 章 小 结

　　本章给出了一种自组织粒子群优化模型。该模型将粒子群体作为一个自组织系统，把群体多样性作为影响个体粒子行为的关键因素和描述群体动态的重要指标，引入多样性反馈机制来控制群体的进化动态。利用群体多样性反馈信息对算法参数进行自适应控制，从而通过个体粒子的集聚和发散行为实现群体多样性的增加和减少，进而有效改善搜索期间群体的可进化性，有效克服算法的过早收敛。数值仿真结果表明，与其他典型改进粒子群优化算法相比，多样性控制的自组织粒子群优化算法具有更好的平均优化性能。在以卫星舱布局为背景的二维约束布局问题中的成功应用，说明该模型具有一定的使用价值。

　　本章所描述的基于群体反馈信息的自组织粒子群优化算法，为仿生类智能计算方法的改进提供了一种有效的思路。需要进行的后续工作包括：第一，寻求能够更好地反映群体动态的参数，使群体动态的控制更佳有效；第二，寻找更好的群体多样性控制输入和控制策略，使搜索过程中的群体多样性更利于全局收敛。

参 考 文 献

[1] Shi Y, Eberhart R C. A modified particle swarm optimizer[C]. Proceedings of the IEEE Congress on Evolutionary Computation, Washington, 1999：69-73.

[2] Shi Y, Eberhart R C. Empirical study of particle swarm optimization[C]. Proceedings of the IEEE Congress on Evolutionary Computation, Washington, 1999：1945-1950.

[3] Eberhart R C, Shi Y. Tracking and optimizing dynamic systems with particle swarms[C]. Proceedings of the IEEE Congress on Evolutionary Computation, Seoul, 2001：94-97.

[4] Shi Y, Eberhart R C. Fuzzy adaptive particle swarm optimization[C]. Proceedings of the IEEE Congress on Evolutionary Computation, Seoul, 2001：101-106.

[5] Clerc M, Kennedy J. The particle swarm-explosion, stability, and convergence in a multidimensional complex space[J]. IEEE Transactions on Evolutionary Computation, 2002, 6(1)：58-73.

[6] Ratnaweera A, Halgamuge S K, Watson H C. Self-organizing hierarchical particle swarm optimizer with time-varying acceleration coefficients[J]. IEEE Transactions on Evolutionary Computation, 2004, 8(3)：240-255.

[7] Li X D. Adaptively choosing neighborhood using species in a particle swarm optimizer for multimodal function optimization[C]. Proceedings of the Genetic and Evolutionary Computation Conference, Seattle, 2004：

105-116.

[8] Riget J, Vesterstroem J S. A Diversity-guided Particle Swarm Optimizer-the ARPSO[R]. Aarhus：University of Aaehus, 2002.

[9] 曾建潮,崔志华. 一种保证全局收敛的 PSO 算法[J]. 计算机研究与发展, 2004, 41(8)：1333-1338.

[10] 赫然,王永吉,王青,等. 一种改进的自适应逃逸微粒群算法及实验研究[J]. 软件学报, 2005, 16(12)：2036-2044.

[11] Liang J J, Qin A K, Suganthan P N, et al. Comprehensive learning particle swarm optimizer for global optimization of multimodal functions[J]. IEEE Transactions on Evolutionary Computation, 2006, 10(3)：281-295.

[12] 介婧,曾建潮,韩崇昭. 基于群体多样性反馈控制的自组织微粒群算法[J]. 计算机研究与发展, 2008, 45(3)：464-471.

[13] 张晓缋,戴冠中,徐乃平. 遗传算法种群多样性的分析研究[J]. 控制理论与应用, 1998, 15(1)：17-23.

[14] Ursem R K. Diversity-guided evolutionary algorithms[C]. Proceedings of the 7th International Conference on Parallel Problem Solving from Nature, Granada, 2002：462-474.

[15] 吴浩扬,朱长纯,常炳国,等. 基于种群过早收敛程度定量分析的改进自适应遗传算法[J]. 西安交通大学学报, 1999, 33(11)：27-30.

[16] Bergh F V D. An Analysis of Particle Swarm Optimizers[D]. Pretoria：University of Pretoria, 2001.

[17] Ozcan E, Mohan C K. Analysis of a simple particle swarm optimization system[J]. Intelligent Engineering Systems Through Artificial Neural Networks, 1998, 8：252-258.

[18] Ozcan E, Mohan C K. Particle swarm optimization：surfing the waves[C]. Proceedings of the International Congress on Evolutionary Computation, Washington, 1999：1939-1944.

[19] Kennedy J. The particle swarm：social adaption of knowledge[C]. Proceedings of the IEEE Congress on Evolutionary Computation, Washington, 1997：303-308.

[20] Szykman S, Cagan J. Constrained three-dimensional component layout using simulated annealing[J]. Journal of Mechanical Design, 1997, 119(1)：28-35.

[21] 钱志勤,滕弘飞,孙治国. 人机交互的遗传算法及其在约束布局优化中的应用[J]. 计算机学报, 2001, 24(5)：553-559.

[22] 唐飞,滕弘飞. 一种改进的遗传算法及其在布局优化中的应用[J]. 软件学报, 1999, 10(10)：1096-1102.

[23] 钟伟才. 多智能体进化模型和算法研究[D]. 西安：西安电子科技大学, 2004.

[24] 李宁,刘飞,孙德宝. 基于带变异算子粒子群优化算法的约束布局优化研究[J]. 计算机学报, 2004, 27(7)：897-903.

[25] 周驰,高亮,高海兵. 基于粒子群算法的约束布局优化[J]. 控制与决策, 2005, 20(1)：36-40.

[26] Teng H F, Sun S L, Ge W H, et al. Layout optimization for the dishes installed on a rotating table[J]. Science in China Series A-Mathematics Physics Astronomy & Technological Sciences, 1994, 37(10)：1272-1280.

第 5 章　求解非线性方程组的控制粒子群优化模型

5.1　引　　言

在现实世界中,普遍存在着各种非线性复杂问题。借助快速发展的计算机技术,复杂非线性问题的求解成为可能,非线性问题逐渐成为现代数学领域中的热点研究课题之一。在一些实际工程应用领域中,如天气预报、石油地质勘探、计算力学、计算生物化学、生命科学和优化控制等,许多复杂非线性问题都可通过非线性方程组这种数学模型加以描述,因此如何有效地求解各种非线性方程组问题,就成为非线性问题研究中的一项重要内容。

许多学者从理论和数值计算等方面作了大量的研究,但是由于向量函数的非线性性质,非线性方程组的求解技术无论从理论还是实际应用都远不如线性方程组成熟和有效。一般来说,非线性方程组大都通过迭代的数值方法来求解,从而将非线性方程组的求解转换为寻找所构造的迭代式不动点,因此寻求快速收敛的迭代式就成为非线性方程组求解的一个重要目标。目前,常见的数值迭代法包括牛顿法、拟牛顿法、割线法、延拓法、自然偏序迭代法和区间迭代法等,其中以牛顿法为代表的迭代方法及其变形应用得最为普遍。该类算法一般具有较快的收敛速度,但是其收敛性在很大程度上依赖于初始点的选择,不合适的初始点很容易导致算法收敛失败,而选择一个好的初始点在实际应用中往往又非常困难;另外由于具有局部收敛、对于函数数学性质的依赖等局限性,该类算法在一些复杂非线性方程组中的求解中容易失败,有效性较低。因此,非线性方程组的求解依然是困扰人们的一个难题,特别是对于高度非线性的实际工程问题,需要寻找高效可靠的求解方法。

近年来,进化计算、群智能计算等仿生的智能计算方法,以其本质的并行性、高度的自适应、自组织和自学习等智能特性,引起了人们的广泛关注,被视为求解非线性复杂问题的有效方法。这些方法都采用群体搜索的机制,且不过分依赖问题的数学特征,能够以概率 1 全局收敛,具有较强的鲁棒性,从而有效克服了传统迭代算法对初始点的依赖和局部收敛等局限性。因此,人们尝试将这些智能优化算法用于方程组的求解,文献[1]~[6]分别将遗传算法用于非线性方程组的求解,而文献[7]则利用神经网络寻求非线性方程组的解,并取得了一定的效果。

作为群智能计算的一种典型优化算法,粒子群优化算法同样被证明是一种有效的非线性复杂问题的求解技术。文献[8]尝试用粒子群优化算法寻找非线性方程和方程组的解,文献[9]构造了基于复形法和粒子群优化算法的混合算法并将其用于非线性方程组的求解。初步的研究结果表明,粒子群优化算法可有效避免传统迭代方法对初始点的依赖,对复杂非线性方程组具有较好的求解潜力。但是,和其他的仿生类算法一样,粒子群优化算法在面对高度复杂的非线性问题时同样会遭遇过早收敛、求解效率低等问题。因此,在求解较复杂的非线性问题时,依然需要寻找较好的启发式策略来提高算法的全局寻优性能。

5.2　非线性方程组及其等价优化问题描述

通常,含有 n 个变量和 n 个方程的非线性方程组可描述如下:

$$\begin{cases} f_1(x_1,x_2,\cdots,x_n) = 0 \\ f_2(x_1,x_2,\cdots,x_n) = 0 \\ \qquad\qquad \vdots \\ f_n(x_1,x_2,\cdots,x_n) = 0 \end{cases} \tag{5-1}$$

式中,$f_i:D \subset \mathbf{R}^n \to \mathbf{R}, x \in D$, 即 $f_i(x)$ 为给定的在 n 维实欧氏空间 $\mathbf{R}^n$ 中开区域 D 上的实值函数,$i=1,2,\cdots,n$。如果 f_i 全部是 x 的线性函数,那么方程组为线性代数方程组;若其中至少有一个是 x 的非线性函数,那么该方程组为非线性代数方程组。

为方便讨论,记 $\boldsymbol{X} = (x_1,x_2,\cdots,x_n)^{\mathrm{T}}, \boldsymbol{F}(\boldsymbol{X}) = (f_1(\boldsymbol{X}),f_2(\boldsymbol{X}),\cdots,f_n(\boldsymbol{X}))^{\mathrm{T}}$, $\boldsymbol{0} = (0,0,\cdots,0)^{\mathrm{T}}$, 则式(5-1)可记为矢量形式为

$$\boldsymbol{F}(\boldsymbol{X}) = \boldsymbol{0} \tag{5-2}$$

式中,$\boldsymbol{F}:D \subset \mathbf{R}^n \to \mathbf{R}^n, \boldsymbol{X} \in D$。若存在 $\boldsymbol{X}^* \in D$ 满足式(5-2)的方程组,则称 $\boldsymbol{X}^*$ 为该方程组的解。

采用智能计算方法求解上述的非线性方程组,需要将其转化为等价的极小化优化问题。为此构造非负函数

$$\Phi_1(\boldsymbol{X}) = \sum_{i=1}^{n} |f_i(\boldsymbol{X})| \tag{5-3}$$

或

$$\Phi_2(\boldsymbol{X}) = \sum_{i=1}^{n} f_i^2(\boldsymbol{X}) \tag{5-4}$$

则非线性方程组(5-1)的求解可转换为上述两式所描述函数的极小点问题,即

$$\text{Min } \Phi_1(\boldsymbol{X}) \mid \{\Phi_1:D \subset \mathbf{R}^n \to \mathbf{R}, \boldsymbol{X} \in D\} \tag{5-5}$$

或

$$\text{Min } \Phi_2(\boldsymbol{X}) \mid \{\Phi_2:D \subset \mathbf{R}^n \to \mathbf{R}, \boldsymbol{X} \in D\} \tag{5-6}$$

显然,上述两种优化问题的极小值为 0。如果 $\boldsymbol{X}^* = (x_1, x_2, \cdots, x_n)^{\mathrm{T}}$ 是非线性方程组(5-1)的一个解,即 $\boldsymbol{F}(\boldsymbol{X}) = \boldsymbol{0}$,则其必然满足 $\varPhi_1(\boldsymbol{X}) = 0$ 或 $\varPhi_2(\boldsymbol{X}) = 0$,必定是优化问题(5-5)或(5-6)的极小解,反之亦然。

不可否认,方程组的非线性特性不可避免会造成其等价优化问题的复杂性,这种问题通常会对自变量的取值较敏感,自变量的微小变化就有可能引起目标函数值大的改变,因此具有一定的优化难度。

5.3　控制粒子群优化模型

5.3.1　控制粒子群优化模型的原理

本章拟用粒子群优化算法进行非线性方程组的求解。前面的分析曾指出,粒子群优化算法在面对复杂非线性优化问题时,不可避免会遭遇早熟问题,因此在特定问题的具体求解中,往往需要设计相应的策略以提高算法的全局收敛性和收敛速度。

粒子群优化算法是一种基于群体搜索机制的随机优化算法,其搜索动态一般是难以预知的。然而作为一种群智能算法,粒子群优化算法可以视做一种自组织系统,该系统由群体和底层的个体粒子两个层次构成。因此,可以从粒子或群体两种主体入手,寻求更好的自适应行为规则,从而期望群体系统涌现更好的输出。在前面章节曾讨论过,参数的合理设置对标准粒子群优化算法的性能具有显著影响,为此,我们曾引入反馈控制机制,利用群体多样性来实现搜索过程中参数的自适应调整,通过参数调整来引导粒子的集聚和分散,从而促进算法的全局搜索。为有效求解非线性方程组,这里借鉴第 4 章的研究思想,同样希望利用反馈控制的策略来实现算法寻优过程的自适应调整。但具体如何设计和实现控制,则要视求解目标而定。

非线性方程组的求解和以往的优化问题的求解目标有所不同。通常,优化问题的求解目标在于寻求目标问题的极小值(或极大值),而非线性方程组所等价的优化问题的极值是已知的。也就是说,在通常的优化问题求解中,粒子对最终目标是一无所知的,只是在搜索过程中,通过同伴之间的信息交互,不断摸索着逼近目标极值,在这个过程中,如果参考信息有误,则会导致搜索方向错误;而在方程组的求解过程中,最终目标是明确的,等价优化问题的极值就是 0,因此对非线性方程组的求解,更关心的是如何通过优化迭代搜索,使得群体中的粒子们能快速地落在满足极小值的极小点处,而一旦有粒子落在极小点处,群体搜索即可终止。因此,在求解非线性方程组等价优化问题的过程中,用于判断个体优劣的适应值将不再是一种参考信息,而成为一种精确信息。因此,我们将粒子群体视做系统,将群体最佳位置的函数值作为系统的输出和被控量,通过反馈控制,使得系统能够快速地达到稳态输出 0,而群体能够较快地逼近极小值所在的区域,并且有粒子较快地落在极小点处。

在标准粒子群优化算法中,惯性权重是一个重要的控制参数,直接影响着粒子的飞行行为,决定着粒子的速度与搜索步长,能有效调节算法的局部开采和全局探测功能。通常,惯性权重的取值范围为 0~1。惯性权重越大,粒子速度降低得越慢,能够保持较大的搜索步长在较大的搜索空间进行探测;惯性权重越小,粒子速度降低得越快,则有利于粒子以较小的搜索步长在当前解空间中进行精细开采。因此,应用粒子群优化算法求解方程组时,动态调整惯性权重能兼顾搜索速度和精度。Shi 和 Eberhart 曾提出令惯性权重随时间线性递减的策略,这种策略使得惯性权重随时间缓慢降低,在早期有利于维持较好的群体多样性,但在搜索晚期,过小的惯性权重会导致粒子缺乏继续搜索的动量,使算法难以精确逼近全局最优解。尤其在一些复杂多模态问题中,惯性权重线性递减策略存在一定的局限性。对于随机优化算法而言,其搜索动态是难以预知的,但是算法的全局收敛性必然要经过局部区域的收缩然后再扩张这种搜索方式的反复进行才能得以保证,因此惯性权重的调整必须促成搜索区域的这种变化,通过搜索动态自适应的调整,才是最好的一种选择。

基于以上分析,并结合第 4 章中的自组织粒子群优化算法模型,针对非线性方程组的求解,我们构造了控制粒子群优化(controlled particle swarm optimization,CPSO)模型[10],如图 5-1 所示。

图 5-1　控制粒子群优化模型的结构原理图

图中,$r(k)$ 为控制系统的输入;$e(k)$ 为系统输入和输出的偏差;$w(k)$ 为惯性权重;$y(k)$ 为系统输出,代表当前群体最佳位置的函数值 $y_g(k)$,即 $y(k) = y_g(k)$。

由图 5-1 可知,粒子群体作为被控对象,粒子速度更新方程的惯性权重作为控制量,构成一反馈控制系统。由于非线性方程组等价优化问题的最优值为 0,则系统期望的稳态输出为 0,因此系统的输入满足

$$r(k) = 0 \tag{5-7}$$

控制器(controller)的输入量为系统输出与输入的偏差

$$e(k) = r(k) - y(k) = -y(k) \tag{5-8}$$

控制器的控制作用可以用函数来描述:

$$w(k) = f(e(k)) = f(y(k)) \tag{5-9}$$

　　也就是说,在上述的控制粒子群优化算法模型中,我们将利用系统输出即群体最佳位置函数值的动态变化来自适应地调整惯性权重。但能否有效实现寻优过程的自适应调整,还要依赖于控制器合理的设计。

　　为了实现算法寻优动态的自适应控制,需要对群体系统输出 $y(k)$ 的动态进行考察,并利用 $y(k)$ 的变化规律来设计惯性权重的控制策略。考虑 $y(k)$ 的两种变化量:

$$\Delta y(k) = y(k) - y(k-1) \tag{5-10}$$
$$\delta y(k) = \Delta y(k) - \Delta y(k-1) \tag{5-11}$$

　　由于迭代寻优的时间步长为1,因此 $\Delta y(k)$ 和 $\delta y(k)$ 实际上代表 $y(k)$ 离散化的一阶和二阶导数,可根据这两个量来寻求 $y(k)$ 的变化规律。由前面所定义的非负函数 $\Phi_1(\boldsymbol{X})$ 和 $\Phi_2(\boldsymbol{X})$ 可知,$y(k) \geqslant 0$;又由于其代表群体最佳位置的函数值,故其为非增函数,即有 $\Delta y(k) \leqslant 0$ 成立。观察寻优过程中的第 k 次迭代:

　　(1)如果 $\Delta y(k) < 0$,而 $|\Delta y(k)| > |\Delta y(k-1)|$,$\delta y(k) < 0$,说明群体最佳位置的函数值在减小,且其速度在加快,此时群体的搜索状态良好。

　　(2)如果 $\Delta y(k) < 0$,且 $|\Delta y(k)| < \Delta y(k-1)|$,$\delta y(k) > 0$,说明群体最佳位置的函数值在减小,但减小的速度在放慢,说明群体正趋向于目标区域或某一局部邻域。

　　(3)如果 $y(k) \neq 0$,而 $\Delta y(k) = 0$,此时有 $\delta y(k) > 0$ 或 $\delta y(k) = 0$ 成立,说明群体可能停滞于某一局部区域或局部点。

　　(4)如果 $y(k) = 0$,则认为搜索成功,系统达到稳态输出。

　　由上可知,通过对系统输出进行监测,我们很容易对群体的搜索状态作出判断,继而设计有效的控制规则或策略对优化过程进行自适应调控。

5.3.2　基于 PID 的控制策略

　　考虑到粒子的更新方程是一个典型二阶系统,我们尝试借鉴常规控制器的控制规律来实现算法的自适应控制。在诸多的控制系统中,利用偏差的比例、积分、微分进行控制是应用最早、最广泛的一种控制规律,典型的控制器有 P、PI 和 PID 控制器。其中,PID 控制器以其较强的鲁棒性、结构简单、参数物理意义明确、对模型依赖程度小和工程上易于实现等优点,被广泛应用于各种工业生产过程。

　　1. PID 控制器的原理

　　PID 控制器利用偏差的比例(proportion)、积分(integral)和微分(differential)通过线性组合构成控制量,对被控对象进行控制,故称 PID 控制器。典型模拟 PID 控制器的结构原理如图 5-2 所示。

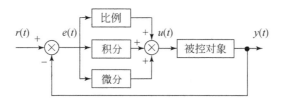

图 5-2　PID 控制系统的结构原理图

系统由 PID 控制器和被控对象组成,PID 控制器的输入是给定值 $r(t)$ 与实际输出值 $y(t)$ 的偏差:

$$e(t) = r(t) - y(t) \tag{5-12}$$

其控制规律为

$$u(t) = K_{\mathrm{P}}\Big(e(t) + \frac{1}{T_{\mathrm{I}}}\int_0^t e(t)\mathrm{d}t + \frac{T_{\mathrm{D}}\mathrm{d}e(t)}{\mathrm{d}t}\Big)$$

$$= K_{\mathrm{P}}e(t) + K_{\mathrm{I}}\int_0^t e(t)\mathrm{d}t + K_{\mathrm{D}}\frac{\mathrm{d}e(t)}{\mathrm{d}t} \tag{5-13}$$

式中, K_{P} 为比例系数; T_{I} 为积分时间常数; T_{D} 为微分时间常数; K_{I} 为积分系数; K_{D} 为微分系数。

通过对式(5-13)中各连续量进行离散化处理,用系列采样时刻点 kT 代表连续时间,以和式代替积分,以增量代替微分,则可以获得数字 PID 控制器的控制规律:

$$u(k) = K_{\mathrm{P}}e(k) + K_{\mathrm{I}}\sum_{j=0}^k e(j) + K_{\mathrm{D}}(e(k) - e(k-1)) \tag{5-14}$$

式中, $u(k)$ 为第 k 次采样时刻的计算机输出值; k 为采样序号, $k = 0,1,2,\cdots$; $e(k)$ 为第 k 次采样时刻输入的偏差值。

在实际的许多控制系统中,控制对象往往需要利用控制量的增量来进行控制,这就是所谓的增量式数字 PID 控制器,而式(5-14)又称为位置式数字 PID 控制器。

由递推原理可知

$$u(k-1) = K_{\mathrm{P}}e(k-1) + K_{\mathrm{I}}\sum_{j=0}^{k-1} e(j) + K_{\mathrm{D}}(e(k-1) - e(k-2)) \tag{5-15}$$

用式(5-14)减去式(5-15),可得增量式控制器的控制规律:

$$\Delta u(k) = K_{\mathrm{P}}(e(k) - e(k-1)) + K_{\mathrm{I}}e(k)$$

$$+ K_{\mathrm{D}}(e(k) - 2e(k-1) + e(k-2)) \tag{5-16}$$

显然,与位置式数字 PID 相比,增量式 PID 的控制量易于计算,所需的采样值较少,控制实现简单,效果更好。

2. 基于 PID 的优化控制策略

这里借鉴增量式 PID 控制器的控制原理,利用系统偏差及其变化来实现惯性权重的自适应控制，则得到基于 PID 控制的粒子群优化算法（CPSO-PID）。假设算法初始化时指定一个较大的惯性权重，在第 k 次迭代中控制器的输入为 $e(k)$，则输出的惯性权重 $w(k)$ 由式（5-17）得到：

$$w(k) = w(k-1) - \Delta w(k) \tag{5-17}$$

式中，惯性权重的变化量由 PID 的控制规律决定：

$$\begin{aligned}
\Delta w(k) = K_P(e(k) - e(k-1)) + K_I e(k) \\
+ K_D(e(k) - 2e(k-1) + e(k-2))
\end{aligned} \tag{5-18}$$

由于 $e(k) = -y(k)$，$e(k-1) = -y(k-1)$，$e(k-2) = -y(k-2)$，则式（5-18）等价为

$$\begin{aligned}
\Delta w(k) &= -K_P(y(k) - y(k-1)) - K_I y(k) \\
&\quad - K_D(y(k) - 2y(k-1) + y(k-2)) \\
&= -K_P \Delta y(k) - K_I y(k) - K_D(\Delta y(k) - \Delta y(k-1)) \quad (5\text{-}19)
\end{aligned}$$

由式（5-19）可知，在求解非线性方程组的过程中，惯性权重的变化量实际上取决于系统输出 $y(k)$、输出的偏差 $\Delta y(k)$ 及其变化量 $\delta y(k) = \Delta y(k) - \Delta y(k-1)$。需要指出的是，考虑到惯性权重的实际取值，这里系统的输出 $y(k)$ 需要由粒子的实际函数值进行以下变换而获得：

$$y(k) = \frac{y_r(k)}{y_r(0)} \tag{5-20}$$

式中，$y_r(k)$ 为群体最佳位置的实际函数值；$y_r(0)$ 为初始群体最佳位置的实际函数值。

由式（5-20）可知，$0 \leqslant y(k) \leqslant 1$，且与实际函数值之间呈比例关系，两者的变化规律完全相同。为方便起见，在下述的描述中，我们仍然称 $y(k)$ 为群体最佳位置的函数值。

已知 $y(k) \geqslant 0$ 且为非增函数，有 $\Delta y(k) \leqslant 0$，故式（5-19）等价为

$$\begin{aligned}
\Delta w(k) = K_P \mid \Delta y(k) \mid - K_I \mid y(k) \mid \\
+ K_D(\mid \Delta y(k) \mid - \mid \Delta y(k-1) \mid)
\end{aligned} \tag{5-21}$$

则 CPSO-PID 输出的惯性权重为

$$\begin{aligned}
w(k) = w(k-1) - K_P \mid \Delta y(k) \mid + K_I y(k) \\
- K_D(\mid \Delta y(k) \mid - \mid \Delta y(k-1) \mid)
\end{aligned} \tag{5-22}$$

式（5-22）表明，惯性权重的增量具体由三部分构成。第一部分为比例环节，该环节使得惯性权重随着系统输出的降低而减小。而系统输出的不断降低，说明群体正朝着目标区域不断逼近，此时惯性权重的减小，能够适时地控制粒子的搜索步长，使之由全局探测逐渐转向精细搜索，显然惯性权重的变化速率和系统输出的变化速率一致。第二部分为积分环节，该环节使得系统输出信息得以记忆，而惯性权重得到一个与系统输出大小成比例的增量，系统输出越大，说明当前群体到目标区

域的距离越大,则该增量越大,有助于粒子以较大的搜索步长探测目标区域;系统输出越小,说明当前群体到目标区域的距离越小,则该增量越小,有助于粒子以较小的搜索步长进行精细搜索。第三部分为微分环节,该环节使得惯性权重随着系统输出的变化速率而波动,如果系统输出在减速降低,即 $|\Delta y(k)| < |\Delta y(k-1)|$,则惯性权重将得到一个与 $|\Delta y(k)| - |\Delta y(k-1)|$ 成比例的正增量,该增量有助于减缓惯性权重的下降,从而使粒子能够保持较大的搜索步长,避免出现停滞现象;如果系统输出在加速降低,即 $|\Delta y(k)| > |\Delta y(k-1)|$,此时,惯性权重将得到一个与 $|\Delta y(k)| - |\Delta y(k-1)|$ 成比例的负增量,该增量将加剧惯性权重的减小,从而控制粒子的搜索步长使之进行精细搜索。

如果令 $K_I = K_D = 0$,式(5-22)的 CPSO-PID 控制器将简化为 CPSO-P(比例)控制器,由此获得的惯性权重为

$$w(k) = w(k-1) - K_P |\Delta y(k)| \tag{5-23}$$

如果令 $K_D = 0$,CPSO-PID 控制器将转化为 CPSO-PI(比例-积分)控制器,而惯性权重为

$$w(k) = w(k-1) - K_P |\Delta y(k)| + K_I y(k) \tag{5-24}$$

由以上分析可知,引入控制器后,惯性权重将随着群体的系统输出信息的变化而变化,从而使粒子的搜索步长得到自适应的控制,使算法的探测和开采功能得以自适应调节,促使群体向着目标所在的区域不断移动。

5.3.3 一致和非一致控制方式

在图 5-1 所示的控制模型中,粒子群体作为受控对象,惯性权重是根据群体最佳位置函数值的变化进行调整,因此在每一迭代中,所有粒子均采用相同的惯性权重进行位置和速度的更新。我们将这种控制方式称为一致控制方式(homogeneous control mode)。

若将图 5-1 中的控制对象改为粒子,则系统输出为粒子历史最佳位置的函数值,对于不同的粒子而言,系统的输出在每一时刻大多是不同的,因此即便是采用相同的控制策略,所获得的惯性权重也是不同的。我们将这种控制方式称为非一致控制方式(heterogeneous control mode),其结构原理如图 5-3 所示。

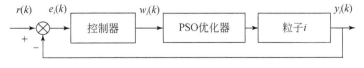

图 5-3 非一致控制粒子群优化算法的结构原理图

显然,非一致控制方式中,每个粒子根据自己的历史最佳位置与全局极小点的

函数值之间的偏差,来自适应地调整搜索步长,这种方式突出了粒子个体信息的差异性,因此有利于搜索过程中群体多样性的维持。

5.3.4 优化流程

控制粒子群优化的算法流程如下:

(1)令 $t = 0$,初始化粒子群体,包括每一粒子的位置、速度及其最佳位置、群体的最佳位置。

(2)初始化系统的输入和输出。

(3)计算每一粒子的函数值。

(4)更新每一粒子的历史最佳位置,以及群体的最佳位置。

(5)更新系统的输入和输出,计算控制器的输出,更新惯性权重。

(6)如果系统输出(即群体最佳位置的函数值)满足 $y(t) < \varepsilon$(ε 是给定的误差精度),则算法结束;否则,令 $t = t + 1$,继续步骤(7)。

(7)更新粒子群体,包括各粒子的位置、速度。返回步骤(3)。

5.4 仿真实验与分析

5.4.1 测试问题

1. 测试问题 1

$$\begin{cases} x_1 + \dfrac{x_2^2 x_4 x_6}{4} + 0.75 = 0 \\ x_2 + 0.405 \mathrm{e}^{1+x_1 x_2} = 1.405 \\ x_3 - \dfrac{x_2 x_6}{2} + 1.5 = 0 \\ x_4 - 0.605 \mathrm{e}^{1-x_3^2} = 0.395 \\ x_5 - \dfrac{x_2 x_6}{2} + 1.5 = 0 \\ x_6 - x_1 x_5 = 0 \end{cases} \tag{5-25}$$

式中,$-2 \leqslant x_i \leqslant 2, 1 \leqslant i \leqslant 6$。非线性方程组(5-25)的精确解为$(-1, 1, -1, 1, -1, 1)^{\mathrm{T}}$。

2. 测试问题 2

$$\begin{cases} (x_1 - 5x_2)^2 + 40\sin^2(10x_3) = 0 \\ (x_2 - 2x_3)^2 + 40\sin^2(10x_1) = 0 \\ (3x_1 + x_3)^2 + 40\sin^2(10x_2) = 0 \end{cases} \tag{5-26}$$

式中，$-1 \leqslant x_i \leqslant 1$。该方程组的精确解为$(0,0,0)^{\mathrm{T}}$。

3. 测试问题 3

$$\begin{cases} x_1^{x_2} + x_2^{x_1} - 5x_1x_2x_3 - 85 = 0 \\ x_1^3 - x_2^{x_3} - x_3^{x_2} - 60 = 0 \\ x_1^{x_3} + x_3^{x_2} - x_2 - 2 = 0 \end{cases} \tag{5-27}$$

该方程组的精确解为$(4,3,1)^{\mathrm{T}}$。

4. 测试问题 4

$$\begin{cases} (x_1 - 5x_2)^2 = 0 \\ (x_2 - 2x_3)^2 = 0 \\ (3x_1 + x_3)^2 = 0 \end{cases} \tag{5-28}$$

该方程组的精确解为$(0,0,0)^{\mathrm{T}}$。

5. 测试问题 5

$$\boldsymbol{F}(\boldsymbol{X}) = (f_1(\boldsymbol{X}), f_2(\boldsymbol{X}), \cdots, f_n(\boldsymbol{X}))^{\mathrm{T}} = \boldsymbol{0} \tag{5-29}$$

式中，$f_i(\boldsymbol{X}) = 100(x_{i+1} - x_i^2)^2 + (x_i - 1)^2, |x_i| \leqslant 5.12, 1 < i < n$。

测试问题 5 实质上是由若干个二维 Rosenbrock 优化函数所构成的高维非线性方程组，其中每一方程都是病态的，因此该方程组的求解具有一定的难度，该方程组的精确解为$(1,1,\cdots,1,1)^{\mathrm{T}}$。

5.4.2　实验结果与分析

基于上述非线性测试问题，对标准粒子群优化算法（SPSO）、比例控制粒子群优化算法（CPSO-P）、比例积分控制粒子群优化算法（CPSO-PI）以及比例积分微分控制粒子群优化算法（CPSO-PID）的性能进行对比分析。实验中，各控制算法采用一致控制方式。为了保证控制器的控制性能，需要预先对各种控制器的控制系数进行整定，整定的结果具体见表 5-1～表 5-5。在所有的仿真实验中，群体规模取20，各算法的加速度系数 $c_1 = c_2 = 2.0, V_{\max} = X_{\max}$；标准粒子群优化算法的惯性权重采用随时间线性递减策略，从 0.9 减小至 0.4。控制粒子群优化算法中惯性权重的初值取 0.9。对于每一测试问题,各算法均独立运行 50 次,从中获取统计数据。

　　表 5-1～表 5-5 记录了各算法在不同测试问题中的求解性能,包括成功率、平均函数值以及成功收敛所需的迭代次数,其中函数值满足指定精度即成功收敛一次。由各表中数据可知,对于不同的非线性方程组而言,引入控制器后算法的求解速度要远快于标准粒子群优化算法,并且所求解的精度和成功率都明显优于原有算法。在所有测试问题中,CPSO-PID 算法的性能最好,而 CPSO-P 和 CPSO-PI 算法各有所长,虽然其性能比 CPSO-PID 算法略差,但却明显优于采用惯性权重线性递减的改进标准粒子群优化算法 SPSO-LDIW。

表 5-1　各算法在测试问题 1 中的求解结果

算法	K_P	K_I	K_D	成功率/%	平均值	平均迭代次数
SPSO-LDIW	—	—	—	66	0.008227	4230.00
CPSO-P	0.3	0.0001	—	98	0.000109	1009.88
CPSO-PI	0.3	0.0001	—	100	0.000096	1326.76
CPSO-PID	0.3	0.0001	0.00001	92	0.000176	1940.64

注:求解精度为 0.0001,最大的进化代数为 5000。

表 5-2　各算法在测试问题 2 中的求解结果

算法	K_P	K_I	K_D	成功率/%	平均值	平均迭代次数
SPSO-LDIW	—	—	—	100	0.000007	524.64
CPSO-P	0.3	0.001	—	100	0.000007	365.72
CPSO-PI	0.3	0.001	—	100	0.000005	190.00
CPSO-PID	0.3	0.001	0.0001	100	0.000007	179.08

注:求解精度为 0.00001,最大的进化代数为 1000。

表 5-3　各算法在测试问题 3 中的求解结果

算法	K_P	K_I	K_D	成功率/%	平均值	平均迭代次数
SPSO-LDIW	—	—	—	100	0.000755	732.00
CPSO-P	0.3	0.0001	—	100	0.000723	225.76
CPSO-PI	0.3	0.0001	—	100	0.000931	297.42
CPSO-PID	0.3	0.0001	0.3	100	0.000800	150.88

注:求解精度为 0.001,最大的进化代数为 1000。

表 5-4　各算法在测试问题 4 中的求解结果

算法	K_P	K_I	K_D	成功率/%	平均值	平均迭代次数
SPSO-LDIW	—	—	—	100	0.000001	496.00
CPSO-P	0.6	0.0001	—	100	0.000000	97.00
CPSO-PI	0.6	0.0001	—	100	0.000000	86.00
CPSO-PID	0.6	0.0001	0.3	100	0.000001	57.00

注:求解精度为 0.000001,最大的进化代数为 1000。

表 5-5　各算法在测试问题 5 中的求解结果

算法	K_P	K_I	K_D	成功率/%	平均值	平均迭代次数
SPSO-LDIW	—	—	—	48	0.001356	993.00
CPSO-P	0.1	0.001	—	84	0.000386	432.70
CPSO-PI	0.1	0.001	—	92	0.000185	394.40
CPSO-PID	0.1	0.001	0.0001	96	0.000112	378.74

注:求解精度为 0.0001,最大的进化代数为 1000,维数为 10。

图 5-4 和图 5-5 分别显示了测试问题 2 及测试问题 5 求解过程中惯性权重和系统输出的群体最佳函数值的动态变化情况。观察图 5-4(a)和图 5-5(a)易知,在搜索的前期控制作用最为明显,当群体最佳函数值快速降低时,惯性权重受其控制也随着快速降低,随着系统输出趋近于目标值,其变化逐渐趋于平缓,惯性权重的变化也随之趋于平缓。由此表明,采用一致控制方式的 CPSO 算法中,惯性权重直接受群体最佳函数值的变化大小控制,这种控制方式总是优先使得靠近问题极小点的那些粒子的搜索步长得以正确的调整,一旦确定该粒子处于问题极小点的附近,则惯性权重快速降低从而使其搜索步长及时减小以在附近区域作精细搜索,从而快速找到极小点所在的位置。与 CPSO 算法相比,采用线性递减惯性权重调整策略的 SPSO 算法,由于不受搜索信息的指导,因此惯性权重并不能灵活地根据粒子的实际位置来调整其搜索步长,对于靠近问题极小点的粒子,较大的惯性权重往往会使粒子保持较大的搜索步长从而难以向问题极小点逼近。因此,可以观察到图 5-4(b)和图 5-5(b)中 SPSO 算法的最佳函数值曲线降低很缓慢。

在两个非线性方程组的求解过程中,各种 CPSO 算法的搜索速度明显快于采用线性递减策略的 SPSO 算法,其中 CPSO-PID 算法的求解速度最快。对于测试问题 2 而言,CPSO-P 的控制效果要优于 CPSO-PI 算法;而对于测试问题 5 而言,CPSO-PI 算法的控制效果略好于 CPSO-P。由此说明在惯性权重的控制过程中,比例控制环节的控制作用最为显著,因为只要系统没有达到稳态输出 0,即群体没有搜索到目标问题的极小点时,系统必然存在偏差,比例控制环节就会产生控制作用,使系统朝着减少偏差的方向进行。比较三种 CPSO 算法中的惯性权重动态变化曲线,可以看出积分环节的存在,适当地削弱了比例环节对惯性权重的减小幅度,而微分环节的加入,又使得比例和积分环节对惯性权重的调节进一步得以折中。

由以上分析可知,引入常规控制器可以加速粒子系统的稳定输出,其原因在于算法中的反馈控制机制。基于反馈控制,粒子群体的控制参数惯性权重能够跟随群体搜索状态的变化作自适应调整,进而使得搜索过程中粒子的搜索步长得到自适应控制。由于 SPSO 算法的更新方程呈现出二阶系统特性,常规的比例、比例积分及比例积分微分控制器对该系统具有不同的控制作用。其中,PID 控制器由于充分利用了系统偏差的各种信息,因此表现出最强的鲁棒性,算法性能的改进也最为明显。

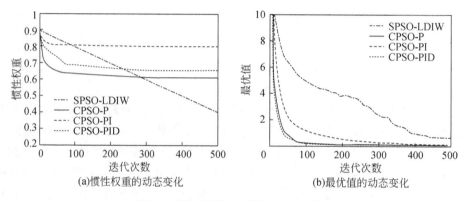

图 5-4　测试问题 2 各算法的求解动态

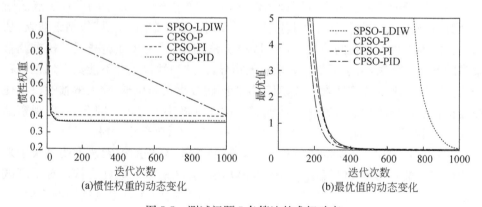

图 5-5　测试问题 5 各算法的求解动态

5.5　算法的工程应用

基于前面典型算例的数值仿真及分析,控制粒子群模型可有效求解非线性方程组,下面将尝试把该模型用于雷达恒虚警检测器阈值因子的求解。

5.5.1　问题描述及优化模型

雷达信号检测是为了判定在某个存在干扰的区域内是否有目标存在。检测信号中的干扰通常包括接收机内部热噪声、地物、雨雪和海浪等杂波,电子对抗措施中的人工有源和无源干扰(如干扰发射机和金属箔条),以及与有用目标混杂在一起的邻近干扰目标和它的旁瓣。要想准确地从众多干扰中检测出目标,雷达自动检测系统需要设置一个合理的检测阈值,而该阈值的有效性将直接决定系统对目标判决的准确性。由于目标所处的背景常常是动态变化的,因此在噪声和其他干扰背景下对目标进行检测,总是希望雷达检测系统的虚警率最好能维持不变,或者变化很小,从而使目标检测尽可能免受干扰和噪声的影响,这就需要采用恒虚警率(constant false alarm ratio,CFAR)处理技术,使目标检测过程中由杂波引起的虚警率保持在一个相对恒定且较低的可接受水平上。典型雷达恒虚警率检测器的原理如图 5-6 所示。

在 CFAR 检测器中,雷达所接收到的回波数据首先经过匹配滤波器,然后经过平方律检波器输出,进入 CFAR 检测器中进行检测。图中,v 代表被检测信号。参考单元所记录的采样数据 x_1 到 x_N,被送入恒虚警处理器中,按照一定的 CFAR 算法估计出杂波功率水平 Z。

$$Z = f(x_1, x_2, \cdots, x_N) \tag{5-30}$$

式中,$f(\cdot)$ 表示对接收到的参考单元采样所进行的预处理。Z 是由参考单元采样数据根据相应 CFAR 算法产生的杂波功率水平的估计值,而 TZ 表示杂波的门限信号。

假设 H1:目标存在;**假设 H0**:目标不存在。

对于环境中是否有目标存在,有如下的自适应判决准则:

若检测信号值 v 大于门限,即 $v > TZ$,则假设 H1 成立,目标存在;若检测信号值小于门限,即 $v < TZ$,则假设 H0 成立,目标不存在。

假设接收机噪声和杂波背景是高斯分布,检测包络是瑞利分布,且经过平方律检波器,则参考单元采样信号服从指数分布,其概率密度函数为

$$f_0(x) = \frac{1}{2\sigma^2} \exp\left(-\frac{x}{2\sigma^2}\right), \quad x \geqslant 0 \tag{5-31}$$

假定 N 个参考单元信号为独立同分布,杂波功率水平 Z 的概率密度函数为 $g_0(z)$,则 CFAR 处理器的虚警率由式(5-32)可得:

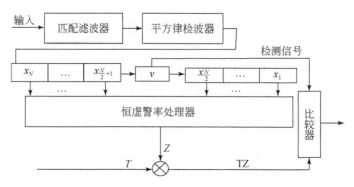

图 5-6　雷达恒虚警检测器原理图

$$P_{\mathrm{F}} = \int_0^\infty g_0(z) \int_{\mathrm{TZ}}^\infty f_0(x)\,\mathrm{d}x\mathrm{d}z \tag{5-32}$$

同理,可以得到目标检测概率为

$$P_{\mathrm{D}} = \int_0^\infty g_0(z) \int_{\mathrm{TZ}}^\infty f_1(x)\,\mathrm{d}x\mathrm{d}z \tag{5-33}$$

式中,$f_1(x)$ 为检测目标概率密度函数。

由式(5-33)可知,雷达的检测概率除了与检测信号以及杂波功率水平的概率分布有关,还取决于检测门限 TZ 和阈值因子 T,通常在不同探测环境下确定检测概率时,需要根据预先给定的虚警率来确定相应的阈值因子,这就要先获得 T 关于 P_{F} 的解析式。将 P_{F} 记为关于 T 的函数,即 $P_{\mathrm{F}} = F(T)$,则阈值因子的解析式可通过寻找 $P_{\mathrm{F}} = F(T)$ 的反函数而得到:

$$T = F^{-1}(P_{\mathrm{F}}) \tag{5-34}$$

然而,观察式(5-32),P_{F} 的解析式并不是一个完全确定的简单解析式,其中包含着对背景杂波和被检测信号概率分布密度函数的双重积分运算,加之在实际应用中背景杂波在时间和空间上的变化具有不同的动态范围,其概率密度分布函数极其复杂,因此通过求反函数的方法来确定阈值因子解析式的难度较大。

为适应不同的实际应用环境,人们先后提出了不同的恒虚警处理方法,典型的有单元平均恒虚警处理器(CA-CFAR)[10]、顺序统计恒虚警处理器(OS-CFAR)[11]、顺序统计选大恒虚警处理器(OSGO-CFAR)[12]和顺序统计选小恒虚警处理器(OSSO-CFAR)[13],其原理分别如下:

$$P_{\mathrm{F}} = [1 + T]^{-N} \tag{5-35}$$

$$P_{\mathrm{F}} = k\binom{N}{k}\frac{\Gamma(N-k+1+T)\Gamma(k)}{\Gamma(R+T+1)} \tag{5-36}$$

$$P_{\mathrm{F}} = 2k^2 \binom{\frac{N}{2}}{k}^2 \sum_{j=0}^{\frac{N}{2}-k} \sum_{i=0}^{\frac{N}{2}-k} \binom{\frac{N}{2}-k}{j} \binom{\frac{N}{2}-k}{i}$$

$$\times \frac{(-1)^{N-2k-j-i}}{\frac{N}{2}-i} \frac{\Gamma(N-j-i)\Gamma(T+1)}{\Gamma(N-j-i+T+1)} \tag{5-37}$$

$$P_{\mathrm{F}} = 2k \binom{\frac{N}{2}}{k} \frac{\Gamma(k)\Gamma\left(T+\frac{N}{2}-k+1\right)}{\Gamma\left(T+\frac{N}{2}+1\right)} - 2k^2 \binom{\frac{N}{2}}{k}^2 \sum_{j=0}^{\frac{N}{2}-k} \sum_{i=0}^{\frac{N}{2}-k} \binom{\frac{N}{2}-k}{j} \binom{\frac{N}{2}-k}{i}$$

$$\times \frac{(-1)^{N-2k-j-i}}{\frac{N}{2}-i} \frac{\Gamma(N-j-i)\Gamma(T+1)}{\Gamma(N-j-i+T+1)} \tag{5-38}$$

尽管上述 4 个公式给出了四种恒虚警率的具体解析式,但对于太过复杂的解析式,如式(5-36)、式(5-37)和式(5-38),则依然难以由此获得阈值因子的解析式,也就难以根据给定的虚警率来确定阈值因子和检测门限。即使能够得到,利用解析的方法来计算阈值因子也需要花费大量的计算代价,难以满足系统实时性的要求。

基于以上分析,尝试利用基于群智能的粒子群优化算法来确定阈值因子[11]。通常,对于预先给定的恒虚警率,理想的检测阈值因子应该使得实际检测中的虚警率 P_{F} 与给定的虚警率 P_{RF} 相一致,即有

$$F(P_{\mathrm{F}}, T) = |P_{\mathrm{RF}} - P_{\mathrm{F}}| = 0 \tag{5-39}$$

式中, P_{F} 可以选用前述任何一种具体的解析式。由于 P_{F} 是阈值因子 T 的函数,故式(5-39)可看做以 T 为变量的非线性方程,该非线性方程的求解可转化为下述极小化优化问题:

$$\min F(P_{\mathrm{F}}, T) = |P_{\mathrm{RF}} - P_{\mathrm{F}}| \tag{5-40}$$

显然,上述极小化问题的极小值为 0,该问题的极小解是满足 $P_{\mathrm{F}} = P_{\mathrm{RF}}$ 的阈值因子。

5.5.2　仿真结果及分析

仿真实验中,利用 CPSO 算法和 SPSO 算法来确定单部雷达在四种 CFAR 检测器中的阈值因子 T。其中,四种 CFAR 检测器的参考单元数 N 取 16,OS-CFAR、OSGO-CFAR 以及 OSSO-CFAR 检测器的采样序值 k 取 14[12-15],给定 P_{RF} 的取值范围为 $10^{-9} \sim 10^{-3}$,阈值因子 T 的取值范围为 $(-50, 50)$。算法的控制参数为:种群规模取 20;最大迭代次数限定为 2000;SPSO 算法采用 LDIW 调整策略,惯性权重从 0.9 随迭代时间线性减小至 0.4,而 CPSO 算法采用 PID 控制策略,惯性权重的初值取 0.9;学习因子 $c_1 = c_2 = 2.0$。各算法独立运行 30 次,每次运行结果满足 $|P_{\mathrm{RF}} - P_{\mathrm{F}}| = 10^{-3} P_{\mathrm{F}}$ 时,认为算法求解成功。相关统计数据见表 5-6

和表 5-7。

表 5-6 记录了给定虚警率为 10^{-6} 时,CPSO 和 SPSO 算法对四种 CFAR 检测器的阈值因子的求解结果。对于四种不同的检测器,CPSO 算法都能够以指定的精度成功得到阈值因子 T,且其所达到的误差精度都高于 SPSO 算法,而 SPSO 算法却在 OSGO-CFAR 检测器阈值因子的求解过程中出现了未成功收敛的情况。另外从运行时间来看,CPSO 算法的求解速度也明显快于 SPSO 算法。由表 5-7 进一步可知,CPSO 算法能够在不同给定虚警率下对 OSSO-CFAR 检测器阈值进行较准确的求解。在给定的误差精度下,其成功率明显好于 SPSO 算法。显然,CPSO算法良好的性能正是归功于能够利用反馈信息自适应地调整控制参数,进而有效引导搜索过程的正确进行。

表 5-6　给定虚警率为 10^{-6} 时算法在四种 CFAR 检测器中的求解结果

CFAR 检测器	算法	阈值因子 T	偏差 $\vert P_{RF}-P_F \vert$	平均搜索时间/s
CA-CFAR	SPSO	0.539542	6.68E−10	0.01876
	CPSO	0.540216	2.37E−10	0.01568
OS-CFAR	SPSO	13.817649	4.83E−10	0.08852
	CPSO	13.688595	1.65E−10	0.06938
OSGO-CFAR	SPSO	12.989667	6.79E−09	0.8925
	CPSO	12.862182	6.32E−10	0.5829
OSSO-CFAR	SPSO	17.291632	1.539E−11	1.0284
	CPSO	17.285241	4.900E−12	0.6513

表 5-7　不同给定虚警率下算法在 OSSO-CFAR 检测器中的求解结果

P_{RF}	算法	阈值因子 T	相对偏差 $\vert P_{RF}-P_F \vert / P_F$	成功率/%
1E−08	SPSO	24.962026	1.886E−03	80
	CPSO	24.201913	6.456E−04	93.3
1E−07	SPSO	21.544713	8.36E−04	86.7
	CPSO	21.953246	1.385E−04	96.7
1E−06	SPSO	17.291632	1.539E−05	100
	CPSO	17.285241	4.900E−06	100
1E−05	SPSO	13.248634	1.810E−04	93.3
	CPSO	13.239722	7.800E−05	100
1E−04	SPSO	9.628391	7.215E−03	83.3
	CPSO	9.631341	2.795E−04	90

5.6　本章小结

本章阐述了粒子群优化计算在非线性方程组求解中的应用,构造了以群体最佳粒子函数值为控制对象的控制粒子群优化模型。该模型基于反馈控制,利用系统输出的一阶和二阶偏差,借鉴 P、PI、PID 控制器的控制原理,有效实现了算法控制参数的自适应调整,进而影响群体中各粒子的搜索行为,实现寻优动态的有效控制。此模型适用于各种非线性方程或方程组。对于不同非线性方程组的求解结果表明,控制粒子群优化模型具有较强的鲁棒性,其突出的特点是能够以较快的速度对非线性方程或方程组进行求解。此外,该算法在估计雷达恒虚警检测器阈值因子中的成功应用,说明控制粒子群优化模型具有一定的工程应用价值。

参 考 文 献

[1] 曾毅. 浮点遗传算法在非线性力组求解中的应用[J]. 华东交通大学学报,2005,22(1)：152-155.

[2] 胡小兵,吴树范,江驹. 一种基于遗传算法的求解代数方程组数值的新力法[J]. 控制理论与应用,2002,19(4)：567-570.

[3] 罗亚中,袁端才,唐国全. 求解非线性方程组的混合遗传算法[J]. 计算力学学报,2005,22(1)：109-114.

[4] Karr C L,Weck B,Freeman L M. Solutions to systems of nonlinear equations via a genetic algorithm[J]. Engineering Applications of Artificial Intelligence,1998,11(3)：369-375.

[5] He J,Xu J Y,Yao X. Solving equations by hybrid evolutionary computation techniques[J]. IEEE Transactions on Evolutionary Computation,2000,4(3)：295-304.

[6] 赵明旺. 基于牛顿法和遗传算求解非线性方程组的混合计算智能方法[J]. 小型微型计算机系统,1997,18(11)：13-18.

[7] 赵华敏,陈开周. 解非线性方程组的神经网络方法[J]. 电子学报,2002,30(4)：601-604.

[8] 张建科,王晓智,刘三阳,等. 求解非线性方程及方程组的粒子群算法[J]. 计算机工程与应用,2006,42(7)：38-56.

[9] 莫愿斌,陈德钊,胡上序. 求解非线性方程组的粒子群复形法[J]. 信息与控制,2006,35(4)：423-427.

[10] Wang Q H,Zeng J C,Jie J. Modified particle swarm optimization for solving systems of equations[C]. Proceeding of the Advanced Intelligent Computing Theories and Applications,Qingdao,2007：361-369.

[11] 刘盼芝,韩崇昭,介婧. 一种精确估计恒虚警检测器阈值因子的方法[J]. 西安交通大学学报,2009,43(2)：67-71.

[12] Finn H M,Johnson R S. Adaptive detection mode with threshold control as a function of spatially sampled clutter-level estimates[J]. RCA Review,1968,29(2)：414-464.

[13] Rohling H. Radar CFAR threshold in clutter and multiple target situations[J]. IEEE Transactions on Aerospace and Electronic Systems,1983,19(1)：608-621.

[14] Rickard J T,Dillard G M. Adaptive detection algorithms for multiple-targetsituations[J]. IEEE Transactions on Aerospace and Electronic Systems,1977,13(6)：338-343.

[15] He Y. Performance of some generalised modified order statistics CFAR detectors with automatic censoring technique in multiple target situations[J]. IEEE Proceedings-Radar, Sonar and Navigation,1994,141(4)：205-212.

协同模型篇

第6章　基于知识的协同粒子群优化模型

6.1　引　　言

1948年维纳的《控制论》(*Cybernetics*)问世,宣告了信息科学这门学科的诞生。在维纳看来,自动机器、生命系统以及经济系统、社会系统等,撇开各自的特点,本质上都是一个自动控制系统,而系统的控制则是通过信息的传输、变换、加工和处理来实现的,即系统的控制过程本质上可视做一个信息流通的过程。控制论就是研究如何利用控制器,通过信息的变换和反馈作用,使系统能自动按照预定的程序运行,最终达到最优目标。

在智能计算的方法体系中,各种算法以不同的生物、生命系统为模拟原型来建立优化模型,因此每一种智能计算方法均可视做一种控制系统或信息系统,而算法进行寻优搜索的每一个过程均可看做一种信息流通的过程,只是不同算法中信息的表示、传输和处理等方式不同。例如,在遗传算法中,目标问题的基本信息是由结构类似基因的编码串及其适应值来描述的,在搜索过程中这些信息通过迭代式的复制、交叉和变异等遗传算子来加以传递;在人工免疫系统中,抗体、抗原等为问题基本信息的描述形式,信息的处理是通过克隆选择、免疫应答和免疫调节等方式进行的;在粒子群优化算法中,问题的基本信息由粒子的位置、速度及位置的适应值加以表示,而信息的传递则通过给定的位置和速度更新方程来实现。

既然智能计算的优化搜索过程可以视为一种信息处理的过程,那么在对算法加以改进时,可以通过寻求有效的进化信息来控制或指导优化搜索的方向或速度,以实现对优化算法的期望目标。许多学者对此达成了共识并进行了许多尝试,其中首推文化算法(culture algorithm)。文化算法[1,2]中文化的形成和传播是推动人类社会发展的重要因素,因此将人类社会的进化划分为两部分:一部分是人类群体的自然进化(基于群体空间);另一部分是自然进化过程中所形成的文化知识的进化(基于信念空间)。这两种进化过程既独立,又相互影响、相互促进。一方面,群体进化过程中,个体经验不断积累、传递,进而形成群体经验进行广泛传播,促进文化的形成;另一方面,文化作为一种社会公认的经验知识,在传播中又经历着特定的进化,反过来不断引导群体的进化,进而推动整个社会的不断发展和进步。之后,Tapabrata和Liew进一步探讨了人类社会中个体的发展和社会文明进步之间的相互关系,并提出了社会文明算法(society and civilization algorithm)[3],此算法刻画了这样一种复杂的社会行为：社会群体中的个体为了共同进步而不断进行各种信息交互，而不同群体间的协同进化则促进了一种文明的出现和发展。在上述两种社会行为计算模型中，无论文化还是社会文明，实质上都是社会进化中的信息知识，两种算法都强调社会信息知识的共享以及对群体进化的引导作用。Ursem 最早从政治的角度出发模拟人类社会，构建了"多国度的进化算法"（multinational evolutionary algorithm）模型，用于解决复杂多模态函数优化问题[4]。这种模型将整个人类社会划分为若干个国家，每个国家由一组国民组成，经过选举产生国家政府，政府制定政策法规；国家间的竞争导致合并，国民的迁移活动促进新国家的形成。"多国度的进化算法"模型真实再现了政治活动中的人类社会，从中可以看出，整个人类社会的发展进步依赖于底层的不同政治实体（包括国民个体和国家实体）的发展，不同层次的政治实体通过政策法规这种社会信息的交互影响，相互作用，既竞争又合作，从而推动整个社会的有序发展。

作为一种典型的群智能计算方法，粒子群优化算法同样重视信息的共享和交互。许多学者尝试利用搜索信息引导或控制搜索过程，以此来提高搜索性能和效率。Xie 等借鉴耗散系统的自组织性，将群体的进化状态作为一种信息，当群体处于进化停滞时，利用粒子速度或位置的随机变异引入系统负熵来增加群体多样性[5]。Riget 等将群体多样性作为一种信息用于调控"吸引"和"扩散"两种算子的切换，从而调整算法的"勘探"与"开发"平衡[6]。郝然等[7]将个体粒子的速度作为一种监测信息，当粒子速度小于一定阈值时，通过重新初始化使速度发生变异从而使粒子逃逸停滞状态。通过引入平均速度信息统计量，Yasuda 等[8]提出了一种自适应的粒子群优化算法，利用粒子群体的平均速度来实现惯性系数的自适应调节。俞欢军等[9]利用种群多样性和群体熵来自适应地调节惯性权重参数和群体的变异，从而有效改进算法的全局收敛性及收敛速度。Monson 等借助于贝叶斯统计网络对进化信息进行分析，有效提高信息的利用率[10]。薛明志将粒子群中的粒子看做具有记忆能力、通信能力、响应能力、协作能力和自学习能力的智能体粒子，每一智能体粒子具有知识，并可以利用知识进行启发式搜索[11]。本书作者也曾将群体多样性、群体最佳适应值等信息用于优化动态的引导和控制[12]。

上述研究从不同的角度出发，将不同的信息用于优化过程的控制和指导，取得了一定的效果，然而从信息处理的角度来看，并没有采用显性的存储机制对信息加以记录，所提出的信息处理方式还是过于单一，因此在控制和引导搜索的过程中，不可避免地存在局限性。为此，本章给出了基于知识的协同粒子群优化（knowledge-based cooperative particle swarm optimization，KCPSO）模型[13]。该模型引入一种显式的信息存储机制，利用知识板进行信息知识的存储，力图从多个角度对群体状态加以分析和描述，采用多元化的群体信息来指导和控制粒子行为，使之能够有效地调节局部搜索和全局搜索之间的平衡，既能促进全局搜索，又避免过度的无效搜索，进而提高搜索效率。

6.2 协同粒子群优化模型

6.2.1 基本概念

协同的含义是协调、适应、和谐。在生物学中,协同被理解为生物之间相互选择、相互协调的现象和过程,人们常采用"协同适应""协同进化"等概念来描述不同物种在进化过程中形成的相互适应、互利互惠的共同进化的现象。一般来说,协同适应和协同进化能够使生物以最小的代价或成本实现在自然界的存在和繁殖(最大适合度)[14]。

竞争和协同一直是现代生物学领域中的两个重要概念。自达尔文提出进化论以来,许多生物学家一直把竞争作为生物进化的直接动力。随着生物进化研究的深入,人们越来越多地意识到:在进化过程中,生物之间不仅存在着负作用的竞争,而且存在着一种互惠互利的协同;竞争虽然普遍存在,但只是生物进化过程中阶段性的作用因素,而协同则是生物进化过程中一种更为普遍的行为和关键因素[15]。Haken 的协同论进一步指出,系统进化过程中内部要素及其相互之间的协同行为是系统进化的必要条件[16]。

受协同进化理论以及自然界存在的各种生物协同进化现象的启示,近十几年来在进化计算的领域内出现了许多协同进化计算模型。根据所采用生物模型的不同,协同进化计算主要可分为基于种间竞争机制的协同进化算法、基于捕食机制的协同进化算法以及基于共生机制的协同进化算法[17]。本章 KCPSO 模型中的协同类似一种种间协同,指子群体通过信息共享和交互,从而使不同子群体的适应值得以提高、共同进化。

6.2.2 模型结构

有些学者将智能计算的优化求解过程看做一种信息处理过程,而不仅仅是一种进化过程。如前面所提到的文化算法和社会文明算法等,它们所隐含的规则是尽可能地从搜索过程中提取有用信息并将其用于优化搜索的指导,这些从搜索过程中所提取的信息通常被称为"文化""文明"或"知识"。事实上,粒子群优化算法也隐含着同样的规则。在优化搜索过程中,群体所经历的最佳位置被视做一种知识而被所有粒子所接受,并引导粒子飞向更好的区域。虽然算法强调了粒子主体之间的信息交互作用,但这种交互与其仿真原型——实际鸟群系统内所存在的交互机制还相差很远,粒子所能获取的信息和交互方式过于简单,这也是算法易于局部收敛的原因所在。在实际鸟群系统中,每只鸟都可视做一个智能主体,而其所停留的群体事实上构成了它的行为环境。在飞行过程中,每只鸟需要不断从群体环境中感知各种信息,以此作出正确的决策来指导自己的行为,从而停留在鸟群中又不至于和周围鸟发生碰撞,促使整个群体以协同一致的姿态飞行。KCPSO模型正是基于以上分析而形成的,其结构如图6-1所示。

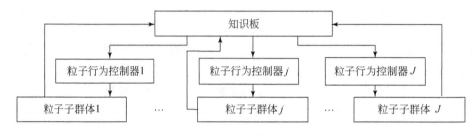

图 6-1　KCPSO 模型的结构

KCPSO模型由三种对象构成,即用于记录信息的知识板(knowledge billboard)、粒子行为控制器(behavior controller)以及粒子子群体(sub-swarm)。KCPSO模型利用多群体机制来保持群体多样性,引入知识板用于记录粒子在搜索过程中可能感知的多元信息。很显然,KCPSO模型隐喻了特定环境下进化主体的感知和学习决策的过程。所有的粒子被分为不同的子群体。在搜索过程中,所抽取的各种搜索信息被记录于知识板,而不同子群体的粒子均可以感知到知识板上的所有共享信息。行为控制器隐喻了粒子主体自身的一种决策过程,是一种内部模型。基于共享信息,子群体中的粒子能够根据子群体的搜索动态正确调整自己的行为方式,一方面有效控制子群体内的局部搜索,另一方面又可以通过子群体间的协同进行全局搜索。

6.2.3　知识集

鉴于群体是粒子主体的行为环境,群体的搜索状态对粒子个体的行为方式有着重要的影响,进而会影响到算法的优化性能。因此,我们力图用不同的概念去描述群体的搜索状态,如群体多样性、群体搜索能力、群体生存状态以及群体所经历的最佳位置及其适应值等。在搜索过程中,这些信息将被抽取出来共享于知识板上。

1. 知识集的形式化描述

在KCPSO模型中,关于群体搜索状态的信息知识分为两大类,即局部搜索知识和全局搜索知识。其中,局部搜索知识来源于所有子群体的搜索状态信息,而全局搜索知识来源于整个群体的搜索状态信息。

假设在优化搜索中,整个群体由 J 个子群体组成,任意子群体 S_j 的群体规模

为 N_j，则整个群体的规模为 $N = \sum\limits_{j=1}^{J} N_j$，第 t 次迭代中知识板上的知识集为 $I(t)$，所有子群体的搜索状态信息汇聚为局部知识集，记为 $\{I_{S_j}(t), j \in [1,J]\}$，全局信息集记为 $I_g(t)$，则知识板上的知识集可形式化描述如下：

$$I(t) = \{\{I_{S_j}(t), j \in [1,J]\}, I_g(t)\} \tag{6-1}$$

式中，任意子群体的搜索知识集 $I_{S_j}(t)$ 可形式化描述为

$$I_{S_j}(t) = \{D_{S_j}(t), C_{S_j}(t), E_{S_j}(t), \boldsymbol{P}_{S_j}^*(t), F_{S_j}^*(t)\} \tag{6-2}$$

其中，$D_{S_j}(t)$ 表示子群体 S_j 的多样性；$C_{S_j}(t)$ 表示子群体 S_j 的搜索能力；$E_{S_j}(t)$ 表示子群体 S_j 的生存状态；$\boldsymbol{P}_{S_j}^*(t)$ 表示子群体 S_j 所经历的最佳位置向量；$F_{S_j}^*(t)$ 表示子群体 S_j 的适应值，即其所经历的最佳位置 $\boldsymbol{P}_{S_j}^*(t)$ 的适应值。

全局知识集 $I_g(t)$ 的形式化描述为

$$I_g(t) = \{D_g(t), C_g(t), E_g(t), \boldsymbol{P}_g^*(t), F_g^*(t)\} \tag{6-3}$$

式中，$D_g(t)$ 表示整个群体的多样性；$C_g(t)$ 表示整个群体的搜索能力；$E_g(t)$ 表示群体的生存状态；$\boldsymbol{P}_g^*(t)$ 表示群体最佳位置向量；$F_g^*(t)$ 表示群体的适应值，即群体所经历的最佳位置的适应值。

由以上可知，局部知识集和全局知识集均可表示为一个五元集合，分别包括子群体或群体的多样性、搜索能力、生存状态、最佳位置及其适应值。

除此之外，对于某些特定问题，知识板还可以用来记录与问题特征相关的知识。

2. 各知识元素的定义

1）子群体和群体多样性

在前面的章节中曾讨论过群体多样性与算法的全局收敛性能之间的密切关系。在算法寻优的过程中，如果群体多样性过早、过快地缺失，则容易导致算法过早收敛。我们曾经利用群体多样性作为群体状态的一种指标，通过反馈控制机制动态调整粒子的行为，进而使群体的可进化性得以调节，取得了一定的效果。因此，这里同样关心整个群体的分布状态以及子群体的局部分布状态，采用同样的多样性度量方法来计算群体和子群体的多样性[18]。

子群体多样性的计算公式如下：

$$D_{S_j}(t) = \frac{1}{N_j M} \sum_{i=1}^{N_j} \sqrt{\sum_{l=1}^{L} (x_{S_j}^{il}(t) - \overline{x}_{S_j}^l(t))^2} \tag{6-4}$$

式中，$D_{S_j}(t)$ 表示子群体 S_j 的多样性；N_j 表示子群体 S_j 的群体规模；M 表示搜索空间中最长对角线的长度；L 表示搜索空间的维数；$x_{S_j}^{il}(t)$ 表示子群体 S_j 中第 i 个粒子的第 l 维分量；$\overline{x}_{S_j}^l(t)$ 表示子群体 S_j 的平均中心位置，其计算公式如下：

$$\overline{x_{S_j}^l}(t) = \frac{1}{N_j} \sum_{i=1}^{N_j} x_{S_j}^{il}(t) \tag{6-5}$$

群体多样性的计算公式如下：

$$D_g(t) = \frac{1}{JM} \sum_{j=1}^{J} \sqrt{\sum_{l=1}^{L} (p_{S_j}^{*l}(t) - \overline{p_g^l}(t))^2} \tag{6-6}$$

式中，$D_g(t)$ 表示群体的多样性；J 表示子群体的个数；$p_{S_j}^{*l}(t)$ 表示子群体 S_j 所经历最佳位置的第 l 分量；$\overline{p_g^l}(t)$ 表示群体平均中心的第 l 分量。

群体多样性主要为了衡量各子群体之间的距离，可利用各子群体平均中心位置之间的平均点距来计算，一方面可以节省计算代价，另一方面便于观察各子群体的搜索动态：

$$\overline{p_g^l}(t) = \frac{1}{J} \sum_{j=1}^{J} p_{S_j}^{*l}(t) \tag{6-7}$$

2）子群体和群体的搜索能力

在基于群体搜索机制的仿生算法中，通常采用适应值来对每一个体的优劣进行评价，并且经常利用群体最佳个体适应值的变化来设定算法的终止条件，粒子群优化算法也不例外。假设用群体最佳位置的适应值来定义群体的适应值，则可以通过观察群体适应值的变化来估计群体的搜索动态。在某一阶段，如果观察到群体适应值持续得到提高，说明该群体还没有完全收敛，群体还具有较强的搜索能力；如果观察到群体适应值的变化持续很小，说明群体趋近收敛，其搜索能力也随之降低；而当群体适应值的变化几乎停滞时，群体可能已收敛于某一点，已经失去了继续寻优的搜索能力。

因此，我们利用子群体指定间隔代内最佳位置的适应值增量来定义它的搜索能力，而利用群体指定间隔代内最佳位置的适应值增量来定义群体的搜索能力，具体如下：

$$C_{S_j}(t) = |F_{S_j}^*(t) - F_{S_j}^*(t - \Delta T)| \tag{6-8}$$

$$C_g(t) = |F_g^*(t) - F_g^*(t - \Delta T)| \tag{6-9}$$

式中，ΔT 表示指定的间隔代数。

显然，$C_{S_j}(t)$ 的值越大，该子群体的搜索能力越强，其适应值在指定的间隔代数 ΔT 内的增量越大；$C_{S_j}(t)$ 的值越小，表明该子群体的搜索能力越弱。同样，若 $C_g(t)$ 的值越大，群体的搜索能力越强；其值越小，群体的搜索能力越弱。

3）子群体和群体的生存状态

在一次优化搜索中，一个群体（或子群体）从初始化直至最终成熟的过程定义为该群体（或子群体）的生命周期。一般来说，在搜索早期，群体的分布最分散，群体多样性最高，搜索能力最强；在搜索中期，群体多样性和搜索能力会逐渐降低，但依然会保持在相对较高的水平；进入搜索后期，群体多样性和搜索能力会降低至一个相对较低的水平,变化速度趋缓;当群体多样性和搜索能力在很长时间内不再发生变化时,群体可能收敛于某一点。为了能够准确地引导寻优过程,可以根据群体的搜索特征将子群体和群体的生存状态划分为成长状态、伪成熟状态和成熟状态,分别记为 E_1、E_2 和 E_3。

定义 6.1　子群体和群体的成长状态:对于给定的多样性、搜索能力的阈值 D_T 和 C_T,如果子群体的多样性 $D_{S_j}(t)$ 和搜索能力 $C_{S_j}(t)$ 满足 $D_{S_j}(t) > D_T$、$C_{S_j}(t) > C_T$,则认为该子群体在 t 时刻的生存状态为成长状态 E_1;同理,如果群体的多样性 $D_g(t)$ 和搜索能力 $C_g(t)$ 满足 $D_g(t) > D_T$、$C_g(t) > C_T$,则认为该群体在 t 时刻的生存状态为成长状态 E_1。

定义 6.2　子群体和群体的伪成熟状态:对于给定的多样性、搜索能力的阈值 D_T 和 C_T,如果子群体的多样性 $D_{S_j}(t)$ 和搜索能力 $C_{S_j}(t)$ 满足 $D_{S_j}(t) > D_T$、$C_{S_j}(t) < C_T$ 或 $D_{S_j}(t) < D_T$、$C_{S_j}(t) > C_T$,则认为该子群体在 t 时刻的生存状态为伪成熟状态 E_2;同理,如果群体的多样性 $D_g(t)$ 和搜索能力 $C_g(t)$ 满足 $D_g(t) > D_T$、$C_g(t) < C_T$ 或者 $D_g(t) < D_T$、$C_g(t) > C_T$,则认为该群体在 t 时刻的生存状态为伪成熟状态 E_2。

定义 6.3　子群体和群体的成熟状态:对于给定的多样性、搜索能力的阈值 D_T 和 C_T,如果子群体的多样性 $D_{S_j}(t)$ 和搜索能力 $C_{S_j}(t)$ 满足 $D_{S_j}(t) < D_T$、$C_{S_j}(t) < C_T$,则认为该子群体在 t 时刻的生存状态为成熟状态 E_3;同理,如果群体的多样性 $D_g(t)$ 和搜索能力 $C_g(t)$ 满足 $D_g(t) < D_T$、$C_g(t) < C_T$,则认为该群体在 t 时刻的生存状态为成熟状态 E_3。

4)子群体和群体的最佳位置及其适应值

子群体的最佳位置指子群体中所有粒子所经历的具有最高适应值的位置,可定义如下:

$$P_{S_j}^*(t) = \arg \max\{F_{S_j}^1(t), \cdots, F_{S_j}^i(t), \cdots, F_{S_j}^{N_j}(t)\} \tag{6-10}$$

式中,$F_{S_j}^i(t)$ 表示子群体 S_j 中第 i 个粒子所经历最佳位置的适应值。

子群体的适应值可由式(6-11)来决定:

$$F_{S_j}^*(t) = \max\{F_{S_j}^1(t), \cdots, F_{S_j}^i(t), \cdots, F_{S_j}^{N_j}(t)\} \tag{6-11}$$

群体的最佳位置指群体中所有子群体所经历的最佳位置,可定义如下:

$$P_g^*(t) = \arg \max\{F_{S_1}^*(t), \cdots, F_{S_j}^*(t), \cdots, F_{S_J}^*(t)\} \tag{6-12}$$

而群体的适应值为

$$F_g^*(t) = \max\{F_{S_1}^*(t), \cdots, F_{S_j}^*(t), \cdots, F_{S_J}^*(t)\} \tag{6-13}$$

由上述知识集中各知识元素的定义可知,构成局部搜索知识的各子群体的搜索状态信息来源于对子群体中各粒子基本信息的分析,而构成全局搜索知识的群体搜索状态信息来源于各子群体的局部搜索信息的分析,因此与基本粒子群优化算法相比,KCPSO 模型并没有增加多少计算代价。

6.2.4　行为控制

1. 行为控制规则

KCPSO 模型采用多个子群体同时在不同的局部区域进行局部搜索,一方面有利于维持种群搜索过程中的多样性,另一方面可以通过众多局部极值点的搜索信息来引导对全局极值点的搜索,从而增加算法全局收敛的概率。

在 KCPSO 模型中,知识板上的知识在整个群体中共享,不同子群体中的粒子都可以感知到关于群体不同角度的信息知识,除了自身所隶属的子群体搜索信息外,还包括整个群体的搜索状态以及其他各子群体的搜索状态信息。基于所感知的多元信息,粒子可以作出准确的决策,随时调整自己的行为方式和方向进行飞行。从这个意义来说,KCPSO 模型中的粒子要比 SPSO 模型中的粒子更具有智能性,更接近于实际生物系统中的个体特性,被视做一种智能主体。

在优化搜索过程中,每一子群体都有它的生命周期,从初始化诞生、经过成长直至成熟收敛,整个过程中的不同信息将不断被抽取用于知识板上局部知识的更新。在子群体的局部搜索初期,所有粒子均毫无保留地接受该子群体最佳粒子的飞行经验,快速飞向子群体所经历的最佳位置,并且在该最佳位置附近展开精细的局部搜索。随着搜索的进行,子群体的多样性和搜索能力将逐渐降低,借助于知识板上共享的知识,飞行中的每个粒子都能够感知到子群体的这种变化,并对此作出一定的反应。当子群体过于拥挤或者其搜索能力很小时,子群体的粒子可以选择改变自己的社会信念,逃逸自己当前所隶属的子群体,或寻找其他的飞行方向或社会信念。而这一点,是非常符合智能主体的社会性的。

从利于局部搜索和全局搜索的角度出发,我们为子群体中的粒子主体设计了下述的行为控制规则。

规则 1　当子群体的生存状态为成长状态时,该子群体将不断进行局部开采,此时子群体的所有粒子无条件遵循子群体的社会信念,不断向子群体的最佳位置飞行,称粒子的这种行为为趋同行为。

规则 2　当任一子群体处于伪成熟状态时,其所在的局部搜索区域还没有被完全开采,为了进一步开发此区域,同时又避免在此区域浪费过多的搜索时间,此时子群体的粒子将把子群体的最佳位置作为自己的经验而加以记忆,同时根据所感知的知识信息,从其他子群体中寻找新的追寻目标和社会信念,称粒子的这种行为为协同行为。

规则 3　当子群体达到成熟状态后,粒子将从隶属的子群体中逃逸出来,寻找新的可行区域进行搜索,称粒子的这种行为为逃逸行为。

2. 局部搜索和趋同行为

对于 KCPSO 模型中子群体的局部搜索,更多的期望是能够以较快的速度找到该局部区域的极值点。在前面的章节曾经讨论过,Social-only 模型通常具有较快的搜索速度,但却易于陷入局部极值,因此不适合单独用于全局优化问题的求解,而 KCPSO 模型良好的局部搜索特性刚好适用于子群体的局部区域搜索。

因此,在子群体的局部搜索过程中,所有粒子都遵循标准粒子群优化算法的社会模型(social-only model)进行信息的更新:

$$
\begin{cases}
v_{S_j}^{il}(t+1) = w(t)v_{S_j}^{il}(t) + c_2 r_2 (p_{S_j}^{*l}(t) - x_{S_j}^{il}(t)) \\
x_{S_j}^{il}(t+1) = x_{S_j}^{il}(t) + v_{S_j}^{il}(t+1)
\end{cases} \tag{6-14}
$$

式中, $v_{S_j}^{il}(t)$ 表示子群体 S_j 中第 i 个个体的第 l 维速度分量; $x_{S_j}^{il}(\cdot)$ 表示子群体 S_j 中第 i 个个体的第 l 维位置分量; $p_{S_j}^{*l}(t)$ 表示子群体 S_j 最佳位置的第 l 维分量。

3. 协同搜索和协同行为

当任一子群体处于伪成熟状态时,其所在的局部搜索区域还没有被完全开采,为了避免在此区域浪费过多的搜索时间,一方面子群体的所有粒子把当前子群体的最佳位置作为自己的经验而加以记忆,另一方面从其他子群体中寻找新的追寻目标和社会信念。这样既可以不完全抛弃目前的搜索区域,又可以使子群体的粒子飞向更具潜力的搜索区域。

粒子的这种行为实际上表现为一种子群体间的协同,在协同的过程中粒子的位置和速度更新方程如下:

$$
\begin{cases}
v_{S_j}^{il}(t+1) = w(t)v_{S_j}^{il}(t) + c_1 r_1 (p_{S_j}^{*l}(t) - x_{S_j}^{il}(t)) + c_2 r_2 (p_{S_k}^{*l}(t) - x_{S_j}^{il}(t)) \\
x_{S_j}^{il}(t+1) = x_{S_j}^{il}(t) + v_{S_j}^{il}(t+1)
\end{cases}
$$

$$\tag{6-15}$$

式中, $p_{S_j}^{*l}(t)$ 表示子群体 S_j 最佳位置的第 l 维分量; $p_{S_k}^{*l}(t)$ 表示子群体 S_k 最佳位置向量的第 l 维分量。

在协同进化过程中,子群体 S_j 中的粒子为了成功地飞向更具潜力的搜索区域,同时避免重复搜索,会基于共享的信息知识对 S_k 进行选择,所选择的 S_k 应该是一个未成熟且所经历的最佳位置优于 S_j 的子群体。

4. 全局搜索和逃逸行为

当某一子群体进入成熟状态后,其多样性和搜索能力均已丧失殆尽,此时子群体的粒子需要从该子群体中逃逸出来,寻找新的搜索区域,进行新的搜索。此时,我们将对每一粒子的位置和速度进行重新初始化,使之具有新的动量以飞向新的区域,从而使该子群体也获得新的搜索能力,重新进入成长状态。

从以上分析可知,基于知识板上的共享信息,通过子群体的局部搜索、粒子的逃逸行为以及子群体间的协作行为,KCPSO 模型能够保持局部开采和全局探测之间的有效平衡,从而提高算法的全局收敛概率。

6.2.5　算法流程

基于以上分析,可知 KCPSO 模型的算法流程如下。

(1)初始化包含 J 个子群体的粒子群体,每一子群体的规模为 N_j;初始化知识板中的所有知识元素;令 $t=0$。

(2)若满足终止条件,则输出结果并结束;否则,令 $t=t+1$,转步骤(3)。

(3)如果任一子群体的生存状态为成长状态,按照规则 1 选择趋同行为,根据式(6-14)更新子群体中每一粒子的位置和速度向量;否则,转步骤(4)。

(4)如果任一子群体的生存状态为伪成熟状态,子群体按照规则 2 协同搜索,根据式(6-15)更新每一粒子的位置和速度向量;否则,转步骤(5)。

(5)如果任一子群体的生存状态为成熟状态,按照规则 3 对子群体中的任一粒子进行重新初始化。

(6)计算每一子群体中粒子的适应值;统计分析每一子群体的多样性、搜索能力、生存状态、最佳位置及其适应值;更新知识板上的知识元素;转步骤(2)。

6.3　收敛性分析

作为一种随机优化算法,标准粒子群优化算法已被证明不具有全局收敛性,那么,本章的 KCPSO 模型在引入趋同、协同以及逃逸等搜索行为之后,是否能够保证算法全局收敛呢? 下面将尝试从随机优化算法的角度出发来对其进行收敛性分析。

6.3.1　随机优化算法全局和局部收敛的判据

Solis 和 Wets 曾对随机优化算法进行了深入研究,并给出了算法以概率 1 收敛于全局或局部最优的判据[19],下面不加证明地给出其相关定理及主要结论。

以极小化优化问题 $\langle A, f \rangle$ 为例,假设存在求解该问题的随机优化算法 D,其在可行解空间 A 上的第 k 次迭代结果为 z_k,则下一迭代结果为 $z_{k+1} = D(z_k, \xi)$。其中,ξ 是算法 D 在迭代中曾经搜索过的解。

假设 H1　若 $f(D(z_k, \xi)) \leqslant f(z_k)$,且 $\xi \in A$,则 $f(D(z_k, \xi)) \leqslant f(\xi)$。

假设 H2　对于 A 的任意 Borel 子集 B,若其勒贝格(Lebesgue)测度 $v(B) > 0$,则有

$$\prod_{k=0}^{\infty}(1-\mu_k(B))=0 \tag{6-16}$$

式中，$\mu_k(B)$ 是由测度 μ_k 获得 B 的概率。若假设 H2 满足，则说明对于 A 中满足 $v(B)>0$ 的任意子集，算法 D 经过无穷次搜索而未搜索到 B 中某一点的概率为 0。

引理 6.1（全局收敛）　假设目标函数 f 为可测函数，可行解空间 A 为 $\mathbf{R}^n$ 上的可测子集，并且假设 H1、假设 H2 满足，设 $\{z_k\}_{k=1}^{+\infty}$ 为算法 D 所生成的解序列，则有以下结论成立：

$$\lim_{k \to \infty} P[z_k \in R_\varepsilon]=1 \tag{6-17}$$

式中，$P[z_k \in R_\varepsilon]$ 是第 k 步算法生成的解 $z_k \in R_\varepsilon$ 的概率；R_ε 为全局最优解集。在上述定理中，假设 H1 保证了算法优化解的目标函数值是单调非增的；而假设 H2 说明对于最优解集 $R_\varepsilon \subset S$，算法 D 经过无穷次搜索而未搜索到最优解集中某一点的概率为 0，反过来，就是说算法经过无穷次搜索必然收敛于全局最优解集中的某一点。

事实上，完全随机的优化算法能够保证全局收敛，但完全随机会使算法的收敛速度很慢。在实际应用中，有些启发式随机算法往往难以实现全局收敛，它们一般具有较快的收敛速度，但易于收敛于问题的局部极值，因此大都属于局部优化算法。为此，Solis 和 Wets 进一步给出了随机优化算法局部收敛的判据。

假设 H3　$\forall z_0 \in A$，$L_0=\{z_k \in A \mid f(z_k) \leqslant f(z_0)\}$ 为紧集，$\exists \gamma>0$ 且 $\exists \eta \in (0,1]$，$\forall k$ 和 $\forall z_k \in L_0$，有

$$\mu_k([\mathrm{dist}(D(z_k,\xi),R_\varepsilon)<\mathrm{dist}(z_k,R_\varepsilon)-\gamma] \bigcup [D(z_k,\xi) \in R_\varepsilon]) \geqslant \eta \tag{6-18}$$

式中，z_0 表示解空间中的一个初始解；$\mathrm{dist}(z_k,R_\varepsilon)$ 表示 z_k 到最优解集的距离。$\mathrm{dist}(z_k,R_\varepsilon)=\inf_{b \in R_\varepsilon}(\mathrm{dist}(z_k,b))$，$R_\varepsilon$ 代表 L_0 中的最优解集。若假设 H3 满足，则说明算法每迭代一次，z_k 都能至少以距离 γ 靠近 R_ε，或者已经在 R_ε 中的概率不小于 η。

引理 6.2（局部收敛）　假设目标函数 f 为可测函数，区域 A 为 $\mathbf{R}^n$ 上的可测子集，并且假设 H1、假设 H3 满足，设 $\{z_k\}_{k=1}^{+\infty}$ 为算法 D 所生成的解序列，则有以下结论成立：

$$\lim_{k \to +\infty} P[z_k \in R_\varepsilon]=1 \tag{6-19}$$

6.3.2　协同粒子群优化模型的收敛性

本节将给出 KCPSO 算法的收敛性分析。在 KCPSO 算法中，子群体或群体的生存状态划分为成长、伪成熟和成熟三种情形，对应着三种不同的生存状态，算法的具体搜索可分为：趋同搜索，记为 Oper1()；协同搜索，记为 Oper2()；逃逸，记为 Oper3()。下面将从算法不同的搜索过程出发来分析它的收敛性。

在 KCPSO 算法中,整个群体被划分为若干个子群体并行进行局部搜索。对于任意子群体,有以下定理成立。

定理 6.1　处于成长状态的任意子群体通过趋同搜索 Oper1(),最终收敛于解空间中的某一点。

证明　由 2.3.2 节中 SPSO 算法的收敛性分析可知,其中的任意粒子在足够长时间的迭代后将收敛于该粒子与群体最佳位置的加权位置。同理,对于 KCPSO 算法中的任意子群体 S_j 来说,如果整个搜索过程仅存在趋同过程,且子群体采用 SPSO 模型,则有

$$\lim_{t \to \infty} X_{S_j}^i(t) = \frac{c_1 \boldsymbol{P}_{S_j}^i + c_2 \boldsymbol{P}_{S_j}^*}{c_1 + c_2} \tag{6-20}$$

式中,$\boldsymbol{P}_{S_j}^i$ 表示子群体 S_j 中第 i 个粒子所经历的最佳位置向量;$\boldsymbol{P}_{S_j}^*$ 表示子群体 S_j 所经历的最佳位置向量。

如果子群体的趋同行为遵循 SPSO 算法的 Social-only 模型,即子群体中任意粒子的运动不受自身历史最优信息的影响,有 $c_1 = 0$,由式(6-20)易知,子群体中的各粒子将最终收敛于该子群体的最佳位置,则有

$$\lim_{t \to \infty} X_{S_j}^i(t) = \boldsymbol{P}_{S_j}^* \tag{6-21}$$

定理 6.1 得证。

另外,在趋同搜索的第 t 次迭代中,子群体的最佳位置由下述算法确定:

$$\boldsymbol{P}_{S_j}^*(t) = \begin{cases} \boldsymbol{P}_{S_j}^*(t-1), & f(\boldsymbol{P}_{S_j}^*(t-1)) \leqslant f(\boldsymbol{P}_{S_j}^i(t)) \\ \boldsymbol{P}_{S_j}^i(t), & f(\boldsymbol{P}_{S_j}^*(t-1)) > f(\boldsymbol{P}_{S_j}^i(t)) \end{cases} \tag{6-22}$$

式中,$f(\cdot)$ 表示优化目标函数。

由此可知,KCPSO 算法中每一子群体的趋同搜索满足假设 H1,其目标函数是一个单调非增的过程。然而,趋同搜索不能被证明满足假设 H2 或 H3,则不能保证子群体最终收敛的群体最佳位置是局部极值还是全局极值。在 KCPSO 算法中,当子群体进入成熟状态时,其搜索将陷入停滞状态。在这种情况下,如果未满足终止条件,该子群体中的粒子将从当前区域逃逸出来,通过重新初始化进行新的搜索。因此,对于趋同搜索,并不期望一定要保证局部或全局收敛,而只要给出子群体当前所在搜索区域有无极值点的知识就可以了。

定理 6.2　多个子群体的并行趋同搜索不属于全局搜索算法。

证明　如果整个粒子群体被分为多个子群体以并行的方式在解空间进行趋同搜索,每个子群体都将经过趋同 Oper1(),记任意子群体趋同过程中产生的解序列为 $\{\boldsymbol{P}_{S_j}^*(t)\}_{t=1}^{+\infty}$,简记为 $\{\boldsymbol{P}_{S_j,t}^*\}_{t=1}^{+\infty}$,则每个子群体的趋同搜索都是使目标函数值单调非增的过程,即满足假设 H1,有 $f(\boldsymbol{P}_{S_j,t}^*) \leqslant f(\boldsymbol{P}_{S_j,t-1}^*)$ 成立。

　　记目标问题的可行解空间为 A，整个群体被分为 J 个子群体，其中任意子群体 S_j 在第 t 次迭代中的支撑集简记为 $M_{S_j,t}$。若多个子群体在解空间并行趋同搜索能够保证全局收敛，则要求算法迭代若干次后，粒子群体的样本空间应该能够包含目标问题的可行解空间 A，即有

$$A \subseteq \Big(\bigcup_{j=1}^{J} M_{S_j,t} \Big) = \bigcup_{j=1}^{J} \Big(\bigcup_{i=1}^{N_j} M_{S_j,t}^i \Big) \tag{6-23}$$

式中，$M_{S_j,t}^i$ 表示子群体 S_j 的粒子 i 在 t 次迭代中的支撑集；N_j 表示子群体 S_j 的规模。

　　由于初始群体中的每一个子群体都在可行解空间按均匀分布随机产生，因此群体初始时的支撑集显然满足

$$A \subseteq \Big(\bigcup_{j=1}^{J} M_{S_j,0} \Big) \tag{6-24}$$

　　考虑在第 t 次迭代时子群体 S_j 的样本空间，由于趋同操作中新粒子的产生遵循 Social-only 模型，故粒子 i 的支撑集由式（6-25）决定：

$$M_{S_j,t}^i = X_{S_j,t-1}^i + w(X_{S_j,t-1}^i - X_{S_j,t-2}^i) + c_2 r_2 (P_{S_j,t-1}^* - X_{S_j,t-1}^i) \tag{6-25}$$

　　在多维空间中，$M_{S_j,t}^i$ 是一个超立方体，它是可行解空间 A 的一个 Borel 子集，其大小与社会因子 c_2 有关。由式（6-25）可知，趋同将使粒子最终收敛于子群体的最佳位置，此时该粒子支撑集的勒贝格测度 $v(M_{S_j,t}^i)$ 将逐渐趋于 0。显然，在趋同过程中，随着各粒子不断向子群体最佳位置的逼近，整个子群体的支撑集将不断缩小；而随着每一子群体支撑集的缩小，整个群体的支撑集自然也随之缩小。考虑整个群体支撑集的勒贝格测度，则有

$$\lim_{t \to \infty} v\Big(\bigcup_{j=1}^{J} M_{S_j,t} \Big) = v\Big(\bigcup_{j=1}^{J} \bigcup_{i=1}^{N_j} M_{S_j,t}^i \Big) = 0 \tag{6-26}$$

　　由此可知，在趋同过程中必然存在一个特定值 t'，对于任意的 $t \geqslant t'$，使得整个群体的支撑集满足

$$v\Big(\Big(\bigcup_{j=1}^{J} \bigcup_{i=1}^{N_j} M_{S_j,t}^i \Big) \cap A \Big) < v(A) \tag{6-27}$$

　　此时，必然存在一个 Borel 子集 $B \subset A$ 且 $B \cap \Big(\bigcup_{j=1}^{J} \bigcup_{i=1}^{N_j} M_{S_j,t}^i \Big) = \varphi$，使得 $t \geqslant t'$ 时，所有粒子落在 B 上的概率测度为 $\mu_{S_j,t}^i(B) = 0$。显然，多子群体并行趋同搜索不能满足假设 H2，故不能保证算法全局收敛。

　　定理 6.2 得证。

　　定理 6.3　子群体的协同搜索 Oper2() 属于局部搜索算法。

　　证明　若只考虑子群体的协同搜索 Oper2()，该过程将在公告板知识的引导下进行。

假设初始子群体 S_j 中的某一粒子，其位置向量 $\boldsymbol{X}_0$ 是整个初始群体中最差的位置向量，则必然存在紧集 $L_0 = \{\boldsymbol{P}^i_{S_j,t} \in A \mid f(\boldsymbol{P}^i_{S_j,t}) \leqslant f(\boldsymbol{X}_0); 1 \leqslant i \leqslant N_j; 1 \leqslant j \leqslant J\}$，其中，$\boldsymbol{P}^i_{S_j,t}$ 代表任意子群中任意粒子的最佳位置向量。

考虑任意子群体 S_j 经协同搜索所产生的最佳位置序列 $\{P^{*\prime}_{S_j,q}\}^{+\infty}_{q=1}$，显然有 $P^{*\prime}_{S_j,q} \in L_0$。在协同搜索过程中，根据公告板上所记录的信息知识，子群体 S_j 中的粒子总是选择具有更好位置信息的子群体 S_k（即 $f(P^{*\prime}_{S_k,q}) < f(P^{*\prime}_{S_j,q})$），并将该子群体的历史最佳位置作为自己新的社会目标，即有

$$P^{*\prime}_{S_j,q+1} = \mathrm{Oper2}(P^{*\prime}_{S_j,q},\xi) = P^{*\prime}_{S_k,q} \qquad (6\text{-}28)$$

由式(6-28)可知，协同过程中产生的子群体最佳位置序列是非增的：

$$f(P^{*\prime}_{S_j,q+1}) \leqslant f(P^{*\prime}_{S_j,q}) \qquad (6\text{-}29)$$

假设 R_ε 表示紧集 L_0 中的最优解集。若 $P^{*\prime}_{S_k,q} \in R_\varepsilon$，协同搜索将引导子群体 S_j 中的所有粒子最终收敛于该最优解；若 $P^{*\prime}_{S_k,q} \notin R_\varepsilon$，由于 $\mathrm{dist}(P^{*\prime}_{S_k,q},R_\varepsilon) < \mathrm{dist}(P^{*\prime}_{S_j,q},R_\varepsilon)$，故有 $\mathrm{dist}(\mathrm{Oper2}(P^{*\prime}_{S_j,q},\xi),R_\varepsilon) < \mathrm{dist}(P^{*\prime}_{S_j,q},R_\varepsilon)$。由此可知，必然存在某一正数 $\gamma > 0$ 和 $\eta \in (0,1]$，使式(6-30)得到满足：

$$\mu_k([\mathrm{dist}(\mathrm{Oper2}(P^{*\prime}_{S_j,q},\xi),R_\varepsilon) < \mathrm{dist}(P^{*\prime}_{S_j,q},R_\varepsilon) - \gamma] \cup [\mathrm{Oper2}(P^{*\prime}_{S_j,q},\xi) \in R_\varepsilon]) \geqslant \eta \qquad (6\text{-}30)$$

据上述分析可知，子群体的协同搜索满足假设 H1 和假设 H3，由引理 6.2 可知属于局部搜索算法，该算法所产生的解序列 $\{P^{*\prime}_{S_j,q}\}^{+\infty}_{q=1}$ 满足

$$\lim_{q \to +\infty} P[P^{*\prime}_{S_j,q} \in R_\varepsilon] = 1 \qquad (6\text{-}31)$$

即以概率 1 收敛于某一局部最优解，定理 6.3 得证。

由定理 6.1、定理 6.2 和定理 6.3 可知，KCPSO 算法中的趋同搜索将保证各子群体分别对解空间的某一局部区域进行开采并最终收敛于解空间中的某一点，尽管这些点并不能保证是问题的局部或全局解，但至少可以提供相关区域的信息知识用于引导后续的搜索；而基于知识的协同搜索，将使子群体收敛于问题的某一局部最优解。下面分析 KCPSO 算法在趋同、协同搜索的基础上引入子群体的逃逸行为后，能否保证算法全局收敛。

定理 6.4　KCPSO 算法以概率 1 全局收敛。

证明　考虑群体中至少有一个子群体进行逃逸时群体所对应的最佳位置序列 $\{P^*_{g,p}\}^{+\infty}_{p=1}$，其中群体最佳位置按以下方式产生：

$$P^*_{g,p} = \begin{cases} P^*_{g,p-1}, & f(P^*_{g,p-1}) \leqslant f(P^*_{S_j,p}) \\ P^*_{S_j,p}, & f(P^*_{g,p-1}) > f(P^*_{S_j,p}) \end{cases} \qquad (6\text{-}32)$$

显然，此群体最佳位置序列的目标函数值是单调非增的，有 $f(P^*_{g,p}) \leqslant f(P^*_{g,p-1})$ 成立，满足假设 H1。

进一步来考察群体的支撑集。已知目标问题的可行解空间为 A，p 时刻群体的支撑集记为 $M_{g,p}$，任意子群体 S_j 的支撑集记为 $M_{S_j,p}$。由于此时至少有一个子群体逃逸，记此子群体为 S_0，其所有粒子将在解空间中重新初始化，故其支撑集 $M_{S_0,p} = A$。此时，整个群体的支撑集满足

$$A \subseteq M_{g,p} = M_{S_0,p} \bigcup \sum_{j=1}^{J-1} M_{S_j,p} \tag{6-33}$$

显然有 $v(A) = v(M_{g,p}) > 0$，满足假设 H2。

由此可知，引入逃逸行为后，算法满足假设 H1 和 H2。记 $R_\varepsilon \subset A$ 为 A 中的最优解集，根据引理 6.1，算法所产生的群体最佳位置序列 $\{P_{g,p}^*\}_{p=1}^{+\infty}$ 满足

$$\lim_{p \to +\infty} P[P_{g,p}^* \in R_\varepsilon] = 1 \tag{6-34}$$

即 KCPSO 算法以概率 1 全局收敛。

定理 6.4 得证。

除此之外，还可以从另外一个角度来考察算法的全局收敛性。在 KCPSO 算法中，公告板用来记录搜索过程中群体和子群体的进化知识。假如只考虑逃逸过程，将一次逃逸视为公告板知识的一步状态转移，来考察公告板知识的状态变化。和其他随机优化算法一样，KCPSO 算法对目标最优解的搜索是在离散、有限的空间中进行的，因此用于记录进化知识的公告板其状态空间是有限的。同时，公告板知识每一次状态转移的概率只与公告板当前的状态有关，而与时间无关。因此，KCPSO 公告板知识状态的随机变化属于有限齐次马尔可夫链。关于有限齐次马尔可夫链，有以下引理存在。

引理 6.3　有限齐次可尔可夫链从任意非常返状态出发以概率 1 必定要到达常返状态[20]。

根据以上引理，我们重新对定理 6.4 进行证明。

设公告板全局知识的状态空间为 Ω_g，局部知识的状态空间为 Ω_l，则整个公告板知识的状态空间可表示为 $\Pi = \{(I_g, I_{S_1}, \cdots, I_{S_J}) \mid I_g \in \Omega_g; I_{S_1}, \cdots, I_{S_J} \in \Omega_l\}$，其中 I_g 表示全局知识集，$I_{S_1}, \cdots, I_{S_J}$ 表示 J 个子群体的局部知识集，记公告板知识状态的两个子空间 Π_1 和 Π_2 分别为

$$\Pi_1 = \{(I_g, I_{S_1}, \cdots, I_{S_J}) \mid I_g \in \Omega_g^*; I_{S_1}, \cdots, I_{S_J} \in \Omega_l^*\} \tag{6-35}$$

$$\Pi_2 = \{(I_g, I_{S_1}, \cdots, I_{S_J}) \mid I_g \in \Omega_g^*; I_{S_1}, \cdots, I_{S_J} \widetilde{\in} \Omega_l^*\} \tag{6-36}$$

式中，Ω_g^* 表示所有包含全局最优解的全局知识集合，Ω_l^* 表示包含全局最优解的局部知识集合，$I_{S_1}, \cdots, I_{S_J} \widetilde{\in} \Omega_l^*$ 表示 $I_{S_1}, \cdots, I_{S_J}$ 不全属于 Ω_l^*。显然有 $(\Pi_1 \bigcup \Pi_2) \subseteq \Pi$ 且 $(\Pi_1 \bigcap \Pi_2) \subseteq \varnothing$。

若存在知识状态 λ 属于 Π_1，由算法全局知识的具体定义可知，该状态将不会再转移到 Π_2 中，所以 Π_1 为闭集，同时易知 Π_1 中的状态都是相通的，因此 Π_1 中的状

态均为常返状态；若知识状态 λ 属于 Π_2，由于逃逸时子群体中每一粒子将在整个解空间范围内重新初始化，故逃逸后的子群体收敛于全局最优解的概率大于 0，即 λ 由状态空间 Π_2 转移到 Π_1 的概率大于 0，由此可知 Π_2 中的状态为非常返状态，进而由引理 6.3 可知，公告板知识的进化由任意非常返状态出发必然以概率 1 转移到常返状态 Π_1，即以概率 1 收敛到全局最优解。定理 6.4 得证。

6.4　仿真实验与分析

6.4.1　实验参数及优化测试函数

为了分析 KCPSO 算法的优化性能，本章我们选择标准粒子群优化算法（记为 SPSO1）、标准粒子群优化算法的社会模型（social-only model，记为 SPSO2）进行对比实验，基于表 6-1 中的多模态 Benchmark 优化函数来进行分析。对于每一优化函数，各算法独立运行 30 次，记录相关的统计数据。各算法在运行时，群体均由 5 个子群体组成，在 Camel、Shubert 和 Levy No.5 函数优化中，子群体规模为 6；而在 Rastrigrin、Griewank 和 Ackley 函数中，子群体规模为 20。KCPSO 算法中，群体多样性的阈值取初始值的 5%，而搜索能力的阈值取 0.0001。各算法其他的控制参数见表 6-2。

表 6-1　Benchmark 函数的基本信息

函数	公式	解空间	全局最小值
f_1-Camel	$f_1(x,y) = (4 - 2.1x^2 + x^4/3)x^2 + xy + (-4+4y^2)y^2$	$[-100,100]^2$	-1.031628
f_2-Shubert	$f_2(x,y) = \sum_{i=1}^{5}[i\cos((i+1)x+i)]\sum_{j=1}^{5}[j\cos((j+1)y+j)]$	$[-10,10]^2$	-186.73
f_3-Levy No.5	$f_3(x,y) = \sum_{i=1}^{5}[i\cos((i-1)x+i)]\sum_{j=1}^{5}[j\cos((j+1)y+j)]$ $+ (x+1.42513)^2 + (y+0.80032)^2$	$[-100,100]^2$	-176.1375
f_4-Griewank	$f_4 = \dfrac{1}{4000}\sum_{i=1}^{N}x_i^2 - \prod_{i=1}^{N}\cos\left(\dfrac{x_i}{\sqrt{i}}\right) + 1$	$[-600,600]^N$	0
f_5-Rastrigrin	$f_5 = \sum_{i=1}^{N}(x_i^2 - 10\cos(2\pi x_i) + 10)$	$[-5.12,5.12]^N$	0
f_6-Ackley	$f_6 = 20 + e - 20\exp\left(-0.2\sqrt{\dfrac{1}{n}\sum_{i=1}^{n}x_i^2}\right)$ $- \exp\left(\dfrac{1}{n}\sum_{i=1}^{n}\cos 2\pi x_i\right)$	$[-10,10]^N$	0

表 6-2　各算法的参数设置

算法	w	c_1	c_2	备注
SPSO1	0.7→0.2	2.0	2.0	标准模型参数
SPSO2	0.7→0.2	0	3.0	社会模型参数
KCPSO	0.7→0.2	0	3.0	局部搜索参数
	0.7→0.2	2.0	2.0	协同搜索参数

注:→表示参数随时间递减。

6.4.2　实验结果及分析

表 6-3～表 6-8 记录了各算法在不同函数中的优化结果,通过算法优化结果的最优值、最差值、平均值、标准差以及成功收敛次数等各项统计数据,对 SPSO1、SPSO2 以及 KCPSO 算法进行性能对比分析;图 6-2～图 6-7 则分别描述了各算法在不同函数优化过程中的动态曲线,可以从搜索动态的不同角度对算法进行分析。

Camel 函数是一个具有 2 个全局极小点、6 个局部极小点的二维多模函数。从表 6-3 的相关数据可以看出,对于 Camel 函数的优化,KCPSO 算法相对来说表现最佳,不仅所找到的解具有较高的精度,且算法成功收敛次数也要高出 SPSO1 和 SPSO2 算法很多。由图 6-2 的动态曲线可知,KCPSO 算法的收敛速度要远远快于 SPSO1 和 SPSO2 算法;表 6-4 和图 6-3 描述了各算法在 Shubert 函数优化中的实验结果,该函数具有 18 个全局最小点、760 个局部极小点。相关结果显示,KCPSO 和 SPSO2 算法的优化性能相当,两者略优于 SPSO1 算法。在收敛速度上,KCPSO 算法略慢于 SPSO2 算法而略快于 SPSO1 算法。该函数形态复杂,但由于其解空间中存在 18 个全局极小点,故算法易于成功收敛,但是每一极小点周围的函数形态各不相同,知识共享机制的引入有可能导致粒子在多个极值点之间徘徊,从而使得收敛速度减慢。

表 6-5 记录了 KCPSO 和其他算法在 Levy No. 5 函数上的优化结果,该函数具有 760 个局部极小点和 1 个全局极小点,全局优化的难度相对较大。表中各项数据显示,KCPSO 算法在此函数的优化中具有良好的全局优化性能,30 次独立运行中能够百分之百达到解的较高精度要求而成功收敛,同时图 6-4 也说明了该算法具有较快的收敛速度。相反,由算法所找到的最差解来看,SPSO2 算法显然出现了过早收敛现象,这正是由社会模型中的信息单一问题所致,说明信息知识的共享机制能够提高算法在复杂全局优化问题中的收敛性能。

表 6-3　KCPSO 和其他算法在 Camel 函数上的优化结果

算法	最优值	最差值	平均值	标准差	成功次数
SPSO1	−1.0316276	−1.0310112	−1.0315102	3.440E−05	7
SPSO2	−1.0316283	−1.0312117	−1.0315931	1.629E−05	17
KCPSO	−1.0316284	−1.0313735	−1.0316148	8.783E−06	24

注:实验中最大迭代次数为 50,误差精度为 10^{-5}。

表 6-4　KCPSO 和其他算法在 Shubert 函数上的优化结果

算法	最优值	最差值	平均值	标准差	成功次数
SPSO1	−186.73091	−186.70265	−186.72905	4.624E−04	24
SPSO2	−186.73091	−186.73079	−186.73092	1.967E−05	30
KCPSO	−186.73091	−186.73057	−186.73089	2.240E−05	30

注:实验中最大迭代次数为 200,误差精度为 10^{-2}。

表 6-5　KCPSO 和其他算法在 Levy No. 5 函数上的优化结果

算法	最优值	最差值	平均值	标准差	成功次数
SPSO1	−176.13758	−176.0376	−176.13423	3.330E−03	28
SPSO2	−176.13758	−144.52494	−175.08381	1.0537521	28
KCPSO	−176.13758	−176.13757	−176.13758	1.419E−05	30

注:实验中最大迭代次数为 200,误差精度为 10^{-4}。

表 6-6 统计了各算法对于不同维数 Rastrigrin 函数的优化结果,该函数是一个极值点分布密集、很难优化的复杂多模态测试函数。表中各项数据显示,对于 10 维的 Rastrigrin 函数,KCPSO 算法在 30 次独立运行中能够百分之百收敛于全局最优,而 SPSO1 和 SPSO2 算法则分别有 14 和 2 次过早收敛发生;随着维数的增加,函数的优化难度增大,各算法的优化能力均有所下降,不同程度上都出现了早熟收敛,但是在解要求的精度范围内,KCPSO 算法的成功次数要远远高于 SPSO1 和 SPSO2 算法;当维数增加至 30 维时,SPSO1 和 SPSO2 算法几乎难以找到问题的全局最优解,而 KCPSO 算法还能多次收敛于全局最优解。观察表中数据可以看出,在指定的解精度范围内,SPSO2 算法的优化结果要好于 SPSO1 算法,这说明社会模型具有较好的局部收敛性,很适合用在 KCPSO 算法中进行局部搜索,在局部搜索结果的基础上,再通过信息共享和协同机制,可以有效地提高算法的全局收敛性能。图 6-5 所示的不同算法优化 Rastrigrin 函数的动态性能,同样说明了上述结论,由图中曲线可知,KCPSO 算法不仅具有较快的收敛速度,同时能够收敛于较高精度的解。

表 6-6　KCPSO 和其他算法在 Rastrigrin 函数上的优化结果

算法	最优值	最差值	平均值	标准差	成功次数
$D=10; T_{max}=100\times D; \varepsilon=0.1$					
SPSO1	1.966E−11	1.9919271	0.50251426	0.13693116	16
SPSO2	7.258E−11	0.99596356	0.06640343	0.046950172	28
KCPSO	5.542E−12	2.228E−08	1.125E−09	7.546E−10	30
$D=20; T_{max}=100\times D; \varepsilon=1.0$					
SPSO1	0.99849215	6.9735972	3.7494352	0.72860028	1
SPSO2	1.219E−06	2.9878906	1.36117	0.29131835	18
KCPSO	1.942E−09	2.0002622	0.39922606	0.13296771	28
$D=30; T_{max}=100\times D; \varepsilon=1.0$					
SPSO1	5.083236	12.978513	8.3820365	1.5772651	0
SPSO2	1.991933	6.9717482	4.4163312	0.84328169	0
KCPSO	1.404E−11	4.9798267	1.6635493	0.38779897	14

注：D 为问题的维数；T_{max} 代表最大迭代次数；ε 为所求解的误差精度。

表 6-7　KCPSO 和其他算法在 Griewank 函数上的优化结果

算法	最优值	最差值	平均值	标准差	成功次数
$D=10; T_{max}=100\times D; \varepsilon=0.05$					
SPSO1	1.555E−07	0.081264	0.042549	0.008408	20
SPSO2	0.017236114	0.110677	0.037152	0.007542	25
KCPSO	1.851E−09	0.061504	0.034828	0.006479	28
$D=20; T_{max}=100\times D; \varepsilon=0.01$					
SPSO1	7.368E−10	0.031942	0.009469	0.004080	20
SPSO2	4.750E−08	0.056478	0.014781	0.003742	16
KCPSO	1.313E−10	0.021868	0.008337	0.002285	23
$D=30; T_{max}=100\times D; \varepsilon=0.01$					
SPSO1	2.420E−09	0.022321	0.002643	0.003529	26
SPSO2	6.455E−07	0.032021	0.005832	0.001766	24
KCPSO	2.553E−09	0.012152	0.001525	0.001415	27

表 6-8 KCPSO 和其他算法在 Ackley 函数上的优化结果

算法	最优值	最差值	平均值	标准差	成功次数
$D=10; T_{max}=500; \varepsilon=10^{-5}$					
SPSO1	2.146E−06	2.503E−05	1.025E−05	2.066E−06	17
SPSO2	2.526E−05	1.023E−04	5.636E−05	1.079E−05	0
KCPSO	3.916E−06	1.346E−05	6.931E−06	1.342E−06	25
$D=20; T_{max}=1000; \varepsilon=10^{-4}$					
SPSO1	6.302E−05	2.586E−04	1.383E−04	2.706E−05	8
SPSO2	1.916E−04	8.241E−04	4.765E−04	9.242E−05	0
KCPSO	4.283E−05	1.673E−04	9.112E−05	1.754E−05	19
$D=30; T_{max}=1500; \varepsilon=10^{-3}$					
SPSO1	4.995E−04	1.695E−03	1.104E−03	2.0784−04	12
SPSO2	6.625E−04	3.709E−03	1.382E−03	2.719E−04	6
KCPSO	1.146E−04	3.901E−04	2.005E−04	3.772E−05	30

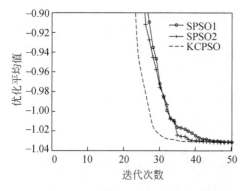

图 6-2 各算法优化 Camel 函数的动态性能   图 6-3 各算法优化 Shubert 函数的动态性能

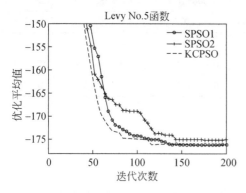

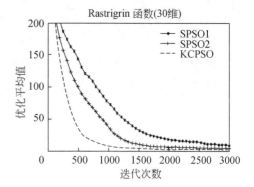

图 6-4 各算法优化 Levy No.5 函数的动态性能   图 6-5 各算法优化 Rastrigrin 函数的动态性能

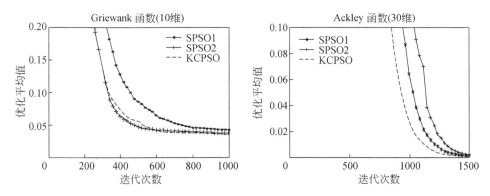

图 6-6　各算法优化函数 Griewank 的动态性能　图 6-7　各算法优化函数 Ackley 的动态性能

　　表 6-7 和图 6-6 描述了各算法在 Griewank 函数优化中的仿真结果。值得一提的是,该函数的复杂性会随着维数的增加而降低。从表中数据可以看出,各算法对于 10 维的 Griewank 函数的寻优结果相对差一些。无论是高维空间还是低维空间,三种算法中 KCPSO 算法比较有优势,其优化结果要优于其他两种算法,同时收敛速度也快于其他算法。

　　表 6-8 和图 6-7 显示了各算法对于 Ackley 函数的优化结果。相关数据显示,无论函数的高维空间还是低维空间,KCPSO 算法都显示出良好的全局优化性能,在所指定解的精度要求下,该算法不仅具有最高的成功次数,而且具有较快的收敛速度。相对于 SPSO1 和 SPSO2 两种算法而言,KCPSO 算法优良的寻优结果正说明了信息共享和协同机制的有效性。

6.5　本 章 小 结

　　本章描述了基于知识的协同粒子群优化模型,该模型采用多种群机制来维持群体多样性,利用知识板来记录群体搜索的全局知识和局部知识。基于知识板上共享的知识,各子群体中的粒子主体可以正确地进行行为决策,在不同的搜索状态下进行聚集、逃逸或协同,从而有效调整算法的局部开采和全局探测功能,提高粒子群优化算法的全局优化性能。基于随机优化算法的局部和全局收敛判据,以及齐次马尔可夫链的数学理论,对算法的收敛性进行了证明。由相关理论分析可知,基于知识引导的 KCPSO 算法,其趋同搜索使得子群体收敛于解空间中的一点,协同搜索使算法实现了局部收敛,而逃逸则提高了算法的全局收敛性。算法被用于复杂多模态函数的优化,仿真结果表明,KCPSO 算法是一种高效稳健的全局优化算法,而利用过程知识对搜索进行自适应引导,是改善算法全局优化性能的一种有效思路。

参 考 文 献

［1］Reynolds R G,Chung C J. A cultural algorithm framework to evolve multiagent cooperation with evolutionary programming［C］. Proceedings of the 6th International Conference on Evolutionary Programming, Indianapolis,1997：323-333.

［2］Jin X,Reynolds R G. Using knowledge-based evolutionary computation to solve nonlinear constraint optimization problems：a cultural algorithm approach［C］. Proceedings of the IEEE Congress on Evolutionary Computation,Washington,1999：1672-1678.

［3］Tapabrata R,Liew K M. Society and civilization：an optimization algorithm based on the simulation of social behavior［J］. IEEE Transactions on Evolutionary Computation,2003,7(4)：386-396.

［4］Ursem R K. Multinational evolutionary algorithm［C］. Proceedings of the IEEE Congress on Evolutionary Computation,Washington,1999：1633-1640.

［5］Xie X F,Zhang W J. Optimizing semiconductor devices by self-organizing particle swarm［C］. Proceedings of the IEEE Congress on Evolutionary Computation,Oregon,2004：2017-2022.

［6］Riget J,Vesterstroem J S. A Diversity-guided Particle Swarm Optimizer – The ARPSO［R］. Aarhus：University of Aarhus,2002.

［7］赫然,王永吉,王青,等. 一种改进的自适应逃逸微粒群算法及实验研究［J］. 软件学报,2005,16(12)：2036-2044.

［8］Yasuda K,Iwasaki N. Adaptive particle swarm optimization using velocity feedback［J］. International Journal of Innovative Computing,Information and Control,2005,1(3)：369-380.

［9］俞欢军,张丽平,陈德钊,等. 基于反馈策略的自适应粒子群优化算法［J］. 浙江大学学报(工学版),2005,39(9)：1286-1291.

［10］Monson C K,Seppi K D. The kalman swarm：a new approach to particle motion in swarm optimization［C］. Proceedings of the Genetic and Evolutionary Computation Conference,Seattle,2004：140-150.

［11］薛明志. 进化计算与小波分析若干问题研究［D］. 西安：西安电子科技大学,2004.

［12］Jie J,Zeng J C,Han C H. Self-organization particle swarm optimization based on information feedback［J］. Lecture Notes in Computer Science,2006,4221：913-922.

［13］Jie J,Zeng J C,Han C H,et al. Knowledge-based cooperative particle swarm optimization［J］. Applied Mathematics and Computation,2008,205(2)：861-873.

［14］王德利,高莹. 竞争进化与协同进化［J］. 生态学杂志,2005,24(10)：1182-1186.

［15］蓝盛芳. 试论达尔文进化论与协同进化论［J］. 生态科学,1995,2：167-170.

［16］Haken H. Synergetics：Introduction and Advanced Topics［M］. 2nd ed. Berlin：Springer,1987.

［17］刘静. 协同进化算法及其应用研究［D］. 西安：西安电子科技大学,2004：19-28.

［18］Ursem R K. Diversity-guided evolutionary algorithms［C］. Proceedings of the 7th International Conference on Parallel Problem Solving from Nature,Granada,2002：462-474.

［19］Solis F,Wets R. Minimization by random search techniques［J］. Mathematics of Operations Research, 1981,6：19-30.

［20］施仁杰. 马尔可夫链基础及应用［M］. 西安：西安电子科技大学出版社,1994.

第7章　基于混合群体的协同粒子群优化模型

7.1　引　　言

竞争和协同一直是现代生物学领域中的两个重要概念。自达尔文提出进化论以来,许多生物学家们一直把"竞争"作为生物进化的直接动力。随着生物进化研究的深入,人们越来越多地意识到:在进化过程中,生物之间不仅存在着负作用的竞争,而且存在着一种互惠互利的协同;竞争虽然普遍存在,但只是生物进化过程中阶段性的作用因素,而协同则是生物进化过程中一种更为普遍的行为和关键因素[1]。一般来说,协同适应和协同进化能够使生物以最小的代价或成本实现在自然界的存在和繁殖(最大适应度)[2]。而 Haken 的"协同论"进一步指出,系统进化过程中内部要素及其相互之间的协同行为是系统进化的必要条件[3]。

协同进化算法中最常见的协同模型是"孤岛模型"(island model)与"邻域模型"(neighborhood model)[4]。在这两种模型中,直接将群体中的个体划分为若干子群体,每一个子群体代表解空间中的一个子区域(子空间),子群体中的每一个体均代表问题的一个解。所有子群体并行展开局部搜索,得到的优良个体将在不同子群体间进行迁移,作为共享信息指导进化的进行,从而有效提高算法的全局收敛效率。

Potter 等提出了另外一种协同进化算法 CCGA(cooperative coevolutionary genetic algorithm)[5]。在 CCGA 中,子群体的构成采用另一种截然不同的划分方式。假设一个待求解问题的解空间被映射为一个包含 m 个个体的群体,其中的每一个体均由一个 n 维向量表示,将群体中的所有个体划分为 n 个一维向量个体,与同一分量方向上的 m 个一维向量相互组合,从而形成 n 个子群体。此时每个子群体并不能独立求解优化问题,问题的可行解必须由来自 n 个不同子群体中的 m 个个体共同组合而构成,在优化过程中,所有子群体必须进行相互协调,共同进化以求得问题的最优解。

对于协同进化算法的研究,根据各个子群体进化过程中采用算法的不同可分为两种:一种是子群体采用同样的进化算法;另一种是子群体采用不同的进化算法。对于前者,国内外不少学者已作了相关的研究:李敏强等分析了传统的基于排挤选择模型和基于适应值共享的 GA 方法的特点和不足,将小生境思想应用于多群体 GA 协同进化算法中,并通过多模态函数优化实例计算,证明了协同多群体

GA 的有效性[6]。李爱国采用两层结构的多粒子群协同优化算法,并在经典 PSO 算法中加入扰动因子策略,使粒子群陷入局部极小点,即全局最优值连续一定代数没有更新时,重置粒子速度,强迫粒子跳出局部极小值进行新的搜索[7]。吕林等采用控制理论的分层思想,提出了多种群分层 PSO 算法(HSPPSO)[8]。在第一层采用多种群粒子群并行计算,第二层把每个种群看成一个粒子,种群的最优值作为当前粒子的个体最优值,进行第二层粒子群优化,并把优化结果返回到第一层,不同的是,当第一层粒子飞行速度小于某一限值时,重新初始化其速度,以此来避免算法过早陷入局部最优。王元元等提出采用多种群协同进化的粒子群优化算法,将整个种群分解为多个子种群,各子群独立进化,周期性更新共享信息,通过两种不同的更新策略对比,证明合适的更新周期能提高算法的收敛性和最优性[9]。Jie 等通过多种群机制来维持群体多样性,引入知识板来记录群体搜索的全局知识和局部知识,各子群体中的粒子主体共享知识板知识,可以正确地进行行为决策,在不同的搜索状态下,进行聚集、逃逸或协同,有效地调整算法的局部开采和全局探测功能,提高粒子群优化算法的全局优化性能[10]。

李菲菲等[11]提出的多微粒群协同进化算法是将遗传算法与 PSO 算法结合,采用一个 master 种群和若干个 slave 种群,首先,每个 slave 种群独立进化,每次迭代结束后将最好的微粒复制到 master 种群;然后,master 种群开始进化,找出最好的微粒;接着,将此微粒信息反馈给各 slave 种群,各 slave 种群据此信息修改其微粒的速度继续进化,逐代循环。许珂和刘栋[12]也提出了一种多粒子群协同进化算法,同样是以 GA 与 PSO 算法相结合来实现的。不同之处在于,它是通过构建基因库,使较劣的粒子根据基因库进行遗传操作来实现进化。王丽芳等[13]将 PSO 与模拟退火算法相结合,利用粒子群优化算法的多点并行搜索和模拟退火算法的全局收敛性优点,克服了粒子群优化算法的局部早熟问题,同时也弥补了模拟退火算法收敛速度慢的缺陷,保证整个算法的收敛速度和全局收敛性。邓可等[14]提出一种基于信息熵的异类多种群蚁群算法。算法使用多个异类种群的蚂蚁子群体同时进行优化计算,引入信息熵来表示蚂蚁种群的进化程度,根据蚂蚁子群体间的信息熵来决定子群体间的信息交流策略,选择信息交流的对象、调节信息交流的周期以及信息更新策略,以此来取得各蚂蚁子群体中解的多样性和收敛性之间的动态平衡,具有较好的全局搜索能力、收敛速度和解的多样性。

目前,协同进化算法已在相当多领域得到广泛的应用。高慧敏等通过两个粒子群进行信息交换,协同完成 0-1 整数规划的求解,成功实现炼钢生产调度问题中最优炉次的求解[15]。薛晓芳等[16]采用多种群协同进化策略,借助于生物学的基因重组技术来实现虚拟企业的可持续发展,并充分论证了在多种群协同进化策略下,通过持续提高"基因"能力要素的竞争能力,能够有效保持虚拟企业在"市场生态"中的知识地位,实现可持续发展。牛奔和李丽[17]基于多群体协同进化粒子群优化算法,提出一种用于 BP 神经网络训练的新型学习算法,并将基于 MCPSO 算法训练的 BP 网络分别应用于函数逼近和模式分类问题,获得了较快的收敛速度与求解精度。徐建伟等[18]借鉴遗传算法中采用并行机制避免局部收敛的思想,提出一种基于多种群的多目标免疫算法,能有效解决多目标优化问题且具有一定的优越性。

除了以上列出的,协同进化算法的研究及应用还有很多,在此不一一列举。众多研究表明,协同进化算法在解决函数优化、工程应用、企业发展、神经网络优化以及多目标问题求解等问题上都表现出较强的优越性,是智能计算方法中的一种有效技术。

7.2　基于混合群体的协同粒子群优化机理分析

7.2.1　混合生态群体的自然启示

在自然系统中,混合生态群体的协同进化现象非常普遍。在长期进化过程中,相互作用的种群间从单方的依赖性发展为多方的依赖关系,彼此成为不可缺少的生存条件,互相依赖,互相协调而共同进化。例如,地衣、真菌和苔藓植物的共生体,地衣靠真菌的菌丝吸收养料,靠苔藓植物的光合作用制造有机物;白蚁和肠内鞭毛虫,前者以木材为食,但必须依靠后者所分泌的纤维素酶来消化纤维,分解后的产物供双方利用;大豆和根瘤菌,豆科植物供给根瘤菌碳水化合物,而根瘤菌则供给植物氮素养料,从而形成互利共生关系。除此之外,热带雨林以及美洲大陆普遍存在的混合鸟群,也属于一种互惠互利的协同关系。例如,黄羽缘霸鹟和红眼绿鹃、绒啄木鸟和美洲山雀。这些不同鸟类往往聚集在一起觅食,前者对外界的危险具有敏锐的反应,后者则善于乐而不疲地鸣唱,从而大大增加彼此在觅食过程中对外界袭击的预警能力。

受协同进化理论以及自然界各种生态群体协同进化现象的启示,本章构造了一种基于混合生态群体的协同进化模型,该模型采用双子群体协同进化机制,整个搜索群体由探测子群和开采子群构成,探测子群负责在整个解空间进行探测,进行粗粒度搜索;开采子群则追随探测子群,负责在探测子群的搜索空间进行精细搜索,从而有效协调局部优化和全局优化之间的动态平衡。两个子群在搜索过程中,保持信息共享和相互学习,从而实现协同进化,以更快的效率和更好的精度收敛于问题的优化解。

7.2.2　混合优化群体结构要素

混合优化群体(mixed swarm)的系统结构如图 7-1 所示,主要结构因素包括探测子群(exploration species, S_1)、开采子群(exploitation species, S_2)、行为控制器

（behavior controller）以及共享信息板（sharing information board）等。

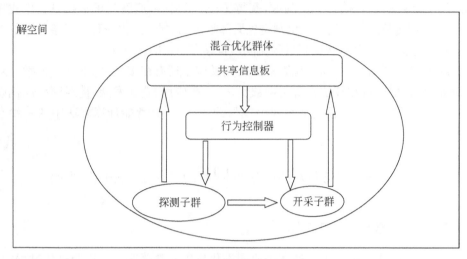

图 7-1　混合优化群体的系统结构

1. 共享信息板

共享信息板用来记录寻优过程中所获得的有价值的信息，如混合群体和各子群体的得分及最佳位置、群体收敛状态等。此外，为了准确描述子群体的搜索动态，本章引入活动域及活动半径两个新概念。

假设求解如下非线性规划优化问题：

$$\min f(\boldsymbol{X})\quad \boldsymbol{X}\in\Omega\subseteq\mathbf{R}^D;\Omega=[a,b]^D \tag{7-1}$$

式中，$f(\boldsymbol{X})$ 为目标函数；$\boldsymbol{X}$ 为问题的解向量；Ω 为问题的解空间。

记子群体 S_j 的最佳和最差位置分别为 $\boldsymbol{X}_{\text{best}}^{S_j}(t)$、$\boldsymbol{X}_{\text{worst}}^{S_j}(t)$，则该子群的活动域可定义如下：

$$\boldsymbol{X}_T^{S_j}(t)=[\boldsymbol{X}_{\min}^{S_j}(t),\boldsymbol{X}_{\max}^{S_j}(t)]^D \tag{7-2}$$

式中

$$\boldsymbol{X}_{\min}^{S_j}(t)=\{x_{\min,d}^{S_j}(t)\mid d=0,1,\cdots,D-1\},$$

$$x_{\min,d}^{S_j}(t)=\min(\min\{x_{\text{worst},d}^{S_j}(t)\},\min\{x_{\text{best},d}^{S_j}(t)\})$$

$$\boldsymbol{X}_{\max}^{S_j}(t)=\{x_{\max,d}^{S_j}(t)\mid d=0,1,\cdots,D-1\},$$

$$x_{\max,d}^{S_j}(t)=\max(\max\{x_{\text{worst},d}^{S_j}(t)\},\max\{x_{\text{best},d}^{S_j}(t)\})$$

显然，$\boldsymbol{X}_T^{S_j}(t)$ 描述了子群体 S_j 在第 t 代时最大的可能搜索空间，而其搜索半径可定义如下：

$$r_T^{S_j}(t)=\frac{1}{2}(\boldsymbol{X}_{\max}^{S_j}(t)-\boldsymbol{X}_{\min}^{S_j}(t)) \tag{7-3}$$

2. 行为控制器

行为控制器是对子群体行为决策过程的一种隐喻。在混合优化群体中,探测子群和开采子群主要具有粗粒度搜索、精细搜索、协同搜索和学习、避免停滞等行为方式。不同行为方式的选择取决于共享信息板上所记录的当前搜索状态,具体的控制规则如下。

规则 1　如果 $t = kT_0$ (T_0 为协同周期),即协同时间到,则探测子群和开采子群进行协同搜索和学习;否则,探测子群进行粗粒度搜索,开采子群进行细粒度搜索。

规则 2　协同搜索过程中,若探测子群的当前得分高于开采子群的当前得分,即探测子群所搜索到的最佳位置优于开采子群的,则开采子群将放弃原来的历史搜索区域,转而向探测子群学习,追随探测子群进入新的区域开始新的开采搜索;反之,若开采子群的得分高于探测子群,说明开采子群在探测子群的历史区域中,通过精细搜索发现了被探测子群遗漏的优良解,因此,探测子群应转而向开采子群进行学习,及时调整其搜索方向。

规则 3　如果探测子群和开采子群停滞不前,则对子群引入多样化扰动。

7.3　基于混合生态群体的协同粒子群优化模型设计

将上述混合群体搜索机制与粒子群优化相结合,构造基于混合群体的协同粒子群优化(mixed-swarm-based cooperative particle swarm optimization, MCPSO)模型[19]。该模型的主要优化操作包括混合群体初始化、开采与探测、协同与学习、停滞逃逸。

7.3.1　混合群体初始化

假设问题的解空间为 $\Omega = [a,b]^D$,探测子群 S_1 和开采子群 S_2 具有相同的子群规模 M,因此混合种群 $S_M = S_1 \bigcup S_2$,其种群规模为 $N=2M$。

混合群体初始过程中,首先在整个解空间内对探测子群的任一粒子 $\boldsymbol{X}_i^{S_1}(0)$ 进行位置和速度的初始化,其中 $\boldsymbol{X}_{id}^{S_1}(0) \in [a,b]$, $V_{id}^{S_1}(0) \in [-V_{\max}, V_{\max}]$。

与探测子群不同,开采子群作为探测子群的附属子群,将在初始探测子群的活动域中进行初始化。假设 $\boldsymbol{X}_{\mathrm{best}}^{S_1}(0)$ 和 $\boldsymbol{X}_{\mathrm{worst}}^{S_1}(0)$ 是初始探测子群中的最佳和最差位置,根据式(7-2)可计算出探测子群的活动域 $\boldsymbol{X}_T^{S_1}(0) = [\boldsymbol{X}_{\min}^{S_1}(0), \boldsymbol{X}_{\max}^{S_1}(0)]^D$,而开采子群中的每一粒子将在此活动域中按均匀分布产生位置向量。

为方便起见,首先将探测子群和开采子群的初始化操作分别记为 $O_{I^1}^{S_1}$ 和 $O_{I^2}^{S_2}$,则初始探测子群和开采子群分别为 $S_1(0) = O_{I^1}^{S_1}(\Omega)$、$S_2(0) = O_{I^2}^{S_2}(\boldsymbol{X}_T^{S_1}(0))$,而初

始混合子群的产生可记为如下操作：

$$S_M(0) = S_1(0) \bigcup S_2(0) = O_I^{S_1}(\Omega) \bigcup O_{I^2}^{S_2}(\boldsymbol{X}_T^{S_1}(0)) \tag{7-4}$$

接着根据目标函数对两个子群进行评价，记初始探测子群和开采子群的最佳位置分别为 $P_g^{S_1}(0)$ 和 $P_g^{S_2}(0)$。假如 $F(P_g^{S_2}(0)) > F(P_g^{S_1}(0))$，即初始开采子群优于初始探测子群，令混合群体的最佳位置为 $P_g^{S_M}(0) = P_g^{S_2}(0)$，其得分 $F(P_g^{S_M}(0)) = F(P_g^{S_2}(0))$，同时令初始探测子群向初始开采子群学习，记 $P_g^{S_1}(0) = P_g^{S_2}(0)$；假如 $F(P_g^{S_1}(0)) > F(P_g^{S_2}(0))$，则记混合群体的最佳位置为 $P_g^{S_M}(0) = P_g^{S_1}(0)$，其得分为 $F(P_g^{S_M}(0)) > F(P_g^{S_1}(0))$，同时令初始开采子群向初始探测子群学习，记 $P_g^{S_2}(0) = P_g^{S_1}(0)$。所有初始信息将记录于共享信息板上。

7.3.2　开采与探测行为

混合群体初始化以后，探测子群 S_1 和开采子群 S_2 将分别执行粗粒度和细粒度搜索，其速度更新方程如下：

$$v_{id}^{S_j}(t+1) = wv_{id}^{S_j}(t) + c_1 r_1(p_{id}^{S_j}(t) - x_{id}^{S_j}(t)) + c_2 r_2(p_{gd}^{S_j}(t) - x_{id}^{S_j}(t)) \tag{7-5}$$

通常，为了防止粒子飞出解空间，其飞行速度将受到最大速度的限制。最大速度越大，相应粒子的平均搜索步长越大；最大速度越小，则粒子的平均搜索步长越小。考虑到粗粒度和细粒度搜索的效果，探测子群和开采子群的粒子速度采用不同的最大速度加以限制。假设问题解空间记为 $[a,b]^D$，探测子群 S_1 粒子的速度取值区间为 $[-V_{\max}^{S_1}(t), V_{\max}^{S_1}(t)]^D$，则其上下限取值 $_{\max}^{S_1}(t)$ 由式(7-6)动态决定：

$$V_{\max}^{S_1}(t) = \frac{(b-a)}{2} \frac{(T_{\max} - t)}{T_{\max}} \tag{7-6}$$

式中，$T_{\max}$ 代表最大的搜索迭代次数。显然，探测子群粒子的最大速度与解空间的单维区间长度呈比例关系，且将随着搜索时间的增大而线性递减。搜索早期，$V_{\max}^{S_1}(t)$ 较大，从而保证探测子群能够在一个比较宽泛的区域进行粗粒度搜索；搜索后期，随着群体逼近目标最优解，其搜索步长亦应该相应地减小，从而使粗粒度搜索逐渐向细粒度搜索转变，进而有利于搜索群体的成功收敛。

作为探测子群的协同搜索子群，开采子群将主要在探测子群当前的最大搜索空间作精细搜索。因此，开采子群的粒子搜索步长主要依赖于探测子群的活动域半径，假设开采子群粒子的速度取值范围为 $[-V_{\max}^{S_2}(t), V_{\max}^{S_2}(t)]^D$，其上下限取值 $V_{\max}^{S_2}(t)$ 可由式(7-7)计算：

$$V_{\max}^{S_2}(t) = R(\boldsymbol{X}_{\max}^{S_1}(t) - \boldsymbol{X}_{\min}^{S_1}(t)) \tag{7-7}$$

由式(7-7)可知，随着搜索的进行，开采子群的粒子速度将随着探测子群的活动域半径的变化而变化。

　　尽管探测子群和开采子群采用相同的进化模型,但它们的搜索行为却截然不同。探测子群负责在宽泛的解空间以较大的步长寻找最优解的可能区域,而开采子群则负责在探测子群的活动区域内以较小的步长进行辅助的精细搜索,两个子群相互协同,有效控制搜索方向和步长,进而提高最优解的搜索概率。

　　记两个子群的更新操作分别为 $O_C^{S_1}$、$O_F^{S_2}$,混合群体的更新操作为 $O_U^{S_M}$,则新的混合群体生成方式如下:

$$
\begin{aligned}
S_M(t+1) &= O_U^{S_M}(S_M(t)) \\
&= O_U^{S_M}(S_1(t) \bigcup S_2(t)) \\
&= O_C^{S_1}(S_1(t)) \bigcup O_F^{S_2}(S_2(t))
\end{aligned}
\tag{7-8}
$$

7.3.3　协同搜索和学习

　　根据行为控制规则,探测子群和开采子群在并行独立地进行粗粒度和细粒度搜索时,保持信息的更新和共享。当协同时间到达时,两个子群通过共享的状态信息来动态调整搜索方向。为保证开采子群能够在探测子群的活动域中进行充足的细粒度搜索,这里引入协同间隔 T_0 来控制两个子群体间的协同行为。

　　当 $t = kT_0$ 时,若 $F(P_g^{S_1}(t-1)) < F(P_g^{S_2}(t-1))$,说明探测子群当前的最佳粒子位置劣于开采子群最佳粒子的位置,因此探测子群应当向开采子群进行学习,继承其最佳粒子,并引导子群内其他粒子飞向该最优粒子。此时,探测子群中粒子的具体更新方程如下:

$$
\begin{aligned}
v_{id}^{S_1}(t) = & w v_{id}^{S_1}(t-1) + c_1 r_1 (p_{id}^{S_1}(t-1) - x_{id}^{S_1}(t-1)) \\
& + c_2 r_2 (p_{gd}^{S_2}(t-1) - x_{id}^{S_1}(t-1))
\end{aligned}
\tag{7-9}
$$

　　当 $t = kT_0$ 时,若 $F(P_g^{S_1}(t-1)) > F(P_g^{S_2}(t-1))$,即探测子群当前的最佳粒子位置优于开采子群,说明开采子群经过上一协同间隔时间内的精细搜索,并未发现更佳的位置,因此开采子群应当放弃之前的搜索区域,重新追随探测子群,进入其当前新的搜索区域,开始新的细粒度开采。此时,开采子群需要根据探测子群的活动域重新生成。具体步骤如下。

　　(1)根据探测子群 S_1 的最佳 $\boldsymbol{X}_{\text{best}}^{S_1}(t-1)$ 和最差位置 $\boldsymbol{X}_{\text{worst}}^{S_1}(t-1)$,计算子群的活动域 $\boldsymbol{X}_T^{S_1}(t-1)$ 和活动域半径 $r_T^{S_1}(t-1)$。

　　(2)分别以探测子群的最佳位置 $\boldsymbol{X}_{\text{best}}^{S_1}(t-1)$、最差位置 $\boldsymbol{X}_{\text{worst}}^{S_1}(t-1)$ 以及中间位置 $\boldsymbol{X}_{\text{center}}^{S_1}(t-1)$ 为中心,按照正态分布分别产生三部分新粒子,组成新的开采子群 S_2。其中,方差为探测子群的活动域半径:

$$
\sigma^{S_2}(t) = r_T^{S_1}(t-1)
\tag{7-10}
$$

　　由此可知,通过协同学习,开采子群的活动域将随着探测子群活动域的变化而迁移,其半径也将随探测子群活动域半径的变化而变化,从而实现动态调整混合群体的精细搜索步长。

　　记上述探测子群的学习操作为 $O_L^{S_1}$，开采子群的学习操作（即重新产生）为 $O_R^{S_2}$，混合群体的协同操作为 $O_{CP}^{S_M}$，则第 k 次协同期间混合群体的生成方式如下：

$$
\begin{aligned}
S_M(kT_0) &= O_{CP}^{S_M}(S_M(kT_0-1)) \\
&= O_{CP}^{S_M}(S_1(kT_0-1) \bigcup S_2(kT_0-1)) \\
&= \begin{cases}
O_L^{S_1}(S_1(kT_0-1)) + O_F^{S_2}(S_2(kT_0-1)), \\
\quad F(P_g^{S_1}(kT_0-1)) < F(P_g^{S_2}(kT_0-1)) \\
O_C^{S_1}(S_1(kT_0-1)) + O_R^{S_2}(X_T^{S_1}(kT_0-1)), \\
\quad F(P_g^{S_1}(kT_0-1)) > F(P_g^{S_2}(kT_0-1))
\end{cases}
\end{aligned}
\tag{7-11}
$$

　　协同学习之后，两个子群又并行重新开始新一轮的粗粒度和细粒度搜索，直到下一次协同时间到达。

7.3.4　逃逸策略

　　综上所述，通过混合群体的协同搜索，MCPSO 模型能够保持开采和探测间的有效平衡。然而，正如所有随机优化算法一样，MCPSO 模型在搜索过程中同样会因粒子的运动停滞而遭遇早熟问题。通常，随着搜索的进行，粒子倾向于不断逼近群体最佳位置，其搜索速度和步长将会逐渐减小，进而失去动能。假如该最佳位置为局部极值，则粒子们将难以逃逸该局部极值的吸引域而导致搜索失败。

　　为避免粒子的停滞现象，通常可通过多种方式来引入群体多样性的扰动，进而通过粒子间的协作交互，使粒子获得新的动能。在 MCPSO 模型中，最简单的方法是观察混合群体中探测子群最佳粒子的动态速度。如果探测子群最佳粒子的速度逐渐减小至某一个阈值 ε，则最佳粒子可被视为进入停滞状态。此时，可对它的速度在 $[-V_{\max}, V_{\max}]^D$ 进行重新初始化，使其获得新的动能，飞离局部极值。而最佳粒子速度的重新初始化，首先要对探测子群产生扰动，通过子群内粒子间的交互影响，使得探测子群的活动域得以改变；进而通过子群间的协同使开采子群的活动域得到相应调整，增加其粒子的活性。上述操作可使整个混合群体避免过早停滞，可记为操作 $O_{SA}^{S_M}$。

7.3.5　优化步骤

　　综上所述，基于混合群体的协同粒子群优化模型的实现步骤具体如下。

　　(1)令 $t=0$，执行操作 $O_I^{S_M} = O_I^{S_1} + O_I^{S_2}$ 初始化混合群体 $S_M = S_1 + S_2$。

　　①执行操作 $O_I^{S_1}$，在解空间初始化探测子群，评价每一粒子，确定子群最佳及最差位置，计算探测子群的活动域 $X_T^{S_1}(0)$。

　　②执行操作 $O_I^{S_2}$，在探测子群的活动域中初始化开采子群；评价子群的所有粒

子,确定最佳及最差位置。

③更新共享信息版的信息。

(2)执行操作 $O_U^{S_M} = O_C^{S_1} + O_F^{S_2}$ 更新混合群体 $S_M = S_1 + S_2$。

①探测子群进行粗粒度搜索,通过 $O_F^{S_2}$ 操作更新子群,并评价所有粒子,确定子群搜索状态及最佳、最差位置。

②开采子群进行细粒度搜索,通过 $O_F^{S_2}$ 操作更新子群,并评价所有粒子,确定子群搜索状态及最佳、最差位置。

③更新共享信息版的信息。

(3)如果 $t \% T_0 = = 0$,即协同时间到达,则执行操作 $O_{CP}^{S_M} = O_L^{S_1} \oplus O_R^{S_2}$,子群间开始协同搜索及学习。

①如果开采子群优于探测子群,探测子群执行操作 $O_L^{S_1}$,其所有粒子向开采子群学习;而开采子群执行操作 $O_F^{S_2}$,继续在之前的搜索域内进行精细搜索。

②如果探测子群优于开采子群,开采子群执行操作 $O_R^{S_2}$,向探测子群学习,即重新计算探测子群当前的活动域 $\boldsymbol{X}_T^{S_1}(t)$,并在此区间重新产生开采子群;而探测子群则继续之前的粗粒度搜索。

③更新共享信息版的信息。

(4)如果 $V_g^{S_1}(t) < \varepsilon$,混合群体进行逃逸操作 $O_{SA}^{S_M}$。

(5)如果满足终止条件,算法结束;否则,令 $t = t+1$,返回步骤(2)。

(6)输出混合群体最佳粒子的信息,作为问题的最优解。

7.3.6 计算复杂度分析

根据上述 MCPSO 模型的具体优化操作可知,该模型的计算复杂度主要取决于群体的规模、解空间的维数、粒子速度和位置的计算以及适应值比较等因素。除此之外,与标准 SPSO 模型相比,MCPSO 模型只是在初始化环节以及协同环节增加了探测子群活动域的一些计算量。假设混合群体、探测子群和开采子群的群体规模分别记为 N、M_1、M_2,问题解空间的维数为 n,则 MCPSO 模型中主要优化操作及其要素的计算复杂度如表 7-1 所示。

表 7-1 MCPSO 模型各种优化操作及其要素的计算复杂度

操作要素	计算复杂度	优化操作	计算复杂度
速度计算	nN	$O_I^{S_M}$	$O(2nN + 3N + 4n + 1)$
位置计算	nN	$O_U^{S_M}$	$O(2nN + 2N)$
适应值计算及比较	$2N$	$O_{CP}^{S_M}$	$O(2nN + 3N + 4n + 1)$
活动域及其半径计算	$N + 4n + 1$	$O_{SA}^{S_M}$	$O(2nN + 2N)$

假设最大迭代次数为 $T_{\max}$，协同周期为 T_0，则整个搜索过程中协同搜索发生 $T_{\max}/T_0$ 次，而 MCPSO 模型一次优化过程中的计算复杂度如下：

$$C(n,N,T_{\max},T_0) = O\Big(4nN + 2nNT_{\max} + 7N + 4n\frac{T_{\max}}{T_0} + 4n + \frac{T_{\max}}{T_0} + 1\Big)$$

$$\approx O\Big(4nN + 2nNT_{\max} + 4n\frac{T_{\max}}{T_0}\Big)$$

$$\approx O(2nNT_{\max}) \tag{7-12}$$

考虑相同的优化问题，SPSO 模型的计算复杂度为

$$C(n,N,T_{\max}) \approx O(2nNT_{\max} + 2NT_{\max}) \approx O(2nNT_{\max}) \tag{7-13}$$

由上述分析可知，MCPSO 模型相比 SPSO 模型而言并没有增加太多计算复杂度，尤其在高维空间。尽管协同搜索的引入增加了一些计算代价，但这些代价却换来了性能上的提高。

7.4 数值仿真实验与性能分析

7.4.1 仿真实验设计与数据

1. 测试函数

Benchmark 测试函数如表 7-2 所示。

表 7-2 Benchmark 测试函数

函数名	公式	解空间
Sphere	$F_1(\boldsymbol{x}) = \sum\limits_{i=1}^{D} x_i^2$	$[-100,100]^D$
Schwefel 2.21	$F_2(\boldsymbol{x}) = \max\{|x_i|, 1 \leqslant i \leqslant D\}$	$[-100,100]^D$
Schwefel 2.22	$F_3(\boldsymbol{x}) = \sum\limits_{i=1}^{D} |x_i| + \prod\limits_{i=1}^{D} |x_i|$	$[-10,10]^D$
Schewefel 1.2	$F_4(\boldsymbol{x}) = \sum\limits_{i=1}^{D} \Big(\sum\limits_{j=1}^{i} x_j\Big)^2$	$[-100,100]^D$
Rosenbrock	$F_5(\boldsymbol{x}) = \sum\limits_{i=1}^{D-1} (100\,(x_i^2 - x_{i+1})^2 + (x_i - 1)^2)$	$[-100,100]^D$

续表

函数名	公式	解空间
Rastrigrin	$F_6(\boldsymbol{x}) = \sum_{i=1}^{D}(x_i^2 - 10\cos(2\pi x_i) + 10)$	$[-5,5]^D$
Griewank	$F_7(\boldsymbol{x}) = \sum_{i=1}^{D}\dfrac{1}{4000}x_i^2 - \prod_{i=1}^{D}\cos\dfrac{x_i}{\sqrt{i}} + 1$	$[-600,600]^D$
Ackley	$F_8(\boldsymbol{x}) = 20 + \mathrm{e} - 20\exp\left(-0.2\sqrt{\dfrac{1}{D}\sum_{i=1}^{D}x_i^2}\right) - \exp\left(\dfrac{1}{D}\sum_{i=1}^{D}\cos 2\pi x_i\right)$	$[-32,32]^D$
Schwefel	$F_9(\boldsymbol{x}) = 418.9829D + \sum_{i=1}^{D} -x_i\sin(\sqrt{\lceil x_i \rceil})$	$[-500,500]^D$
Penalized	$F_{10}(\boldsymbol{x}) = 0.1\left\{\sin^2(3\pi x_1) + \sum_{i=1}^{D}(x_i-1)^2[1+\sin^2(3\pi x_{i+1})]\right\}$ $+ (x_D-1)^2[1+\sin^2(2\pi x_D)]\} + \sum_{i=1}^{D}u(x_i,5,100,4)$ $u(x_i,a,k,m) = \begin{cases} k(x_i-a)^m, & x_i > a \\ 0, & -a \leqslant x_i \leqslant a \\ k(-x_i-a)^m, & x_i < -a \end{cases}$	$[-50,50]^D$

2. MCPSO 算法与典型 PSO 算法的性能对比分析

基于表 7-2 中 Benchmark 仿真函数的优化,将 MCPSO 算法与六种典型算法进行了对比分析,包括 GPSO(global PSO)算法、LPSO(local PSO)算法[20]、FIPSO(fully informed particle swarm optimization)算法[21]、CLPSO(comprehensive learning PSO)算法[22]、DMSPSO(dynamic multi-swarm PSO)算法[23] 以及 SLPSO(social learning PSO)算法[24]。为客观起见,MCPSO 算法采用与所有算法相同的终止准则,即最大函数评价次数为 200000;混合群体规模 $N=60$,各子群体规模 $M=30$;惯性权重 w 从 0.9 线性递减至 0.4,学习因子 $c_1=c_2=1.49$,协同周期 $T_0=10$;所有对比数据取算法独立运行 30 次的平均最优值和标准方差,具体如表 7-3 所示。

表 7-3 MCPSO 算法与六种算法的性能对比

30 维	GPSO	LPSO	FIPSO	CLPSO	DMSPSO	SLPSO	MCPSO	Rank
F_1	1.25E−61 (2.82E−61)	8.48E−35 (2.85E−34)	6.20E−70 (1.44E−69)	4.76E−19 (1.92E−19)	3.30E−14 (1.27E−13)	4.24E−90 (5.26E−90)	**0.00E+00** **(0.00E+00)**	1/7

30 维	GPSO	LPSO	FIPSO	CLPSO	DMSPSO	SLPSO	MCPSO	Rank
F_2	8.49E−07	4.42E−05	2.37E+00	4.31E+00	1.90E+00	1.17E−24	**4.29E−89**	1/7
	(1.01E−06)	(2.32E−05)	(1.17E+00)	(6.84E−01)	(7.85E−01)	(8.37E−25)	**(2.10E−88)**	
F_3	7.33E+00	6.67E−01	1.13E−38	7.54E−12	8.48E−11	1.50E−46	**0.00E+00**	1/7
	(1.39E+01)	(2.58E−00)	(5.70E−39)	(2.50E−12)	(8.37E−25)	(5.34E−47)	**(0.00E+00)**	
F_4	4.22E+03	3.65E−01	1.21E+00	1.13E+03	9.79E+01	4.66E−07	**3.35E−60**	1/7
	(5.08E+04)	(3.83E−01)	6.59E−01	(2.89E+02)	(7.31E+01)	(2.48E−07)	**(5.72E−60)**	
F_5	6.05E+03	5.18E+01	3.53E+01	9.28E+00	5.60E+01	2.15E+01	**6.12E+00**	1/7
	(2.32E+04)	(3.68E+01)	(2.71E+01)	(1.03E+01)	(3.28E+01)	(3.41E+00)	**(1.09E+01)**	
F_6	4.65E+01	5.02E+01	3.86E+01	5.83E−09	**2.70E−13**	1.55E+01	7.08E−06	3/7
	(2.55E+01)	(2.25E+01)	(1.04E+01)	(5.02E−09)	**(8.41E−13)**	(3.19E+00)	(3.46E−05)	
F_7	1.21E−02	2.46E−03	2.07E−13	8.40E−12	1.76E−02	**0.00E+00**	1.91E−14	2/7
	(1.58E−02)	(6.64E−03)	(5.03E−13)	(1.45E−11)	(2.56E−02)	**(0.00E+00)**	(3.26E−14)	
F_8	1.36E−14	7.67E+00	6.69E−15	2.99E−10	6.11E−09	**5.51E−15**	6.38E−12	4/7
	(4.34E−15)	9.79E+00	(1.83E−15)	(9.47E−11)	(1.89E−08)	**(1.59E−15)**	(5.09E−11)	
F_9	5.62E+03	3.07E+03	2.98E+03	**6.06E−13**	5.74E−08	1.50E+03	1.32E−03	3/7
	(2.91E+03)	(7.80E+02)	(7.87E+01)	**(8.88E−13)**	(6.02E−10)	(9.10E+01)	(2.16E−03)	
F_{10}	7.32E−04	7.32E−04	1.35E−32	3.31E−19	1.47E−03	**1.35E−32**	2.54E−08	3/7
	(2.84E−03)	(2.84E−03)	(2.83E−48)	(8.67E−20)	(3.87E−03)	**(0.00E−00)**	(2.61E−21)	

注：其他六种算法的仿真数据来源于文献[23]；Rank 表示 MCPSO 算法在七种算法中的优化性能排序；粗体数据代表每一问题的最佳优化结果。

根据表 7-3，MCPSO 算法的优化结果在七种算法中的排序分别为：$F_1 \sim F_5$ 中位列第一，F_7 中位列第二，F_6、F_9、F_{10} 中位列第三，F_8 中位列第四。由此可知，七种算法中 MCPSO 算法具有最好的平均优化性能，其优化能力在单模态函数中尤其突出。尽管 MCPSO 算法在多模态函数优化中的表现排名稍有逊色，但从每一问题的具体优化精度来看，其寻优效果依然比较理想。

3. MCPSO 算法在不同维度空间的性能观察

为进一步观察模型的鲁棒性，特将 MCPSO 算法用于优化不同维度的多模态函数 $F_5 \sim F_{10}$，其维数包括 10 维、30 维、50 维、100 维、500 维、1000 维，统计 25 次独立优化中的平均结果，并采用盒图表示，如图 7-2 所示。

盒图是用于描述数据统计特征的一种直观工具。图中箱体内外各分布二分之一的数据，箱体中的横线对应中位数，即其上下分别分布二分之一的数据；箱体的顶边表示上四分数,即其上分布四分之一的数据;箱体的下边表示下四分数,即其下分布四分之一的数据。与箱体顶部和底部外侧相连的线称为触须线,上触须线顶端的小横线代表统计数据本体的最大值,下触须线底端的小横线代表最小值。箱体和触须之外的"＋"代表奇点。由此可知,箱体越高、触须越长、奇点越多,则统计数据越分散;反之,统计数据越集中。

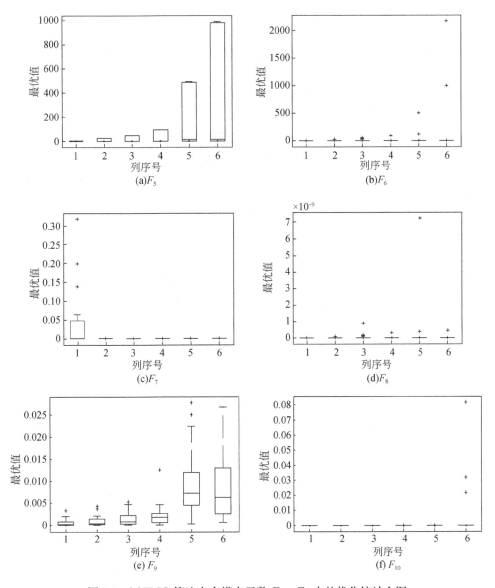

图 7-2　MCPSO 算法在多模态函数 $F_5 \sim F_{10}$ 中的优化统计盒图

图 7-2 描述了 MCPSO 算法优化不同维度空间的多模态函数 $F_5 \sim F_{10}$ 的统计结果。图中的 6 列从左至右分别代表 10 维、30 维、50 维、100 维、500 维和 1000 维空间的优化结果。由图 7-2(a)可知,第 1 列的盒图收缩为一条对应最优值"0"的横线,说明 10 维空间中,MCPSO 算法优化函数 F_5 的 25 次结果,都成功收敛于问题的最优解;第 2、3、4 列表现为没有触须的上半个箱体,即箱体的中位线与下边线重合,说明在 30 维、50 维和 100 维空间中,每 25 次独立运行中至少有半数成功收敛于问题的最优解,而其余半数的收敛精度也较高。随着维度增加至 500 维和 1000 维,箱体的高度增加显著,且顶部出现了很短的触须,中位线虽然稍有偏离箱体下边线,但两者非常接近。由此可知,高维空间中 Rosenbrock 函数 F_5 的优化难度大大增加,故平均精度快速降低,统计数据虽没有出现奇点,但数据差异较大。若继续增加迭代时间,此问题高维空间的优化精度定会有所提高。

由图 7-2 (b)可知,F_6(Rastrigrin 函数)每列的盒图均收缩为逼近最优值"0"的直线,外加几个远离的奇点。说明在优化此函数的过程中,MCPSO 算法多少会遭遇几次早熟问题。尽管图 7-2 (d)、(f)中 F_8(Ackley 函数)和 F_{10}(Penalized 函数)的盒图直观上与图 7-2 (b)很相似,但仔细观察可以发现图 7-2 (d)、(f)中的奇点精度很高,一定程度上也属于成功收敛。尤其是函数 F_8,最高的奇点精度小于 10^{-8},说明 MCPSO 算法在此函数中具有良好的优化性能。

观察图 7-2 (c),会发现 F_7(Griewank 函数)优化的最差结果出现在低维空间,而非高维空间。除了第一列 10 维空间中的盒图表现为带有上触须的上半箱体,外加几个精度不高的奇点,其余 5 列的盒图都为一条对应问题最优值的横线。事实上并不奇怪,此函数中夹带着一个复杂噪声元素,低维空间中噪声影响显著,从而导致该函数的局部极值大大增加,所以增加了算法的优化难度;随着维度的增加,噪声的影响越来越小,因此函数的优化难度反而降低。如图 7-2 (e)所示,F_9(Schwefel 函数)在低维空间的优化相对比较理想,而高维空间的优化精度有所降低,数据的分散程度增大,表现为箱体高度增加,上触须较长。但观察可知,所有优化数据均处于小于 0.03 的范围内。

7.4.2　实验分析

从 7.4.1 节的仿真数据来看,MCPSO 算法在绝大多数函数优化中性能表现稳健,尤其在单模态函数 $F_1 \sim F_4$ 中表现突出,无论低维还是高维空间,均能可靠收敛。虽然在多模态函数中表现稍有逊色,但平均优化性能却优于绝大多数现有算法。更难得的是,对于病态函数 F_5 的优化,MCPSO 算法在 30 维空间中从搜索精度上超越了所选算法,在 50 维和 100 维等高维空间表现也很稳健。究其原因,正是混合群体中探测子群与开采子群的主从式及协同关系。首先探测子群通过粗粒度步长进行全局搜索,寻找具有潜力的优化区域,而开采子群作为它的辅助子群,负责在探测子群的活动域中以小步长进行精细搜索,一方面可以防止探测子群粗粒度搜索中的遗漏,另一方面可以不断以高精度逼近区域最优。为保证精细搜索的充分性,两个子群以一定的协同间隔进行信息交换,相互学习。协同时间到,如果开采子群在探测子群的历史活动域中发现了新的最优解,则探测子群中的所有粒子将转而向开采子群的最优解学习;反之,开采子群放弃原有的活动域,转而移动到探测子群新的活动域中。借此协同学习,两个子群能够动态地不断调整搜索方向和搜索步长,以更大的概率保证搜索方向的准确性。当然,后续的工作还需要继续提高 MCPSO 算法在多模态复杂优化中的搜索效率和精度。

7.5　应　用　实　例

7.5.1　线性系统逼近问题

在模拟复杂动态系统或设计其控制器时,重要的任务之一就是求解线性系统的最优逼近模型。该类优化问题往往由于最优解所在区域未知,无法给出适当参考空间,而使优化问题难以解决。为此,本部分基于 MCPSO 模型,进一步引入搜索空间自适应调整策略,采用 L_2 范数和 L_∞ 范数的性能评价标准,逐渐逼近最优解。

1. 线性系统逼近问题的数学模型

通常,一个复杂高阶动态控制系统可以由一个具有时延的低阶传递函数表达。因此,给定一个高阶有理或者无理的传递函数 $G(s)$,总是可以找到形如式(7-14)的低阶逼近模型 $H_m(s)$,以使得 $H_m(s)$ 具有 $G(s)$ 的特性:

$$H_m(s) = \frac{b_0 + b_1 s + \cdots + b_{m-1} s^{m-1}}{a_0 + a_1 s + \cdots + a_{m-1} s^{m-1} + s^m} \mathrm{e}^{-\tau_2 s} \tag{7-14}$$

求解最优逼近模型 $H_m(s)$,如式(7-15)所示,误差 J 采用频率域的欧氏范数 L_2 表示,因此求解线性逼近问题等价于求解误差方程的极小化问题。其中,所用的频率点为 w_i ($i = 0, 1, \cdots, N$, N 为预先设定的参数):

$$J = \sum_{i=0}^{N} \left| G(\mathrm{j}\omega_i) - H_m(\mathrm{j}\omega_i) \right|^2 \tag{7-15}$$

当原始系统 $G(s)$ 是渐进稳定时,令 $H_m(0) = G(0)$,以保证原始系统与逼近模型对于单位阶跃输入具有相同的稳态响应。

由式(7-15)可知,线性系统逼近问题实质上是一种系统参数优化问题。本部分只讨论已知结构的高阶线性系统模型简化问题,而对于模型结构未知的线性系统,需要先进行系统辨识,然后找到近似的模型。

2. 线性非稳定系统逼近问题实例

式(7-16)是一个四阶线性非稳定系统[25]，后续将采用此线性系统逼近问题来考察 MCPSO 算法的有效性：

$$G(s) = \frac{60s^3 + 25850s^2 + 685000s - 2500000}{s^4 + 105s^3 + 10450s^2 + 45000s - 500000} \tag{7-16}$$

优化中，拟采用如下的二阶系统来逼近原系统：

$$H_2(s) = \frac{c_{21}s + c_{20}}{s^2 + b_{21}s + b_{20}} \tag{7-17}$$

采用 61 个频率值，$w_i = 10^{-2+0.2i}$（$i = 0, 1, \cdots, N, N = 60$），最小化式(7-15)，则需要确定的参数是 $c_{2,1}$、$c_{2,0}$、$b_{2,1}$、$b_{2,0}$，每个参数都位于区间 $(-\infty, +\infty)$ 上。

线性非稳定系统由于其动态变化特性，最优解所在区域不易确定和控制，从而使算法在求解系统逼近问题的参数优化过程具有很大的盲目性，而混合群体协同搜索恰恰能够有效地克服此问题，探测子群负责全局搜索，以较快速度定位于可能存在最优解的有限区域，而开采子群可根据主子群的粒子信息和活动区域，自适应动态调整搜索边界和步长，进行精细搜索。同时两个子种群间通过信息共享进行协同搜索，有效提高未来搜索方向的准确性，进而提高寻优速度和能力。

7.5.2　优化结果及分析

为验证 MCPSO 算法的有效性，将其用于 7.5.1 节所介绍的四阶线性非稳定系统逼近问题，并将其优化结果与标准粒子群优化算法(SPSO)以及文献[26]的差分进化算法(DEA)得出的结果进行比较。优化过程中算法独立运行 5 次，每次最大迭代次数为 500，探测子群和开采子群的群体规模 $M = 20$，协同间隔 $T_0 = 2$，初始搜索区域为 $[-500, 500]$。惯性权重 w 由 0.8 线性递减到 0.4，即 $w = 0.8 - 0.4t/\text{maxgen}$，其中 t 为当前运行迭代次数，maxgen 为最大迭代次数，加速度系数 $c_1 = c_2 = 1.494$。

表 7-4 给出了 MCPSO 和 SPSO、DEA 算法所求的最优逼近模型以及逼近误差，其中逼近误差采用 L_2 范数和 L_∞ 范数表示，即 $J = \sum_{i=0}^{N} |G(j\omega_i) - H_m(j\omega_i)|^2$ 和 $\varepsilon = |G(j\omega_i) - H_2(j\omega_i)|$。

表 7-4　MCPSO 与其他算法的最优结果对比

算法	模型	误差 J	误差 ε
SPSO	$H_2(s) = \dfrac{129.1896s - 449.2130}{s^2 + 13.0951s - 91.4478}$	8.79548	1.3814

续表

算法	模型	误差 J	误差 ε
MCPSO	$H_2(s) = \dfrac{129.2875s - 449.9851}{s^2 + 13.1004s - 91.6186}$	8.79546	1.3802
DEA	$H_2(s) = \dfrac{129.297s - 450.711}{s^2 + 13.089s - 91.7495}$	8.795	1.449

注：DEA 的数据来源于文献[25]。

表 7-5　MCPSO 与 SPSO 算法求解非稳定线性系统逼近问题的优化结果对比

	算法	模型	误差 J	误差 ε
最差解	SPSO	$H_2(s) = \dfrac{109.0445s + 449.9340}{s^2 + 26.6605s + 93.5604}$	20.3433	1.8485
	MCPSO	$H_2(s) = \dfrac{129.1237s - 449.8593}{s^2 + 13.0775s - 91.5854}$	8.79549	1.3821
最好解	SPSO	$H_2(s) = \dfrac{129.1896s - 449.2130}{s^2 + 13.0951s - 91.4478}$	8.79548	1.3814
	MCPSO	$H_2(s) = \dfrac{129.2875s - 449.9851}{s^2 + 13.1004s - 91.6186}$	8.79546	1.3802

由表 7-4 和表 7-5 可知，单从多次运行中所得的最优解来看，MCPSO 算法优于 DEA 算法和采用相同粒子规模、参数设置的 SPSO 算法；从最差结果来看，MCPSO 算法的最差模型明显优于 SPSO 算法的最差模型。再进一步统计观察，5 次实验中 MCPSO 算法能够以 0.0001 的精度达到 100% 收敛，而 SPSO 算法的收敛率仅为 20%。从搜索速度上来看，MCPSO 算法的平均收敛代数为 213.8，而 SPSO 算法的平均收敛代数为 468.2。与 SPSO 算法相比，MCPSO 算法能够以较小的计算代价快速搜索到问题的近似最优解，正是得益于双子群协同搜索模式，探测子群进行搜索区域及方向的探测，开采子群则作为其辅助搜索子群，在其活动域中进行精细搜索，这种协同机制能够使混合群体快速地在不确定的搜索空间找到正确的搜索方向，自适应调整搜索步长以成功收敛。

7.6　本 章 小 结

本章描述了一种基于混合生态群体的协同进化模型，该模型受协同进化理论以及自然界各种生态群体协同进化现象的启示，构造了一种混合群体搜索机制。其中，搜索群体由探测子群和开采子群构成，探测子群负责在整个解空间进行粗粒度搜索;而开采子群则追随探测子群,负责在探测子群的搜索空间进行精细搜索。两个子群在搜索过程中,保持信息共享和相互学习,从而实现协同进化。该模型被用于函数优化以及线性系统逼近问题。相关的仿真结果表明,混合群体协同进化机制是一种有效的群搜索机制,通过信息共享,子群能够自适应动态调整搜索方向和搜索步长,切实提高局部优化和全局优化之间的动态平衡,使算法以更快的效率和更好的精度收敛于问题的优化解。

参 考 文 献

[1] 王德利, 高莹. 竞争进化与协同进化[J]. 生态学杂志, 2005, 24(10): 1182-1186.

[2] 蓝盛芳. 试论达尔文进化论与协同进化论[J]. 生态科学, 1995, (2): 167-170.

[3] Haken H. Adanced Synergetics: An Introduction[M]. 2nd ed. Berlin: Springer, 1987.

[4] Mühlenbein H. Parallel genetic algorithms, population genetics and combinatorial optimization[J]. Lecture Notes in Computer Science, 1991, 565: 398-406.

[5] Potter M A, de Jong K A. A cooperative coevolutionary approach to function optimization[C]. Proceedings of the 3rd Conference on Parallel Problem Solving from Nature, Jerusalem, 1994: 249-257.

[6] 李敏强, 寇纪淞. 多模态函数优化的协同多群体遗传算法[J]. 自动化学报, 2002, 28(4): 497-504.

[7] 李爱国. 多粒子群协同优化算法[J]. 复旦学报(自然科学版), 2004, 43(5): 923-925.

[8] 吕林, 罗绮, 刘俊勇, 等. 一种基于多种群分层的粒子群优化算法[J]. 四川大学学报(工程科学版), 2008, 40(5): 171-176.

[9] 王元元, 曾建潮, 谭瑛. 多种群协同进化的微粒群算法[J]. 计算机工程与设计, 2007, 28(15): 3661-3664.

[10] Jie J, Zeng J C, Han C Z. Knowledge-based cooperative particle swarm optimization[J]. Applied Mathematics and Computation, 2008, 205(2): 861-873.

[11] 李菲菲, 姚坤, 刘希玉. 一种多微粒群协同进化算法[J]. 计算机工程与应用, 2007, 43(22): 44-46.

[12] 许珂, 刘栋. 多粒子群协同进化算法[J]. 计算机工程与应用, 2009, 45(3): 51-54.

[13] 王丽芳, 曾建潮. 基于微粒群算法与模拟退火算法的协同进化方法[J]. 自动化学报, 2006, 32(4): 630-635.

[14] 邓可, 林杰, 张鹏. 基于信息熵的异类多种群蚁群算法[J]. 计算机工程与应用, 2008, 44(36): 16-19.

[15] 高慧敏, 谭瑛, 曾建潮. 协同微粒群算法及其在炼钢生产调度中的应用[J]. 系统工程学报, 2008, 23(4): 466-471.

[16] 薛晓芳, 孙林岩, 霍晓霞. 多种群协同进化策略下的虚拟企业基因重组[J]. 运筹与管理, 2009, 18(3): 138-143.

[17] 牛奔, 李丽. 基于 MCPSO 算法的 BP 神经网络训练[J]. 深圳大学学报(理工版), 2009, 26(2): 147-150.

[18] 徐建伟, 黄辉先, 彭维. 基于多种群的多目标免疫算法[J]. 计算机工程与应用, 2009, 45(13): 47-50, 53.

[19] Jie J, Hou B P, Zheng H, et al. Comprehensive analysis of cooperative particle swarm optimization with adaptive mixed swarm[J]. Communications in Computer and Information Science, 2014, 462: 77-86.

[20] Kennedy J, Mendes R. Population structure and particle swarm performance[C]. Proceedings of IEEE Congress on Evolutionary Computation, Honolulu, 2002: 1671-1676.

[21] Mendes R, Kennedy J, Neves J. The fully informed particle swarm: simpler, maybe better[J]. IEEE Transaction on Evolutionary Computation, 2004, 8(3): 204-210.

[22] Liang J J, Qin A, Suganthan P N, et al. Comprehensive learning particle swarm optimizer for global optimization of multimodal functions[J]. IEEE Transaction on Evolutionary Computation, 2006, 10(3): 281-295.

[23] Zhao S Z, Liang J J, Suganthan P N, et al. Dynamic multi-swarm particle swarm optimizer with local search for large scale global optimization[C]. Proceedings of the IEEE the Congress on Evolutionary Computation, Hong Kong, 2008: 3845-3852.

[24] Cheng R, Jin Y C. A social learning particle swarm optimization algorithm for scalable optimization[J]. Information Science, 2015, 291(1): 43-60.

[25] 公茂果, 杜海峰, 焦李成. 基于人工免疫响应的线性系统逼近[J]. 中国科学:信息科学, 2005, 35(12): 1288-1303.

[26] Cheng S, Huang C. Optimal approximation of linear systems by a differential evolution algorithm[J]. IEEE Transactions on Systems, Man and Cybernetics, Part A, 2001, 31(6): 698-708.

优化应用篇

第8章 面向流程工业生产调度的粒子群优化模型

8.1 引 言

8.1.1 流程工业生产调度问题描述

流程工业生产调度是生产调度领域内的一个重要部分。流程工业生产调度目标包括经济指标和性能指标[1],最终实现成本最低或利润最大。流程工业生产调度需要确定从原材料投入到产品产出整个过程的状态数据,包括原材料、半成品和备品备件等的品种、规格、质量和数量情况,生产设备状况、运输车辆的安排,产品销售、库存以及国内外市场需求变化情况,水电气的供应和使用情况,人员的配备等,并在满足作业优先级、设备能力、交付日期等多种生产约束的前提下,在生产过程中实现人员、材料和机器等资源的有效配置及使用,以达到生产费用最低的目标[2]。由于流程企业生产过程中存在着大量的离散变量和连续变量,考虑的约束条件多,企业车间内部资源相互约束,生产条件恶劣,具有很多不确定性因素,因此流程工业生产调度问题是多约束、多目标、不确定性优化问题。

流程工业生产过程具有如下特点[3]:

(1)原料处理量大,生产过程中连续和间歇共存。

(2)产品品种相对稳定,工艺流程基本不变,但工艺参数多变。

(3)生产控制实时性要求高。

(4)建立了以集散控制系统(DCS)为核心的先进计算机控制系统。

(5)生产装置安全、稳定、长期、满负荷、优质运行是实现低成本、高利润的关键。

流程工业生产过程的特点决定了流程工业生产调度的特征[4]。

(1)实时性:由于生产是连续进行的,调度结果也随着流程变化,在时间上要求调度决策迅速及时,与生产流程保持同步,滞后时间应在一定的阈值范围之内。

(2)全局调度与局部控制相结合:生产调度管理系统必须在宏观上把握生产的全过程,又必须对每一个车间和装置的具体生产进行指导,以保证生产的优质高效。

流程工业生产调度包含了离散过程、批处理过程和连续过程中的一种或几种过程,因此可将流程工业生产调度分为离散过程调度、批处理过程调度、连续过程调度和混合调度,其中混合调度指包含了两种过程或者三种过程都包含,在实际生产过程中比较常见,也是流程工业生产调度研究的重点。

根据生产环境的特点,可将调度分为确定性调度和随机性调度。前者指设备可用信息、计划产量和其他参数是已知的、确定的量;而后者的加工时间和有关参数是随机变量。

根据调度任务的信息特征,可将调度分为静态调度和动态调度。静态调度指所有的调度信息都已知,一旦确定调度方案,不再接受其他新的作业,后续加工过程不再改变;动态调度指作业依次进入待加工状态,各种作业不断进入系统接受加工,同时完成加工的作业又不断离开,同时考虑作业环境中不断出现的不可预测的动态扰动,如作业的加工超时、设备的损坏等,调度方案将根据实际情况不断进行调整,以适应新的环境,获得更好的调度效果。

根据调度目标可分为经济指标调度和性能指标调度,以及单目标调度和多目标调度等。

和其他调度问题一样,流程工业生产调度根据不同的角度还可以分出许多种类,不同的分法有所重叠,例如,有些问题既属于静态调度,又属于确定性调度,不同的问题都有其难点和挑战。

8.1.2　流程工业生产调度研究现状

流程工业生产调度是计算机集成生产系统(computer integrated producing system,CIPS)的关键环节,是连接生产经营管理和生产过程控制的纽带。流程工业主要包括石油、化工、冶金、电力、制药和造纸等在国民经济中占有主导地位的行业,在工业生产中具有举足轻重的地位[5]。流程工业的特点是以处理连续或间歇物料流、能量流为主,产品以大批量的形式生产。流程工业的生产加工方法主要有化学反应、分离和混合等,这些都与离散制造工业显著不同。和离散工业相比,流程工业具有复杂性、不确定性、非线性、多目标、多约束以及多资源相互协调等特点,这也使得流程工业生产调度变得更加复杂。

目前,关于流程工业生产调度的研究已经取得了不少成果。文献[6]针对流程工业中的多产品多阶段连续生产过程,建立了周期调度优化模型。文献[7]中的应用启发式方法建立了一种流程工业连续生产过程中频繁出现机器故障的实时调度模型,取得了很好的应用效果。文献[8]从钢铁生产热轧流程中提炼出在同构并行机上的在线批调度问题,考虑了生产过程中的不确定性。文献[9]建立了连续时间模型,采用整数线性规划方法以解决连续、间歇生产过程调度问题。文献[10]针对流程企业外部环境的不确定性,建立了满足订单需求、生产能力等约束的连续过程重调度模型,运用混沌算法重调度各时段的生产率,进行优化排产。文献[11]针对订单完成期、处理率和处理时间等不确定因素,建立了连续生产过程在约束条件下的动态调度。文献[12]研究了一种含有混合中间存储策略的模糊流水车间调度方法。文献[13]采用统一时间离散化方法,用改进的差分进化算法求解了带有限中间存储的连续生产过程和间歇生产过程混合的化工生产调度问题。文献[14]针对流程工业某电化厂聚氯乙烯车间的生产过程,用广义粗糙集理论对投入产出比、设备转化率等不确定参数进行描述,研究了基于广义粗糙集有限中间存储的流程车间调度问题。

目前,粒子群优化算法已经在化工系统、电力系统和生产调度等领域广泛应用。文献[15]引入模拟退火算法和假设检验,提出一种针对零等待限制的随机流水作业问题的混合粒子群优化算法。文献[16]提出了一种新的自适应混沌粒子群优化算法,克服 PSO 算法容易陷入局部最优的缺点,提高了算法的精度,用于解决联盟运输调度问题。文献[17]将粒子群优化算法用于求解无能力约束生产批量计划问题。文献[18]针对锌电解生产过程,研究了一种基于粒子群优化算法的锌电解分时供电优化调度问题。文献[19]将粒子群优化算法应用于流程工业连续和离散混合调度问题。文献[20]针对某电化厂离子膜车间的调度问题,以产值最大化为目标函数,建立了具有中间存储的连续和批处理过程相结合的多产品多批次调度模型,并提出了一种结合自适应混沌变异的粒子群优化算法应用于模型的求解。

本章首先根据化工企业生产的特点,针对具有连续生产过程和间歇生产过程的生产车间,描述了一个基于统一时间离散化带有限中间存储的调度模型;然后针对实际问题给出了混沌变异粒子群优化模型;最后将建立的模型应用于某化工企业电化厂离子膜车间的日调度优化问题,经过实际应用进一步验证了算法的有效性和可行性[21]。

8.2　面向化工生产静态调度的混沌变异粒子群模型

流程工业生产调度是一种比较复杂的调度问题,传统的流程工业生产调度以静态调度为主,许多生产过程中的数据为预先设定且在调度的过程中不再改变。主要有以下假设:①被调度的任务不变,即计划制定后各产品产量不再变化,无紧急任务,产品的价格也是确定不变的;②工序的加工时间确定不变,尤其是间歇加工的工序,每批次的处理时间是确定的,不受外界环境影响;③设备在被调度时段内一直可用,不存在机器故障,整套设备不考虑突发事件。

8.2.1　化工生产静态调度问题描述

1. 涉及的变量

Batches:表示一天内调度的批次。

O_i：表示工序，$i \in (1, M)$，其中 M 为工序的序号。

P_i：表示产品，$i \in (1, N)$，其中 N 为产品的种类。

M_i：表示设备，$i \in (1, E)$，其中 E 为设备的数量。

S_{it}：表示储罐各个时刻的储量，$i \in (1, C)$，其中 C 为储罐数量。

I_j：表示可用设备 j 执行的操作集。

K_j：表示可执行操作 j 的设备集。

$V_{ij}^{\max}$：表示操作 i 在设备 j 执行时的最大容量。

$V_{ij}^{\min}$：表示操作 i 在设备 j 执行时的最小容量。

T_{ij}：表示操作 i 在设备 j 的执行时间。

$R_{ij}^{\max}$：表示操作 i 在连续生产设备 j 执行时的最大生产速率。

$R_{ij}^{\min}$：表示操作 i 在连续生产设备 j 执行时的最小生产速率。

B_{ijt}：表示 t 时刻任务 i 在间歇设备 j 上处理的批量。

Q_{ijt}：表示 t 时刻任务 i 在连续设备 j 上处理的生产速率。

W_{ijt}：表示 t 时刻任务 i 是否在连续设备 j 上处理。如果执行，则为 1，否则为 0。

Δt：表示均匀时间段的长度。

PlanNum_i：表示产品 i 的计划产量。

PNum_i：表示产品 i 的实际产量。

Price_i：表示产品 i 的价格。

Index_i：表示产品 i 的奖惩系数。如果实际产量小于计划产量，则为负，否则为正。

Rate_In_Out_{ij}：表示工序 i 产出或投入物料 j 的能力。

2. 数学模型

如图 8-1 所示，在流程工业生产过程中，若干种原料经过一定工序加工后产生若干种产品，但每种原料不一定经过所有工序，有的可能从开始加入在最后产出，也有的可能从中间加入在最后产出。

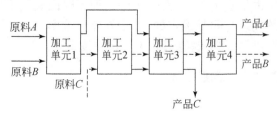

图 8-1　流程工业加工过程

由于流程工业中很多原料都是液体形式,因此需要中间储罐。根据中间品或产品的稳定性等,可以将中间存储的储罐分为零等待、有限中间存储和无限存储等情况,本章针对有限中间存储这种情况进行研究。流程工业生产调度所要控制的是根据原料、设备的可用时间、工序间的约束和储罐储量等在每道工序各时刻的处理情况,连续过程用流速或流量来描述,而间歇过程用每批次的处理量及其开始加工时间和结束加工时间来描述。

带中间存储的流程工业生产调度问题可描述为:在满足资源、生产工艺、加工能力、物料平衡和计划等约束条件下,确定各道工序在各时段的处理量;每个任务的开始和结束、设备转化和其他资源的转换等只能在时间段的边界发生;在尽量满足计划的前提下实现日利润最大化的目标。

约束条件主要有工序分配约束、设备生产能力约束、储罐存储约束和物料平衡等。

1)分配约束

对于间歇设备,有

$$\begin{cases} W_{ijk} = 1, & k = t \\ W_{ijk} = 0, & t+1 \leqslant k \leqslant t + T_{ij} - 1 \\ W_{ijk} = 1, & k = t + T_{ij} \end{cases} \tag{8-1}$$

表示任意时刻 t 任务 i 最多可在一个空闲设备 j 中执行,该设备 j 经过加工时间 T_{ij} 后重新可用。

对于连续设备,有

$$\sum_{i \in I_j} Y_{ijt} \leqslant 1, \quad \forall j, t, i \in I_j \tag{8-2}$$

表示时刻 t 设备 j 处理任务 i 的处理量的比例在 $0 \sim 1$,对于特殊情况有最低处理量的要求,没有任务处理就为 0。

2)能力约束

对于间歇设备,有

$$W_{ijt} V_{ij}^{\min} \leqslant B_{ijt} \leqslant W_{ijt} V_{ij}^{\max}, \quad \forall j, t, i \in K_j \tag{8-3}$$

表示 t 时刻任务 i 在设备 j 中处理的批量 B_{ijt} 必须在设备容量的最大值 $V_{ij}^{\max}$ 和最小值 $V_{ij}^{\min}$ 之间;如果 t 时刻任务 i 不在设备 j 中处理,即 $W_{ijt} = 0$,则处理的批量 B_{ijt} 为 0。

对于连续设备,有

$$R_{ij}^{\min} \leqslant Q_{ijt} \leqslant R_{ij}^{\max}, \quad \forall j, t, i \in K_j \tag{8-4}$$

表示 t 时刻任务 i 在连续设备 j 上处理的生产速率 Q_{ijt} 应限制在设备 j 的最大加工能力 $R_{ij}^{\max}$ 和最小加工能力 $R_{ij}^{\min}$ 之间,且满足上下工序之间的限制。

3）储罐约束

任意时刻 t 产品存储在储罐 i 中的容量 S_{it} 必须在 0 和储罐最大容量 C_i 之间，即

$$0 \leqslant S_{it} \leqslant C_i, \quad \forall t, i \tag{8-5}$$

4）物料平衡

物料投入生产设备后，最终产出的产品要满足物料平衡条件，即

$$S_{it} = S_{i,t-1} + \sum_{i \in (1,N)} \left(\text{Rate}_{\text{in}} \sum_{j \in K_i} (B_{ijt} + Q_{ijt} \Delta t) \right) - \sum_{i \in (1,N)} \left(\text{Rate}_{\text{out}} \sum_{j \in K_i} (B_{ijt} + Q_{ijt} \Delta t) \right) \tag{8-6}$$

式中，Rate_{in} 和 Rate_{out} 分别表示输入物料和输出物料的比例。

调度目标是在满足计划的同时达到当日生产总值最大化。为了尽量满足计划，这里在目标函数中引入罚函数，某种产品超过计划的加入存储费用，未完成计划的部分进行惩罚，具体的目标函数 F 表示如下：

$$\text{Max } F = \sum_{1 \leqslant i \leqslant N} (\text{PNum}_i \cdot \text{Price}_i) + \sum_{1 \leqslant i \leqslant N} (\text{PNum}_i - \text{PlanNum}_i) \cdot \text{Index}_i \tag{8-7}$$

式中第一项为产品实际总产值，第二项为奖惩项；PlanNum_i、PNum_i、Price_i 和 Index_i 分别表示产品 i 的计划产量、实际产量、价格和奖惩系数。

8.2.2　混沌变异粒子群模型设计

1. 编码与解码方案

编码方式采用 0～1 的实数编码，将连续加工的每一道加工工序的加工比例作为粒子的位置分量，各道工序的加工比例构成了一个粒子。对于间歇生产设备，根据原料的存储情况进行排产。Δt 为调度时段间隔，将调度一天分为 $24/\Delta t$ 个调度批次，对于需要编码的工序有 M 个的生产线，码长为 $24M/\Delta t$，即每个粒子的维数为 $24M/\Delta t$，粒子的位置可表示为 $x_{1,1}, x_{1,2}, \cdots, x_{1,M}, \cdots, x_{24/\Delta t,1}, x_{24/\Delta t,2}, \cdots, x_{24/\Delta t,M}$。

连续工序的解码从 0 时刻开始，根据粒子的 1 到 M 维的位置乘以各道工序的最大处理流速，得到时段 [0,1] 各道工序的处理量，时刻 1 到 $24M/\Delta t$ 依次类推，得到连续处理过程的日调度安排，再根据需要间歇加工设备处理的产品计划产量确定间歇工序的起止时间。

由于粒子群优化算法产生的解具有随机性，因此对于多约束问题往往得到很多不可行解，需要根据模型及内在的一些约束条件，对不满足约束的个体进行调整。这里所作的调整主要是针对储罐的约束，即有限中间存储，以及满足工序间的

物料供应关系。调整不可行解的一般原则是调整可变范围大的变量,尽量减少变动的变量,使得产值最大。这里考虑的情况主要有以下几种。

(1)上游工序 i 最大的生产能力不能满足下游工序 i' 的生产能力,如式(8-8)所示:

$$Q_{ijt}^{\max} \cdot \text{Rate\_In\_Out}_{ij} \cdot \Delta t + S_{it} < Q_{i'jt} \cdot \text{Rate\_In\_Out}_{i'j} \cdot \Delta t + S_{it}^{\min} \quad (8\text{-}8)$$

此时,应调整下游工序 i' 的处理量,保持上游工序 i 的最大处理量 $Q_{ijt}^{\max}$。下游工序 i' 的最大处理量为式(8-9),这里采用随机产生的方法处理:

$$Q_{i'jt}^{\min} \leqslant Q_{i'jt} \leqslant (Q_{ijt}^{\max} \cdot \text{Rate\_In\_Out}_{ij} \cdot \Delta t + S_{it} - S_{it}^{\min})/(\text{Rate\_In\_Out}_{i'j} \cdot \Delta t)$$
$$(8\text{-}9)$$

(2)上游工序 i 的生产能力不能满足下游工序 i' 的生产能力,如式(8-10)所示:

$$Q_{ijt} \cdot \text{Rate\_In\_Out}_{ij} \cdot \Delta t + S_{it} < Q_{i'jt} \cdot \text{Rate\_In\_Out}_{i'j} \cdot \Delta t + S_{it}^{\min} \quad (8\text{-}10)$$

此时,保持下游工序 i' 的处理量,同时增加上游工序 i 的处理量,处理量如式(8-11)所示,取值在两者之间即可,具体采用随机产生的方法:

$$Q_{ijt}^{\max} \geqslant (Q_{i'jt} \cdot \text{Rate\_In\_Out}_{ij} \cdot \Delta t - S_{it} + S_{it}^{\max})/(\text{Rate\_In\_Out}_{i'j} \cdot \Delta t) \geqslant Q_{ijt}$$
$$\geqslant (Q_{i'jt} \cdot \text{Rate\_In\_Out}_{ij} \cdot \Delta t - S_{it} + S_{it}^{\min})/(\text{Rate\_In\_Out}_{i'j} \cdot \Delta t) \geqslant Q_{ijt}^{\min}$$
$$(8\text{-}11)$$

(3)上游生产工序 i 大于下游生产工序 i' 的最大生产能力,如式(8-12)所示:

$$Q_{ijt} \cdot \text{Rate\_In\_Out}_{ij} \cdot \Delta t + S_{it} > Q_{i'jt}^{\max} \cdot \text{Rate\_In\_Out}_{i'j} \cdot \Delta t + S_{it}^{\max} \quad (8\text{-}12)$$

则令下游工序 i' 的处理量为最大生产能力,上游工序 i 生产能力为

$$Q_{ijt}^{\min} \leqslant Q_{ijt} \leqslant (Q_{i'jt}^{\max} \text{Rate\_In\_Out}_{i'j} \cdot \Delta t + S_{it}^{\max} - S_{it})/(\text{Rate\_In\_Out}_{ij} \cdot \Delta t)$$
$$(8\text{-}13)$$

(4)上游生产工序 i 小于下游生产工序 i' 的生产能力,如式(8-14)所示:

$$Q_{ijt} \cdot \text{Rate\_In\_Out}_{ij} \cdot \Delta t + S_{it} < Q_{i'jt} \cdot \text{Rate\_In\_Out}_{i'j} \cdot \Delta t + S_{it}^{\max} \quad (8\text{-}14)$$

则减少上游生产工序 i 的处理量,如式(8-15)所示:

$$Q_{ijt}^{\max} \geqslant Q_{ijt} \geqslant (Q_{i'jt} \cdot \text{Rate\_In\_Out}_{i'j} \cdot \Delta t + S_{it}^{\max} - S_{it})/(\text{Rate\_In\_Out}_{ij} \cdot \Delta t)$$
$$(8\text{-}15)$$

2. 种群初始化

初始种群是随机产生的,设定的参数包括种群规模 N,惯性权重 w,学习因子 c_1、c_2 和最大迭代次数 $T_{\max}$。粒子的初始位置 $x_{id}(0)$ 可由式(8-16)产生,为了提高搜索的精度,这里把速度 $v_{id}(0)$ 限制在 $(-0.1, 0.1)$,具体由式(8-17)产生:

$$x_{id}(0) = r_1 \quad (8\text{-}16)$$
$$v_{id}(0) = -0.2r_2 + 0.1 \quad (8\text{-}17)$$

式中,r_1、r_2 为在 $(0, 1)$ 的随机数。

对于粒子 i，先根据编码解码方法得到各道工序各时段的处理量，根据式(8-6)得到当天各个产品的产量，然后由式(8-7)计算得到粒子 i 的适应度，令个体最优位置 $p_{id}(0) = x_{id}(0)$，比较 N 个粒子的个体最优位置的适应值，其中适应值最大的粒子位置将作为初始的群体最优位置，记为 $p_{gd}(0)$。

3. 速度和位置的更新

速度和位置的更新公式分别如式(8-18)和式(8-19)所示：

$$v_{id}(k+1) = wv_{id}(k) + c_1 r_1 (p_{id}(k) - x_{id}(k)) + c_2 r_2 (p_{gd}(k) - x_{id}(k))$$

$$(8\text{-}18)$$

$$x_{id}(k+1) = x_{id}(k) + v_{id}(k+1) \tag{8-19}$$

速度和位置的限制分别见式(8-20)和式(8-21)：

$$v_{id}(k+1) = \begin{cases} -0.1, & v_{id}(k+1) < -0.1 \\ v_{id}(k+1), & -0.1 \leqslant v_{id}(k+1) \leqslant 0.1 \\ 0.1, & v_{id}(k+1) > 0.1 \end{cases} \tag{8-20}$$

$$x_{id}(k+1) = \begin{cases} 0, & x_{id}(k+1) < 0 \\ x_{id}(k+1), & 0 \leqslant x_{id}(k+1) \leqslant 1 \\ 1, & x_{id}(k+1) > 1 \end{cases} \tag{8-21}$$

式中，最大、最小速度分别为 0.1 和 −0.1，最大、最小位置分别为 0 和 1。

速度和位置进行更新之后，再计算第 k 次迭代时各个粒子新的适应度，比较每一粒子新位置与历史最优位置适应度的大小，决定粒子新的最优位置 $p_{id}(k)$；在此基础上，确定并更新群体的最优位置 $p_{gd}(k)$。

4. 自适应混沌变异算子

基本粒子群优化算法运行时，初始阶段收敛较快，但是搜索过程中粒子速度衰减较快，可能趋于 0，粒子很快将失去进化动量，从而易于遭遇局部收敛。为了在搜索过程中保持良好的群体多样性，避免过早陷入局部最优解，这里引入基于 Logisic 混沌映射的混沌变异算子，如式(8-22)所示：

$$p'_{gd}(k) = \mu \cdot p_{gd}(k) \cdot (1 - p_{gd}(k)) \tag{8-22}$$

式中，控制参数 $\mu = 4$，此时处于完全混沌状态，群体的多样性较好；$p_{gd}(k)$ 和 $p'_{gd}(k)$ 分别表示个体最优位置变异前后的值，变异之后将其映射到搜索范围内。变异前先对个体的位置进行映射，位置的范围为(0,1)。对变异得到的新粒子计算其适应度值，如果得到更好的适应度值，则取代原最优粒子，否则依然保留原最优粒子，继续进行迭代。

5. 群体局部最优判断策略

设种群大小为 N，粒子的维数为 D，在第 k 代迭代，以所有粒子的各维平均中

心位置 $\bar{x}_d(k)$ 为标准,根据式(8-23)计算群体多样性 $D(k)$:

$$D(k) = \frac{1}{N} \sum_{i=1}^{N} \sqrt{\sum_{d=1}^{D} (x_{id}(k) - \bar{x}_d(k))^2} \tag{8-23}$$

$D(k)$ 值越小,说明粒子间的差距越小,群体多样性越差;值越大,则群体多样性越好,更利于找出全局最优解。此处设定一个下限阈值 D_{min},当 $D(k) < D_{min}$ 时,即对适应度值排序前 50% 的个体,根据给定的变异概率 mut,采用高斯随机分布函数对这些粒子的位置进行变异操作,从而使粒子分散,增加群体多样性。粒子位置的变异公式如下:

$$\begin{cases} x_{id}(k+1) = (1+0.5u)x_{id}(k), & r < \text{mut} \\ x_{id}(k+1) = x_{id}(k), & r \geqslant \text{mut} \end{cases} \tag{8-24}$$

式中,u 服从 Gauss$(0,1)$ 的随机分布;r 是在 $(0,1)$ 的随机数。

6. 算法流程

综上所述,求解有限中间存储的流程工业生产调度问题的混沌变异粒子群优化算法的具体步骤如下。

(1)令 $k=0$,在解空间内初始化各粒子的位置、速度、个体最优值和群体最优值。

(2)令 $k=k+1$,计算各个粒子的适应度值,并更新个体最优值和群体最优值。

(3)对个体最优进行混沌变异操作:计算平均适应度值 $\bar{F}(k)$,对于粒子 i,如果 $F_i(k) < \bar{F}(k)$,则对该粒子的位置进行 Logisic 混沌变异,再映射到搜索空间位置,计算新的适应度值。如果得到更好的解,则代替原最优解;否则,保留原最优解。

(4)局部最优判断操作:计算种群的平均中心位置 $\bar{x}_d(k)$ 以及群体多样性 $D(k)$,如 $D(k) < D_{min}$,则选出适应度值排序前 50% 的粒子,对粒子根据式(8-24)进行位置变异操作,将变异后的粒子位置取代原有的最优位置。

(5)更新群体中各粒子的历史最优和群体最优位置。

(6)如果 $k \geqslant T_{max}$,输出最优解;否则,按式(8-25)计算惯性权重 w:

$$w = w_I + (w_T - w_I) \frac{k}{T_{max}} \tag{8-25}$$

式中,w_I 和 w_T 分别表示惯性权重的初值和终值。

(7)更新粒子的位置和速度,并转至步骤(2)继续进行迭代。

8.2.3　算法复杂度分析

基本粒子群优化算法的计算量主要是更新位置和速度、计算适应度值,混沌变异粒子群优化算法增加的计算量主要在于种群多样性计算、局部最优性判断和混沌变异。设种群大小为 N，粒子的维数为 D，最大迭代次数为 T_{max}，基本粒子群优化算法的时间复杂度为 $T_{max} \times O(3DN) \approx T_{max} \times O(DN)$。

对于混沌变异粒子群优化算法，种群多样性与局部最优判断采用快速排序法，其时间复杂度为 $T_{max} \times O(NlogN)$，混沌变异只对全局最优进行判断，时间复杂度为 $T_{max} \times \dfrac{D}{2}$，因此混沌变异粒子群优化算法的时间复杂度为

$$T_{max} \times O(3DN) + T_{max} \times O(NlogN) + O(T_{max} \times \frac{D}{2})$$
$$\approx T_{max} \times (O(DN) + O(NlogN) + O(D)) \tag{8-26}$$

后两项相比第一项要小得多，因此在计算时间上混沌变异粒子群优化算法不会比基本粒子群优化算法有明显增加，效率影响不大。

8.2.4　仿真与性能分析

1. 调度实例

为了测试和验证面向带中间存储过程的流程工业生产调度的混沌变异粒子群优化算法（IPSO）对实际问题求解的有效性，这里对某电化厂离子膜车间的生产线进行调度，并将其求解性能与标准粒子群优化算法（SPSO）和遗传算法（GA）进行了对比分析。

调度实例是某化工企业电化厂的离子膜车间生产线调度问题，图 8-2 显示了离子膜车间的生产工艺流程，其中圆圈表示原料和产品，方块表示工序，箭头表示物料去向，箭头边上的数据表示投入产出比，圆柱表示储罐。该生产线具有 7 道工序，分别是盐水精制、电解、合成、液化、蒸发 1、蒸发 2 和蒸发 3，分别记为 $o_i (i = 1, 2, \cdots, 7)$；相对应的加工设备是盐水精制机组、电解槽、制酸机组、液化机组、蒸发机组 1、蒸发机组 2 和熬碱大锅，分别记为 $M_i (i = 1, 2, \cdots, 7)$；中间存储设备有盐水槽、电解液储罐、酸储罐、液氯中间槽、32 碱储罐和 48 碱储罐，分别记为 $S_i (i = 1, 2, \cdots, 6)$；共有氢气、氯气、液氯、高纯酸、32 碱、48 碱和固碱 7 种产品，分别记为 $P_i (i = 1, 2, \cdots, 7)$，产品的价格记为 $Price_i (i = 1, 2, \cdots, 7)$。最后一道工序蒸发 3 是间歇生产过程，其余工序都是连续生产过程。整个生产过程涉及复杂的化学反应、物理反应，是一个典型的复杂流程工业生产线。

生产线中电解工序必须保持不断流，这是生产工艺的限制，其余工序在保证各个中间储罐不溢出的情况下在最大和最小加工能力之间选择加工流量。所涉及的化学反应主要有式（8-27）和式（8-28），其余工序涉及的反应基本属于物理反应。

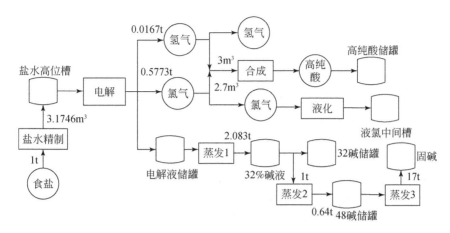

图 8-2 离子膜车间生产工艺流程图

$$2NaCl + 2H_2O = 2NaOH + Cl_2 \uparrow + H_2 \uparrow \qquad (8-27)$$
$$Cl_2 + H_2 = 2HCl \qquad (8-28)$$

表 8-1 所示为各生产装置的加工能力及主要设备,表 8-2 所示为当日各个产品的产量需求及产品价格,表 8-3 所示为车间内储罐的存储能力。车间单日计划总产值为各个产品产量乘以价格,根据计划需求和产品价格可以得到计划总产值为 1246.8555 万元。

表 8-1 设备加工能力表

设备	最小加工能力	最大加工能力	加工工序	工序类型	处理时间/h
原盐精制机组	0	187.425t	过滤	连续	——
电解槽	60m³/h	535m³/h	电解	连续	——
合成炉	0	0.02t	合成	连续	——
液化器	0	55t	液化	连续	——
蒸发机组 1	0	1200t	蒸发 1	连续	——
蒸发机组 2	0	210t	蒸发 2	连续	——
熬煎大锅	0	17t	蒸发 3	间歇	8

表 8-2 产品需求量及价格

产品	氢气	氯气	32 碱	48 碱	高纯酸	液氯	固碱
需求量/t	55.55	2001	4444	1133	33.33	2000	16
价格/(元/t)	3.51	1167	1330	1863	1400	1500	2051

表 8-3　储罐存储能力表　　　　　　　单位:t

储罐 存储能力	盐仓	精盐水	电解液	32 碱	48 碱	高纯酸	液氯
最小储量	0	4320	0	0	0	0	0
最大处理	40000	3500	1000	20000	20000	100	2000
初始储量	40000	4320	200	100	100	0	0

2. 仿真结果与分析

改进粒子群优化算法(IPSO)和基本粒子群优化算法(BPSO)都将在 Visual Studio. NET 2003 环境下用 DLL 进行封装,基本参数设置如下:种群规模为 50,最大迭代次数为 1000,惯性权重 w 采用 0~1 的随机值,学习因子 $c_1 = c_2 = 1.41$。同时也采用遗传算法对相同调度问题进行求解,其参数设置为:种群规模为 50,最大迭代次数为 1000,交叉概率为 0.8,变异概率为 0.1。各算法调度时间间隔 Δt 分别取 1h、2h、4h、8h,在 CPU 为 AMD3000+(主频为 1.81GHz)、内存为 1GB 的硬件环境下分别独立运行 20 次。

GA、BPSO 和 IPSO 算法所得到的日产值对比如图 8-3~图 8-6 所示。相比之下,IPSO 算法在效果上明显优于 GA 和 BPSO 算法,说明 IPSO 算法比 GA 和 BPSO 算法具有更好的寻优能力,特别是在 Δt 为 1h 和 2h 时,改进算法更加有效。当 Δt 为 2h、4h 或 8h 时,得到的日生产总值要高于 Δt 为 1h 的产量。当 Δt 为 1h 时,工序的切换要比 Δt 为 2h、4h 或 8h 时来的频繁,从而降低了生产的稳定性,所以连续工序应尽量减少切换次数。表 8-4 显示了 Δt 取不同值时产值情况,从中可以看出 IPSO 算法的调度结果要比计划产值高出 10% 以上,取得的效果是比较明显的,而 GA 在 Δt 为 1h 和 2h 的情况下并未按时完成计划,进一步突出了粒子群优化算法的有效性。

表 8-4　Δt 取不同值时的产值　　　　　　单位:万元

间隔时间 Δt	GA		BPSO		IPSO	
	最优值	平均值	最优值	平均值	最优值	平均值
1h	1099	1072	1395	1387	1411	1403
2h	1260	1223	1426	1410	1426	1418
4h	1349	1324	1426	1424	1428	1425
8h	1432	1414	1432	1430	1433	1431

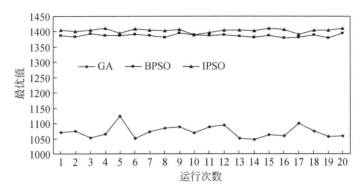

图 8-3　$\Delta t = 1$h 的最优解比较

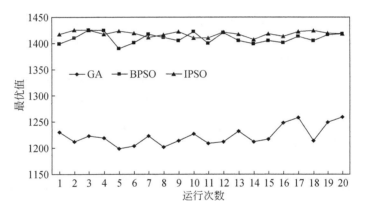

图 8-4　$\Delta t = 2$h 的最优解比较

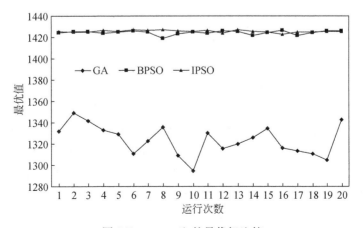

图 8-5　$\Delta t = 4$h 的最优解比较

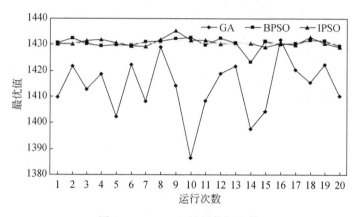

图 8-6　$\Delta t = 8\text{h}$ 的最优解比较

从仿真结果可以看到,改进粒子群优化算法在寻优能力和稳定性上都要优于基本粒子群优化算法和遗传算法。由于算法本身得到的解具有一定的随机性,且中间储罐是有限存储,因此在得到解后根据储罐限制进行流速调整,以满足储罐的容量约束及工序间的资源约束。改进的算法虽然引入了混沌变异操作,但其计算时间并没有增加太多,对于调度的效率不会产生影响,平均 CPU 时间如表 8-5 所示。从表 8-5 中可以看出在时间上粒子群优化算法比 GA 具有优势,且随着 Δt 的增加,该优势更加明显。

表 8-5　平均 CPU 时间　　　　　　　　　　　　　　单位:s

间隔时间 Δt	GA	BPSO	IPSO
1h	4.223	1.445	4.237
2h	1.998	1.457	1.881
4h	1.053	0.375	0.652
8h	0.583	0.124	0.14

从图 8-3~图 8-6 可以看出,随着 Δt 的增加,产值呈现明显的增加趋势。但在实际生产中现场情况比较复杂,为了便于及时调整,调度间隔不宜取得太大,另外调度不完全是为了追求产值,还要考虑能否按时完成计划,离子膜车间的产品是否会影响其他车间的连续生产等,因此根据表 8-4 的数据并结合实际经验,Δt 取 2h 比较合理,更利于控制现场生产。图 8-7 和图 8-8 给出了 Δt 为 2h 时各时段工序流速和产品产量变化的情况。

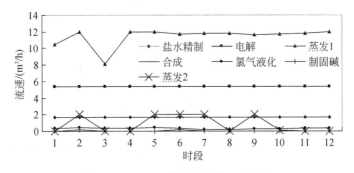

图 8-7　$\Delta t = 2h$ 的各时段各工序流速

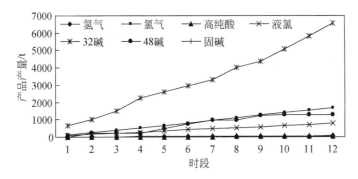

图 8-8　$\Delta t = 2h$ 的各时段产品产量变化

3. 影响调度结果的其他因素

在设备和原料得到保证的前提下,除了调度间隔会对调度结果产生影响以外,储罐的初始储量、产品的价格和需求等因素的变化均会对调度结果产生影响。其中,储罐的初始储量会影响第一个调度时段的处理量,以此类推影响后续工序;产品价格和需求会影响算法最优解的寻找。

1)初始储量的影响分析

情况 1:碱液和 32 碱的初始储量均为 0,其他产品和中间产品的初始储量保持不变。

情况 2:碱液的初始储量为 500t,32 碱的初始储量为 300t,其他产品和中间产品的初始储量保持不变。

经调度优化仿真,两种情况下的产品结果如表 8-6 所示。

表 8-6　初始储量对产品产量的影响　　　　单位:t

初始储量	32 碱	48 碱	氢气	氯气	高纯酸	液氯	固碱
0	6057	1600	68.7	1779	37.78	673	16.32
不为 0	5951	1761	68.7	1751	39.7	700	16.32

　　由表 8-6 可以看出,碱液和 32 碱的初始储量直接影响了 32 碱和 48 碱的最终产量,同时对氯气和液氯的最终产量也有所影响,而对氢气、高纯酸和固碱等产品最终产量的影响甚微。这说明各产品初始储量的不同,将直接影响调度方案和调度结果,从而影响相应产品的最终产量。

　　2)产品价格的影响分析

　　情况 1:所有产品价格保持不变。

　　情况 2:液氯的价格从 1500 元提高到 1800 元,48 碱的价格从 1863 元提高到 2100 元,其他保持不变。

　　情况 3:液氯的价格从 1500 元降低到 1200 元,48 碱的价格从 1863 元降低到 1400 元,其他产品价格保持不变。

　　经调度优化仿真,三种情况下的产品产量如表 8-7 所示。

表 8-7　产品价格对产品产量的影响　　　　单位:t

产品价格	32 碱	48 碱	氢气	氯气	高纯酸	液氯	固碱
不变	6057	1600	68.7	1779	37.78	673	16.32
提高	4135.75	2816	68.7	1645	39.85	808.48	16.32
降低	6952	1024	68.82	1632	30.54	620	16.32

　　由表 8-7 可知,价格增加后 48 碱和液氯的产量增加了,价格降低后产量都减少了,而价格未发生变化的产品则产量变化不大,说明价格变化直接影响调度方案,从而使产品产量得到相应的调整。

　　3)计划产量的影响分析

　　将产品 32 碱、48 碱和液氯的计划产量从 4444t、1817t 和 720t 调整为 4000t、1930t 和 608t,其产品产量如表 8-8 所示。

表 8-8　计划产量对产品产量的影响　　　　单位:t

计划产量	32 碱	48 碱	氢气	氯气	高纯酸	液氯	固碱
不变	6057	1600	68.7	1779	37.78	673	16.32
变化	4922	2307	68.7	1852	33.345	600	16.32

　　由表 8-8 可知,计划产量发生变化以后,产品的产量变化明显:产品产量随着

计划产量的增加而增加,随计划产量的减少而减少。

综上可知,化工生产调度是一个复杂的过程,具有很多约束条件,非常难以求解。而本节所建立的以日调度产值最大化为目标的多批次调度模型是有效的,提出的改进粒子群算法(IPSD)相对于遗传算法和基本粒子群算法,具有更好的求解性能。

8.3　面向化工生产动态调度的混沌变异粒子群模型

在实际的流程工业中,其生产过程是非常复杂的,尤其是化工和石化等行业,几乎不能全部按照假定条件进行生产,存在很多不确定因素,这些不确定因素将会严重影响原有的调度方案,使其不再是最优方案,甚至使原调度方案不可行,这时就需要对原有调度方案进行调整,通过调度修改或重调度,以适应新的生产情况。

近年来,流程工业动态调度引起了学者的广泛关注。文献[22]和文献[23]分析了流程生产调度过程中所存在的各种不确定性,阐述了不确定性的分类、数学描述、不确定性生产调度的数学模型以及解决方法,并对不确定性条件下生产调度的研究进行了展望。文献[24]采用实时信息有效提高动态调度效率。文献[25]针对不确定性条件下的混合调度问题,提出了基于粒子群优化算法和假设检验的混合调度优化模型。文献[26]和文献[5]针对操作时间不确定和交货时间不确定等因素,运用模糊理论集,对流程工业中的化工批处理过程调度进行了研究。文献[27]针对炼钢连续铸造在约束条件下实际出现的多种扰动,提出基于案例推理和人机结合的动态调度方法。文献[28]采用前瞻性随机调度方法解决短期调度问题中存在的不确定性问题。文献[29]针对基于知识的调度系统在实际应用中存在的知识源具有主观倾向性、决策依赖部分属性等缺陷,提出一种新的基于知识的动态调度决策方法。文献[30]为了提高调度系统对印染车间生产环境经常发生变化的自适应能力和全局优化能力,提出一种基于蚂蚁智能与强化学习相结合的协商策略多智能体动态调度方法。文献[31]考虑实际流程工业生产中存在的投入产出比、设备转化率等不确定性因素,基于模糊理论建立了以最大化面积满意度为目标函数的不确定流程工业车间调度模型。文献[32]根据流程工业某车间的生产过程,建立了基于多智能体的生产调度系统模型,并利用多智能体之间基于博弈论的协商机制,提出一个双边单议题多阶段的谈判模型,解决以工序流量或产品产量为目标的调度问题。已有的这些文献为我们进一步研究动态调度奠定了很好的基础。

8.3.1　不确定性流程工业生产调度分析

1. 不确定性分类

流程工业生产过程中存在着很多不确定性因素,主要包括突发事件、紧急任务的到达、机器故障、处理时间变化、原料变化和价格变化等,每一道工序可能同时存在原料、中间产品和最终产品,这些不确定性因素会使得调度结果不可行或打乱生产过程,原有调度方案无法在实际生产中执行。流程工业生产调度不确定性因素主要可以分为以下四类[22]。

(1)系统不确定性。由于流程工业与离散工业不同,其生产过程非常复杂,通常伴随着大量的物理反应和化学反应,温度、电流、湿度和物料的纯度等都会对生产过程产生较大影响,其变化及波动将直接影响生产过程精度和技术指标的控制。

(2)生产设备不确定性。设备在使用过程中难免会发生故障,这些故障在制定调度方案之前是难以预料的,由于流程工业生产过程中工序之间存在约束关系,生产设备或存储设备的故障不仅会影响当前工序,而且会直接影响流程生产中的其他工序,因此采用合理的方式处理生产设备的故障将会对整个流程生产的连续性起到重要作用。

(3)外部环境不确定性。企业的生产与市场是密不可分的,及时地调整生产以适应市场的变化将大大提高企业效益,因此流程工业生产过程中需要对外部环境的不确定性进行充分考虑,及时调整生产。

(4)其他不确定性。除了以上三类不确定性外,生产工人的误操作、组织人员短缺以及产品交货期的更改等也是影响流程企业生产过程的因素。

2. 不确定性因素的描述

不确定性因素的描述方式将直接影响调度模型的合理性。在已有的调度解决方法中,对不确定性的描述主要有三种方法[24]。

1)边界约束描述

在很多问题中没有确切的约束,只能得到各个不确定性因素的边界值,因此将不确定性因素描述为 $\theta \in [\theta_{min}, \theta_{max}]$ 或者 $|\tilde{\theta} - \theta| \leqslant \varepsilon |\theta|$。其中, $\tilde{\theta}$ 是一个准确值,而 θ 是一个很小的值, $\varepsilon > \theta$ 表示不确定性水平。这是一个典型的比较容易描述不确定性的方法。这个边界代表了所有可能的不确定值,上下界的值可由历史数据、客户的需求和市场调研数据决定。

2)概率描述

概率描述是描述不确定性因素的一种常见方法。在概率方法中,不确定性是由事件决定的,事件的可能性由事件的发生频率来决定,当实验数据较大时,其概率是比较准确的。概率分布函数由 $F(x)$ 表示,$F(x) = P(X \leqslant x)$,$x \leqslant R$。如果 x 是离散变量 $x_1, x_2, \cdots x_i$,每个事件的可能性为 $P(X = x_i) = p(x_i)$,则概率分布函数为 $F(x) = P(X \leqslant x) = \sum_{x_i \leqslant x} p(x_i)$。如果分布函数是连续的,$X$ 是一个连续的随机变量,且 $F(x)$ 是绝对连续的,则概率密度函数可定义为 $f(x) = \mathrm{d}F(x)/\mathrm{d}x$。

3)模糊描述

模糊集允许在不确定模型的历史数据未知的情况下进行描述。用模糊集模型得到的调度结果,对连续的概率模型采用复杂的集成机制和详细的信息区,不需要描述其离散的概率不确定性因素。

3. 不确定性因素处理方法

根据对不确定性因素的描述,可得到不同的不确定性因素处理方法,主要有随机规划、模糊规划以及基于仿真优化和控制策略等方法。文献[29]针对基于知识的调度系统,提出了基于模糊 Petri 网的知识决策模型,以条件属性可信度为托肯、条件属性权值为输入强度、规则知识可信度为输出强度进行推理,得到决策属性可信度形成决策结果。文献[11]用模糊数描述生产调度问题中订单完成期、处理率和处理时间等不确定性因素。

本节将利用控制策略的方法,通过人机交互与现场采集信息相结合的方法,将得到的不确定性因素转换为数据约束条件输入系统,通过智能优化方法来处理这些不确定性约束条件,从而得到优化的动态调度方案。

4. 动态调度类型

根据对不同的不确定性因素作出的调度可分为反应式调度和预测性调度。反应式调度是对已经制定的调度结果,在执行过程中针对出现的变化作出调整,如突发事件[16]、紧急任务[20]的到达或者机器损坏等。对于这类不确定因素,没有足够已知的参数。预测性调度则相反,对于参数的不确定性,如时间、产品的需求与价格等,可以根据历史数据通过预测来加以解决。

8.3.2　混沌变异粒子群动态调度模型设计

本节所作的动态调度研究是在 8.2 节对某电化厂离子膜车间静态调度的基础上进行的,因此约束条件、所用算法和 8.2 节一样,动态调度考虑了生产过程中的不确定性因素,对剩余调度时段内的生产过程进行控制,对原有调度方案进行判断,考虑不确定因素发生时是否能够满足原有调度方案,如果不能满足,则对原有方案进行调整或重调度,以适应新的生产环境。

首先根据无不确定性因素发生的情况进行静态调度,调度方案进入现场进行生产;然后通过现场 DCS 系统将设备各个状态传送到智能调度系统中,如果有新的任务加入可进行人工输入,通过预先设定的规则或算法对设备出现的状况进行判断以确定是否需要调度修改或重调度,决策人员根据调度经验和系统的信息进行反馈,选择调度修改或重调度,以使外界扰动对原有调度结果产生的影响降到最低;最后将最新的调度方案传到各个车间以适应新的情况。具体的动态调度过程如图 8-9 所示。

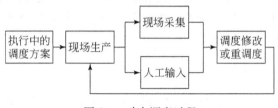

图 8-9 动态调度过程

1. 对不确定性因素的判断规则

通过现场采集到的信息和人工输入到智能调度系统的信息,设定一些判断规则,以了解不确定因素对原有调度方案的影响。这里的判断规则主要针对设备的故障与恢复、生产计划的更改,对于价格变化太大的产品则直接进行重调度。判断是否适应现场生产主要考虑以下一些因素:前后工序间供应关系是否满足;储罐是否会溢出;计划更改后是否需要增产。进行判断与调整的时刻是故障或计划更改的时段开始。

1)设备的进入与退出

这里的设备包括生产加工设备和存储设备,需要结合起来考虑。以当前时间为基准,对每个调度时段当前设备的生产能力与设备需要处理的能力进行比较。如果当前设备生产能力大于设备需要处理的能力,需要对储罐是否会溢出或小于最小储量的存储能力进行判断。若溢出或小于最小储量,则对该储罐的前后工序进行调整,调整的原则是使产量最大。如果当前设备生产能力小于设备需要处理的能力,则需降低生产能力,同时考虑储罐存储能力,调整前后工序的处理量,尽量往大调。如果当前设备生产能力等于设备需要处理的能力,则不影响该工序的当前处理情况,继续判断下一时段的处理情况。

2)计划更改

计划更改分为两种情况,即根据市场需求增加计划产量、减少计划产量。若计划产量需要增加,说明原调度方案的产量小于市场所需的计划产量,可调增各个时段相应工序的处理量,同时考虑工序间的约束和储罐的存储能力,当然是调整的工序越少越好,通常从第一个需要调整的工序出发,使其达到最大产量,以此类推;若计划产量需要减少,说明原调度方案的产量大于市场所需的计划产量,可对各个时段中的工序进行微调,在满足前后工序之间的供应以及储罐存储要求的情况下,减少相应工序的处理量。

3) 实际生产情况反馈

由于生产系统的不确定性,实际生产出来的产品并不一定是按照调度方案得到的结果,因此可以通过实时反馈的信息判断是否需要进行重调度,是否需要对调度方案中的参数进行修改以应对现场系统的变化。

2. 基于混沌变异粒子群的重调度

当要调整的工序量非常大、要对原有调度结果作很大更改且局部的调整已经无法保证得到的解仍然是最优解时,就需要对剩余时段进行重调度。这里的重调度算法是在静态调度的基础上根据新的情况而做出的,调度的起止时间分别为故障或计划更改发生的时间点和原调度结束时间,在重调度时需要先统计已经执行的部分调度方案的情况,包括起始时间点的生产情况、存储情况和原料剩余量等,将这些信息作为重调度的初始状态。

与 8.2.2 节的算法相比,基于粒子群的重调度算法的步骤差异主要在于初始化。重调度算法中,需要读取执行中的调度序号,得到动态调度点的产品产量和储罐的存储情况作为初始储量,并读取动态调度点的设备可用情况、原料存储情况等基础信息作为初始值。另外,如果重调度过程中间歇生产工序的设备发生故障,则将原料取出作为次品,若有备用设备则让备用设备继续加工,否则暂停该工序,等待设备恢复后继续加工。

3. 调度修改与重调度的判断

选择进行调度修改还是重调度主要取决于需要调整工序的多少。如果进行重调度得到的解可以保证是最优,但是需要调整后面全部工序且导致较大的调整费用,而只通过局部调整即可使调度方案可行,则优先选择调度修改;倘若需要调整的工序较多,且调整后的调度方案与原调度方案差别很大,难以保证得到最佳调度方案,此时应选择进行重调度。上述判断依据是根据调整工序的多少来决定,因此选择合适的调整次数作为调度修改和重调度的分界非常关键,然而在实际调度中合适的调整次数往往很难决定。因此本节从调整费用出发,假设原调度方案的产值为 F,每调整一道工序的费用为 W,需要调整的时段为 T,工序数为 O,需要调整的总工序数为 K,重调度后的产值为 F',则调度修改的总产值 $MS = F - W \cdot K$,重调度的总产值 $RS = F' - W \cdot T \cdot O$。如果 $MS > RS$,选择调度修改;否则,选择重调度。

4. 数学模型

动态调度模型中所涉及的约束条件与 8.2.1 节描述的约束条件一样,在此不再赘述。

动态调度的目标函数如下:

$$\text{Max } F = \sum_{1 \leqslant i \leqslant N} (\text{PNum}_i \cdot \text{Price}_i) + \sum_{1 \leqslant i \leqslant N} (\text{PNum}_i - \text{PlanNum}_i) \cdot \text{Index}_i - W \cdot K$$

$$(8\text{-}29)$$

式(8-29)等号右侧的第一项是实际生产总值;第二项是惩罚项,在考虑产值最大化的同时考虑计划产量和库存费用;第三项是调整费用,W 表示调整每一道工序的费用,K 表示需要调整的工序数。

本节用于求解动态调度模型的算法和 8.2.2 节一样为改进的粒子群优化算法,差别在于初始化和调度时段不确定性两个方面。初始化时需要读取原调度方案的执行情况,将重调度开始前时刻的储罐储量和产品产量作为重调度时的初始储量。由于重调度的时刻是不确定的,因此每次重调度的时段也是不确定的。算法的具体步骤如下。

(1)计算调整时各个产品的产量和储罐的储量,根据最新的基础生产信息判断需要调整的工序数 K ,调整相应工序。如果无须调整,直接跳出继续执行原调度方案;否则,计算调整费用和调整后的总产值 MS。

(2)利用改进粒子群优化算法求解余下时段的调度方案:

①令 $k=0$,在解空间内初始化各个粒子的位置、速度、个体历史最优位置和群体最优位置;

②令 $k=k+1$,计算各个粒子的适应度值,并更新个体最优值和全局最优值;

③对个体历史最优位置进行混沌变异操作;

④对群体进行局部最优判断,并通过高斯变异进行位置调整;

⑤如果 $k \geqslant T_{\max}$,输出最优解;否则,计算粒子的惯性权重 w,并更新粒子的位置和速度,转至步骤(2)继续进行迭代。

(3)计算重调度后的总产值 RS,比较 RS 与 MS,取值大的作为新调度方案。

8.3.3　调度实例仿真与分析

为了验证所建立的动态调度模型,本节将对某电化厂离子膜车间的生产线在实际不确定性因素下进行调度仿真与分析。

1. 调度实例

本节所用的仿真实例和 8.2 节一样,是某电化厂离子膜生产车间生产线,该车间有盐水精制、电解、合成、液化、蒸发 1、蒸发 2 和蒸发 3 共 7 道工序,有盐水精制机组、电解槽、制酸机组、液化机组、蒸发机组 1、蒸发机组 2 和熬碱大锅共 7 种生产设备,有盐水槽、电解液储罐、酸储罐、液氯中间槽、32 碱储罐和 48 碱储罐共 6 个储罐,有氢气、氯气、液氯、高纯酸、32 碱、48 碱和固碱共 7 种产品。车间的生产工艺流程如图 8-2 所示。基础信息包括设备加工能力、储罐的存储能力、产品基本需求和价格,具体如表 8-1~表 8-3 所示。

2. 参数设置

基于改进粒子群优化算法的动态调度模型在 Visual Studio. NET 2003 环境下采用 DLL 进行封装,基本参数设置为:种群规模为 50,最大迭代次数为 1000,惯性权重 w 采用 0~1 的随机数,学习因子 $c_1 = c_2 = 1.41$,设置完成后通过 Visual Studio. NET 2003 调用 DLL 进行运行。程序在 CPU 为 AMD 3000+(主频为 1.81GHz)、内存为 1GB 的硬件环境下独立运行,分别对少数设备发生故障、很多设备发生故障、产品价格变化和计划产量变化进行了仿真,将原静态调度结果与动态调度结果进行比较,以验证所建立的动态模型的有效性。

3. 仿真结果与分析

在机器的生产能力处于最大生产状态、储罐存储能力处于最大存储状态、计划制定后不改变和产品价格不变的情况下,通过混沌变异粒子群算法(IPSO)优化后得到的最佳调度方案如图 8-10 和图 8-11 所示,其中时间间隔取 1,IPSO 算法参数与8.2.4 节的设置一样,横坐标表示时段,纵坐标表示各时段的产品产量和各工序的流速情况。

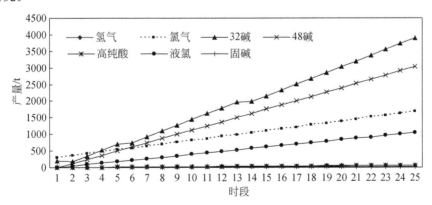

图 8-10　静态调度下的产品产量变化

1)设备故障

设备故障包括生产设备和存储设备等的故障,会对原调度方案产生影响,原调

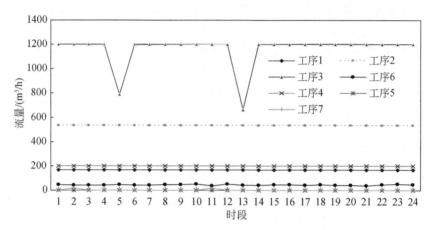

图 8-11　静态调度下的各工序流量

度方案的生产流速和存储能力等将受最新设备处理能力的影响。假设在上午 9 点时工序 1 的最大生产能力从 220 台下降为 160 台,即从 535m³/h 下降为 389m³/h,此时将会影响后面蒸发 1、蒸发 2 等工序,需要对加工能力进行及时调整。调整后的产品产量和工序流速如图 8-12 和图 8-13 所示,其中图 8-13 的截断线表示故障发生的时刻,即重调度或调度修改的时刻。后续图 8-15 和图 8-17 中的截断线含义相同。

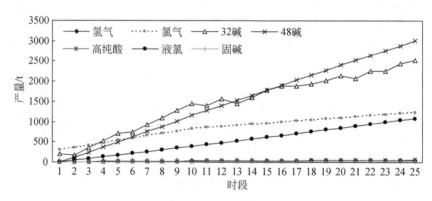

图 8-12　故障发生后动态调度下的产品产量

　　经过动态调度后,对因设备生产能力下降而受到影响的工序进行调整,在储罐不溢出的前提下得到新的调度方案,使生产继续进行。

　　2)市场价格变化

　　在现代市场经济环境下,价格波动是非常普遍的现象,由于日生产总值由产品产量和产品价格决定,价格波动后原调度方案可能不再是最优方案,因此需要在得

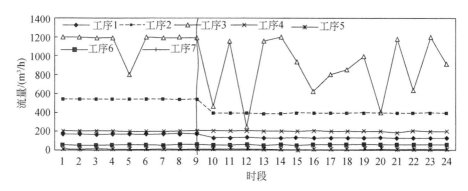

图 8-13 故障发生后动态调度下的各工序流量

到价格信息后及时对生产情况作出调整,以选取新情况下的最优方案。若价格在 10 点时发生变化,其中,氯气从 1167 元/t 降为 1000 元/t,48 碱从 2000 元/t 提高 到 2400 元/t,其余不变。调整后的产品产量和工序流量如图 8-14 和图 8-15 所示。

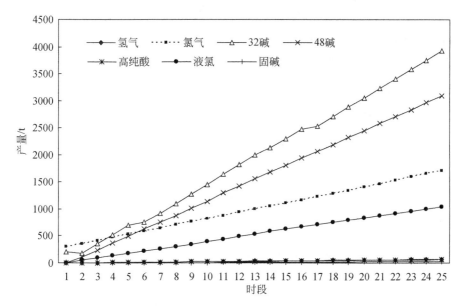

图 8-14 产品价格变动后动态调度下的产品产量

仿真中采用重调度方案,分析仿真结果发现价格对调度方案的影响不是太大, 这是由于市场需求量和生产计划量没有变化,因此价格的细微调整对调度方案并 未产生太大的影响。

3)计划产量变化

和价格因素一样,计划更改后对产品的需求也变化了,需要根据现有生产能力的

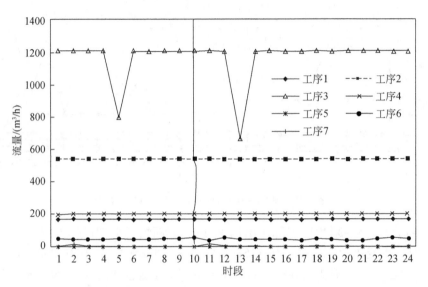

图 8-15　产品价格变动后动态调度下的各工序流量

余量进行调整,尽量满足计划的需求。当计划产量中 32 碱从 4000t 降至 3600t、液氯从 1100t 降至 1000t 时,各产品产量和各工序流速的变化如图 8-16 和图 8-17 所示。

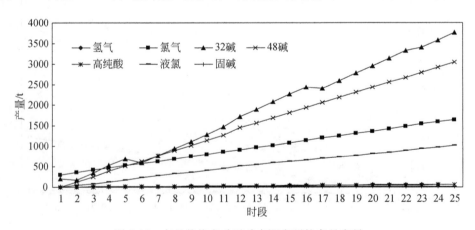

图 8-16　产品价格变动后动态调度下的产品产量

　　仿真中使用计划更改方案。通过仿真发现,经调度方案调整后,计划量增大的产品其实际产量比原调度方案的产量提高了,而计划量减小的产品其实际产量则比原调度方案的产量减少了,说明产品的产量随着生产计划的变化而变化。

　　除了上述因素以外还有其他一些因素,情况比较复杂,可根据现有原料、生产设备和存储设备等进行重调度,以得到后续时段的最佳调度方案。

　　通过对以上几种变动因素下的调度结果分析,可以看出当现场的不确定性因

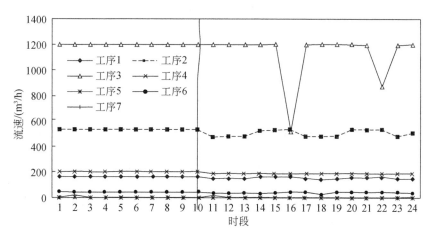

图 8-17　产品价格变动后动态调度下的各工序流速

素发生时,将对后续生产产生较大影响,原调度方案不再适应;经过重调度后,在保证生产平稳进行的同时使得日产值最大。动态调度对原来静态调度作了很好的补充,使得调度模型能够根据生产过程中的不确定性因素进行调整,相比原静态模型具有更好的鲁棒性,较好地满足了现场及生产实际的需求。

8.4　本 章 小 结

作为一类复杂的工程应用问题,流程工业生产调度问题具有多约束、多目标以及动态不确定性等特征。本章首先阐述流程工业生产调度问题的研究现状,基于某化工企业生产过程,研究实际调度模型的建立以及粒子群优化算法在该类问题中的应用。然后分别建立静态带惩罚函数的多批次调度模型,以及不确定性条件下多批次多产品的动态调度模型,并利用改进的混沌变异粒子群优化算法对两类模型进行了求解。最后通过某化工企业实际生产调度问题的仿真证明了所建立的调度模型以及根据问题特征所设计的改进粒子群优化算法的有效性,进一步证明粒子群优化算法在复杂工程应用问题中的求解潜力。

参 考 文 献

[1] 王朝晖,陈浩勋,胡保生. 化工批处理过程调度[J]. 控制与决策,1998,13(2):97-102.

[2] Lincoln F, Moro L. Process technology in the petroleum refining industry‐current situation and future trends[J]. Computers and Chemical Engineering,2003,27(8/9):1302-1305.

[3] 雷建,王润孝,等. 流程工业生产调度与控制集成系统研究[J]. 计算机应用,2006,5(26):1193-1195.

[4] 王万良,吴启迪. 生产调度智能算法及其应用[M]. 北京:科学出版社,2007.

[5] 赵小强,荣冈. 流程工业生产调度问题综述[J]. 化工自动化及仪表,2004,31(6):8-13.

[6] 杨文明, 顾幸生. 基于遗传算法的多产品多阶段连续生产过程周期生产调度[C]. 系统仿真技术及其应用学术会议, 广州, 2005: 407-412.

[7] Liao C J, Chen W J. Scheduling under machine breakdown in a continuous process industry[J]. Computers & Operations Research, 2004, 31(3): 415-428.

[8] 霍满臣, 唐立新. 面向流程工业的批在线调度问题[J]. 控制工程, 2005, 6(12): 511-514.

[9] Behdani B, Pishvaie M R, Rashtchian D. Optimal scheduling of mixed batch and continuous processes incorporating utility aspects[J]. Chemical Engineering and Processing, 2007, 46(4): 271-281.

[10] 杨文明, 顾幸生. 基于混沌优化算法的连续生产过程重调度与库存优化[J]. 华东理工大学学报(自然科学版), 2006, 32(7): 792-795.

[11] 王万良, 陈志强, 张治辉, 等. 面向订单的连续生产过程动态调度方法[J]. 系统工程, 2002, 20(4): 44-48.

[12] 王万良, 宋璐, 徐新黎, 等. 含有混合中间存储策略的模糊流水车间调度方法[J]. 计算机集成制造系统, 2006, 12(12): 2067-2073.

[13] 王海燕, 赵燕伟, 徐新黎, 等. 改进差分进化算法求解化工间歇与连续混合生产过程调度问题[J]. 系统工程理论与实践, 2009, 19(11): 157-167.

[14] 徐新黎, 施莉娜, 范丽霞, 等. 基于广义粗糙集的流程工业车间调度研究[J]. 控制与决策, 2012, 27(1): 8-14.

[15] Liu B, Wang L, Qian B, et al. Hybrid particle swarm optimization for stochastic flow shop scheduling with no-wait constraint[C]. Proceedings of the 17th World Congress of the International Federation of Automatic Control, Seoul, 2008: 15855-15860.

[16] 蔡延光, 魏明. 一种新型自适应混沌粒子群算法在联盟运输调度问题中的研究[J]. 系统工程, 2008, 8(26): 32-36.

[17] Li B B, Wang L, Liu B. An effective PSO-based hybrid algorithm for multi-objective permutation flow shop scheduling[J]. IEEE Transactions on Systems, Man and Cybernetics, 2008, 38(4): 818-831.

[18] 王俊年, 申群太, 周少武, 等. 基于微粒群优化算法的锌电解分时供电优化调度[J]. 信息与控制, 2007, 5(36): 562-567.

[19] Zhao X Q, Rong G. Blending scheduling based on particle swarm optimization algorithm[C]. Proceedings of the IEEE International Conference on Information Reuse and Integration, Las Vegas, 2004: 618-622.

[20] 王万良, 周明, 徐新黎, 等. 基于改进粒子群算法的离子膜车间调度问题研究[J]. 控制与决策, 2010, 25(7): 1021-1025.

[21] 周明. 基于改进粒子群算法的流程工业生产调度方法研究与实现[D]. 杭州: 浙江工业大学, 2009.

[22] 顾幸生. 不确定性条件下的生产调度[J]. 华东理工大学学报, 2002, 5(26): 441-446.

[23] Li Z K, Ierapetritou M. Process scheduling under uncertainty: review and challenges[J]. Computers and Chemical Engineering, 2008, 32(4): 715-727.

[24] Cowling P, Johansson M. Using real time information for effective dynamic scheduling[J]. European Journal of Operational Research, 2002, 139(2): 230-244.

[25] Pan H, Wang L. Blending scheduling under uncertainty based on particle swarm optimization with hypothesis test[C]. Proceedings of the International Conference on Intelligent Computing, Kunming, 2006: 109-120.

[26] Wu D, Ierapetritou M G. Decomposition approaches for the efficient solution of short term scheduling problems[J]. Computers and Chemical Engineering, 2003, 27(8/9): 1261-1276.

[27] 庞新富，俞胜平，郑秉霖，等. 炼钢连铸动态调度方法及其应用[J]. 石油化工高等学校学报，2007，3(20)：60-63.

[28] Bonfill A，Espuña A，Puigjaner L. Proactive approach to address the uncertainty in short-term scheduling[J]. Computers and Chemical Engineering，2008，32(8)：1689-1706.

[29] 包振强，李长仪，周鑫. 基于知识的动态调度决策机制研究[J]. 中国机械工程，2006，13(17)：1366-1370.

[30] 徐新黎，郝平，王万良. 多 Agent 动态调度方法在染色车间调度中的应用[J]. 计算机集成制造系统，2010，16(3)：611-620.

[31] 王万良，徐新黎，施莉娜，等. 改进差分进化算法求解不确定流程车间调度问题[J]. 计算机集成制造系统，2011，17(3)：630-637.

[32] 徐新黎，俞靓亮，王磊，等. 基于多智能体的流程工业动态调度研究[J]. 计算机工程，2012，38(4)：10-13.

第 9 章　面向柔性作业车间调度的粒子群优化模型

9.1　引　言

9.1.1　柔性作业车间调度问题描述

一般的柔性作业车间调度问题(flexible job-shop scheduling problem, FJSP)可以描述为给定一个待加工的工件集合和一个资源集合,每个工件包含一个工序集合,每个工序包含一个可选资源集合,如机器设备集、工人集或者刀具集等。调度任务就是在满足资源能力约束和工序顺序约束的条件下,将工序合理地安排在制造资源上,并为制造资源要加工的工序组织最佳加工顺序,以满足某一个或者多个性能指标或者经济指标,为实际生产提供有效的调度方案[1]。

柔性调度问题通常假设:①一个加工资源同一时间只能加工一个工件;②一个工件同一时间只能在一个加工资源上加工;③不同工件的工序之间没有先后顺序约束;④一个工序一旦开始加工,不能中断;⑤工件的准备加工时间为 0,工件数、加工资源数、工件的各个工序的加工顺序及加工时间已知。其中,假设①称为资源约束,表示在同一个加工资源上加工的工件之间有先后加工顺序,时间上不能重叠;假设②称为顺序约束,表示同一个工件的工序之间存在先后顺序约束,须按已给定的加工路线来加工。一个柔性调度问题除了必须满足与问题特征相关的资源约束和顺序约束外,还存在与调度任务相关的交货期、生产成本等约束。

柔性调度的目标是在较小的生产代价下获得相对大的综合效益。在制造生产过程中,企业各个部门由于自身需要通常对调度决策有不同的期望。根据企业各个部门需求的不同,调度目标可以分为两大类:一类是基于经济的指标,在产量一定并且产出不影响经营成果的情况下,以成本最低为原则安排生产,最终达到降低生产成本的目标,这类目标有交货期、生产成本、拖期惩罚成本和库存费用等;另一类是基于性能的指标,在激烈的市场竞争环境下,企业力争以最快的生产速度生产出满足市场需求的产品,以高效率、低能耗为最终目标,这类目标有生产周期、制造资源利用率、最大流经时间和生产率等。这些目标在实现时可能存在不一致甚至冲突的情况,如降低生产周期的代价可能会使高性能机器超负荷运作,这时就需要进行多目标调度,寻求相互折中且能尽量满足各方面利益的决策。

9.1.2　柔性作业车间调度优化研究现状

自 1954 年之后,从两台机床的流水车间调度问题到具有实际加工约束的问题、从确定性问题到不确定性问题、从单目标问题到多目标问题、从小规模问题到大规模问题,各种类型的车间调度问题的优化方法都得到了较大程度的研究,且有部分智能调度的研究成果已付诸实际应用[2]。柔性车间调度问题是经典车间调度问题的扩展,可行解空间更大,问题的复杂性更高[3],属于 NP 难问题,其求解的时间随着问题规模的增加呈指数增长,也更接近生产实际,因此得到了研究学者和企业管理者的广泛关注。

对柔性车间调度问题的求解,需解决两个子问题:一是制造资源分配,即确定各个工件的工序在哪个可选制造资源上加工;二是工序排序,为分配好制造资源的工序进行排序。根据对两个子问题求解的方式不同,可以将求解方法分为两种:一种是分解法,即对机器分配子问题和工序排序子问题分别独立求解;另一种是集成法,即分配和排序同时进行。分解法将柔性车间调度问题简化,降低了问题复杂度,较易实现,但存在分解过程中忽略问题整体特征而不能快速求得最优解的缺点;集成法考虑了问题特征,求解复杂,但由于是在整个搜索空间内搜索,所以能得到更好的结果。

基于上述两类求解方法,大批的调度算法被提出。1990 年,Bruker 和 Schlie 第一个提出了工件可以在多台机器上加工的问题(柔性作业车间调度问题,FJSP),并提出利用一种多项式算法对具有两个工件的 FJSP 进行求解[4]。在此后的 20 多年里,越来越多的学者对柔性车间调度问题进行了深入研究。数学规划法[5,6]、分派规则法[7]和分支定界法[8]等传统优化方法,模拟退火、禁忌搜索、遗传算法、群智能优化算法、差分进化算法以及混合算法等现代智能优化方法均已成功应用于柔性车间调度问题。相比于传统优化方法,智能优化方法实现相对容易、计算量较小,更适合于求解大规模柔性调度问题,近年来受到众多研究者的青睐。

刘丽琴等[9]针对柔性作业车间调度问题,建立了以总完工时间、所有机器总负载及最大机器负载为目标函数的多目标调度模型,提出一种带有 Pareto 档案集的混合粒子群优化算法。贾兆红[10]将基于动态概率搜索的粒子群优化算法应用于柔性作业车间调度问题,在搜索初期利用粒子近邻的平均最优代替传统的单个最优来引导搜索,后期用高斯动态概率搜索来提高算法的局部搜索能力。白俊杰等[11]针对具有高维搜索空间的多目标柔性作业车间调度问题,提出一种基于偏好的粒子群优化算法,引入决策者的偏好信息用于指导算法的搜索过程。

Xing 等提出基于知识的蚁群算法来求解柔性作业车间调度问题,将知识模型与蚁群算法模型有效地结合起来,基于知识的模型从蚁群算法学习可用知识,并将现有的知识用于引导当前的启发式搜索[12]。王万良等给出了考虑柔性路径的作业车间调度模型,并提出了改进的遗传算法对其进行求解[13]。王海燕等以优化生产周期为目标,建立了多资源作业车间批量调度问题模型,并提出一种新的两级差分进化算法,采用两级染色体编码来解决批量划分和排序优化问题[14]。

混合智能算法也成为计算机科学和运筹学领域的一个共同研究热点,通过将不同方法的特性进行互补和融合,可以设计出鲁棒和高效的优化方法[15]。Zhao 等针对机器存在不可用时间段约束的柔性作业车间批量调度问题,将差分进化算法与遗传算法混合,形成一种混合并行算法,可以同时解决批量划分和工序排序问题[16]。Xu 等针对加工能力约束的柔性作业车间批量调度问题提出了一种混合差分进化算法[17]。徐新黎等结合多智能体系统以及免疫信息处理机制,构造了一种求解批量可变的模糊柔性 Job-shop 调度问题的多智能体免疫算法[18]。Xia 等按工序顺序将机器的优先水平表达为粒子的位置,采用粒子群优化算法进行机器分配优化,并用模拟退火算法交换工件排序顺序,将粒子群优化算法与模拟退火算法合理组合,建立了一种快速且易于实现的新的混合优化算法用于求解多目标柔性作业车间调度问题[19]。Moslehi 等采用文献[19]提出的粒子位置表达方式,提出一种基于 Pareto 外部档案的粒子群优化算法[20]。Gao 等[21]以生产周期、机器总负载和单台机器最大负载为优化目标,设计了混合遗传算法,采用集成权重系数法对多个目标进行加权求和。

虽然柔性车间调度问题的研究已取得了一批值得借鉴的成果,但至今尚未形成一套体系的方法与理论,调度理论和技术与实际应用之间尚存在较大的距离,无法有效地对企业生产管理提供指导。从国内外对于柔性车间调度问题的研究现状来看,调度方法要更好地应用于工程实际,理论研究亟待深入,调度算法需向着智能化、交互式和实用化的方向发展。

本章将介绍柔性作业车间调度问题及研究现状,在此基础上针对单目标柔性作业车间调度问题,给出问题模型和混合离散粒子群优化(hybrid discrete PSO,HDPSO)模型[22];针对单目标作业调度问题本身的离散特征,给出新的离散编码方案以及离散 PSO 进化策略;为有效避免非可行解的出现,引入模拟退火算法来改善算法的全局收敛性能,提高算法搜索效率。将所设计的 HDPSO 调度优化方法推广至多目标调度优化问题,基于 Pareto 支配概念,给出多目标 HDPSO 算法,同时引入离散学习策略以及外部档案记忆机制,有效克服算法早熟的缺陷。两种算法模型的复杂度分析以及仿真研究表明,离散粒子群优化同样是一种求解柔性作业车间调度问题的有效工具,具有较好的工程应用性和可推广性。

9.2 面向柔性作业车间调度的混合离散 PSO 模型

9.2.1 数学模型及描述

FJSP 需要解决的问题是为每道工序分配加工机器,并确定每台机器上各个工序的加工顺序,在满足约束的条件下最小化生产周期。

1. 变量定义

p:工件号。

q:工序号。

h:机器号。

O_{pq}:工件 p 的第 q 个工序。

J:工件集合。

M:机器集合。

M_{pq}:工序 O_{pq} 的可选机器集合($M_{pq} \in M$)。

W_h:机器 h 的负载。

N_n:总工件数。

N_m:总机器数。

N_p:工件 p 所含的工序数。

t_{pqh}:工序 O_{pq} 在机器 h 上的加工时间。

U:一个很大的数。

S_{pq}:工序 O_{pq} 的开始加工时间。

C_{pq}:工序 O_{pq} 的结束加工时间。

C_p:工件 p 的完工时间。

$C_{\max}$:所有工件的最大完工时间。

σ_{pqh}:取值为 1 时,表示工件 p 的 q 道工序在机器 h 上加工。

$\zeta_{pqh\text{-}p'q'h}$:取值为 1 时,表示工件 p 的 q 道工序先于工件 p' 的 q' 道工序在机器 h 上加工。

2. 数学模型

为便于求解,加工过程需满足以下假设和约束:

所有的机器在 $t=0$ 时刻都是可以使用的;每个工件都可以在 $t=0$ 时刻开始加工;在给定的时间内,一台机器只能加工一道工序;对于每个工件的各道工序只能按照事先给定的顺序加工;工序在可供选择的机器上的加工时间已知。

数学模型和约束条件如下：

$$F = \min C_{\max} = \min\Big\{ \max_{p=1}^{N_n}\{C_p\} \Big\} \tag{9-1}$$

s. t.

$$S_{p(q+1)} \geqslant S_{pq} + t_{pqh}\sigma_{pqh}, \quad p \in J; h \in M_{pq}; q = 1,2,\cdots,N_p - 1 \tag{9-2}$$

$$S_{p'q'} + (1 - \zeta_{pqh-p'q'h})U \geqslant S_{pq} + t_{pqh}, \quad p,p' \in J; h \in M_{pq}; q,q' = 1,2,\cdots,N_p \tag{9-3}$$

$$S_{p(q+1)} + (1 - \zeta_{p(q+1)h-p'q'h})U \geqslant C_{pq}, \quad p,p' \in J; h \in M_{pq}; q,q' = 1,2,\cdots,N_p - 1 \tag{9-4}$$

$$\sum_{h=1}^{M_{pq}} \sigma_{pqh} = 1, \quad p \in J; q = 1,2,\cdots,N_p \tag{9-5}$$

$$C_p \leqslant C_{\max}, \quad p \in J \tag{9-6}$$

$$\sum_{p=1}^{N_n}\sum_{q=1}^{N_p} t_{pqh}\sigma_{pqh} \leqslant W_h, \quad p \in J; h \in M_{pq} \tag{9-7}$$

$$S_{pq}, t_{pqh} \geqslant 0, \quad p \in J; q = 1,2,\cdots,N_p; h = 1,2,\cdots,N_m \tag{9-8}$$

$$\sigma_{pqh}, \zeta_{pqh-p'q'h} \in \{0,1\}; p,p' \in J; h \in M_{pq}; q,q' = 1,2,\cdots,N_p \tag{9-9}$$

式(9-1)表示目标函数最小化最大完工时间，即最小化生产周期；式(9-2)表示每个工件的工序必须按着给定的顺序加工；式(9-3)和式(9-4)表示一个工序只能在所选机器空闲并且该工序的前道工序加工完成后才能加工；式(9-5)表示每个工序只能从其候选机器集合中选择一台机器；式(9-6)表示最大完工时间；式(9-7)表示机器负载；式(9-8)表示工序的开始时间和加工时间；式(9-9)表示决策变量的取值范围。

9.2.2　混合 PSO 模型设计

根据柔性作业车间的特征，本节将基于工序的编码和基于机器的编码结合为一个粒子，设计可直接在离散域执行的粒子位置更新策略，进化过程中保证解的可行性，避免了不可行解的修复，构造出适用于 FJSP 的离散粒子群优化算法；同时引入基于机器负载的模拟退火算法以增强离散粒子群优化算法的局部探索能力，得到一种新型的 HDPSO 算法[23]。

1. 编码方案

编码是粒子位置的表达方式，通过编码可使粒子与解空间相对应。柔性作业车间调度问题需要为各工序选择加工机器，并对各机器上所分配的工序进行排序。目前应用最广泛的是将基于工序的编码和基于机器的编码(machine-based representation)结合的二维染色体编码方式，已在遗传算法上得到了成功的应用[24]。借鉴该编码方式,针对 FJSP,采用两个 l 维的向量表示粒子的位置,l 为总工序数,l $= \sum_{p=1}^{N_n} N_p$。

(1)OS(operation sequencing)向量:基于工序的编码,用来确定工序 O_{pq} 的先后加工顺序,$p \in \{1,2,\cdots,N_n\}$,$q \in \{1,2,\cdots,N_p\}$,由 l 个代表操作的位置值表示粒子的位置矢量,每个工件 p 均出现 N_p 次。

(2)MA(machine assignment)向量:基于机器的编码,用来为每道工序分配加工机器 M_h,由 l 个取值区间为$[1, N_m]$ 的整数组成。

下面以部分柔性 FJSP 为例来说明粒子的编码。一个 3 工件、3 机器、7 工序的部分柔性 FJSP 算例的机器加工时间如表 9-1 所示,"—"表示工序不能被这台机器加工。

表 9-1　3 × 3 部分柔性 FJSP 机器加工时间表

零件号	工序	机器 M_1	机器 M_2	机器 M_3
J_1	O_{11}	—	1	6
	O_{12}	—	2	2
J_2	O_{21}	5	—	2
	O_{22}	4	—	3
J_3	O_{31}	4	6	—
	O_{32}	2	2	—
	O_{33}	6	4	1

表 9-2 是对应表 9-1 中的 3 × 3 算例随机产生的一个粒子,粒子维数 $l = 7$,每一维基因都可解释为(O_{pq}, M_h),即 OS 可解释为工序的加工顺序为 $O_{11} \rightarrow O_{31} \rightarrow O_{32} \rightarrow O_{12} \rightarrow O_{21} \rightarrow O_{33} \rightarrow O_{22}$,对应的 MA 可解释为($M_2, M_1, M_2, M_2, M_3, M_3, M_3$)。以表 9-2 中的第 2 维的基因(3,1)为例,可以解释为(O_{31}, M_1),即第 3 个工件的第 1 道工序在机器 1 上加工,需要的加工时间为 $t_{311} = 4$(表 9-1 中查出)。

表 9-2　一个粒子编码表达式实例

OS	1	3	3	1	2	3	2
MA	2	1	2	2	3	3	3

2. 解码方案

对一个 FJSP 的粒子进行解码是确定各个工序在所选加工机器上的开始时间和结束时间的过程,以得到一个可执行的调度方案。工序的开始时间由其前一道工序的加工完成时间和机器可开始的时间所决定。

按照不同的解码方式,可以将一个粒子解码成半主动调度、主动调度和无延迟调度。可行解与半主动调度、主动调度、无延迟调度和最优解之间的关系如文献[16]所示。由于最优解必定是主动调度,而主动调度大大减少了解空间的搜索范围,因此本章采用插入式解码方案,以得到主动调度。将 FJSP 的调度方案用一个粒子编码,将该粒子解码成主动调度的过程可以描述如下。

(1)初始化粒子位置 length=0,标记 flag=0。记工件 p 的第 q 道工序的开始时间和结束时间分别为 S_{pq} 和 C_{pq};机器 h 上最后一道工序的结束时间为 ETM_h;对于工序 O_{pq},机器 h 可开始加工的最早时间为 STM_h,机器 h 的空闲时间集合为 $[SM_i, EM_i]$,$i \in [0, L_h]$,L_h 表示机器 h 上空闲时段的个数。

(2)根据粒子的 OS 向量读取第 length 个位置的工序号 O_{pq},根据 MA 向量读取第 length 个位置的加工机器 M_h,根据机器加工时间表得到工序 O_{pq} 在 M_h 上的加工时间 t_{pqh}。

(3)若 $q=1$,表示工序 O_{pq} 是工件 p 的第一道工序,则设置 $S_{pq}=0$;否则,设置 $S_{pq}=C_{p(q-1)}$。如果工序 O_{pq} 是机器 M_h 上的第一道工序,则 $STM_h=0$,转步骤(5);否则,转步骤(4)。

(4)若当前机器 M_h 上没有空闲段可以插入 O_{pq},则 $L_h=0$,机器 M_h 的可开始加工时间为机器 h 加工最后一道工序的结束时间,$STM_h=ETM_h$;否则,从 $i=1$ 开始遍历,$i \in [1, L_h]$,若存在 i 满足 $\max\{S_{pq}, SM_i\} + t_{pqh} \leqslant EM_i$,执行插入操作,令标记 flag=1,将工序插入机器当前的空闲段,设置 $STM_h = \max\{S_{pq}, SM_i\}$,并跳出循环;若均不满足,设置 $STM_h = ETM_h$,设置 $S_{pq} = \max\{S_{pq}, STM_h\}$,转步骤(5)。

(5)计算工序 O_{pq} 的完工时间 $C_{pq} = S_{pq} + t_{pqh}$。

(6)判断是否更新 ETM_h,若 flag=1,则设置 $ETM_h = C_{pq}$;否则,ETM_h 保持不变。

(7)设置 length=length+1,重置 flag=0;若 length$<l$,转步骤(2),否则跳出。

以表 9-1 所示 FJSP 的 3×3 算例为例对表 9-2 的粒子进行解码,有两种不同的解码方案:一种是按照工序染色体 OS 上工序的先后顺序,依次根据机器分配染色体 MA 上分配的机器进行加工,产生的调度方案为半主动调度,解码后的甘特图如图 9-1(a)所示;另一种是按照 OS 上工序的顺序,为其确定在所选机器上可以开始的最早加工时间,产生的调度方案为主动调度,主动解码后的甘特图如图 9-1(c)所示。从图 9-1(a)中可以看出,M_2 上 O_{11} 和 O_{32} 间的时间段[1,4]中机器是闲置的,机器 M_3 上 O_{21} 和 O_{33} 间的时间段[2,6]中机器是空闲的,图 9-1(c)则是将工序 O_{21} 和 O_{22} 插入在这两段空闲时间中得到了主动调度方案,使最大完工时间 F_1 从 10 下降到 7,有效降低了生产周期。

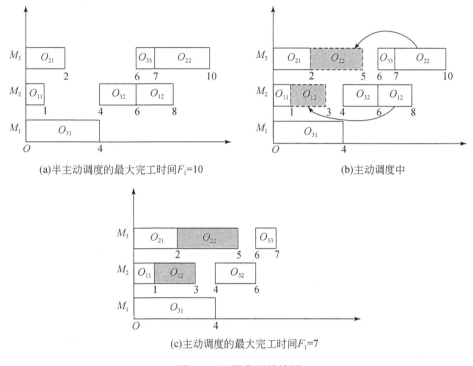

(a)半主动调度的最大完工时间F_1=10 (b)主动调度中

(c)主动调度的最大完工时间F_1=7

图 9-1 机器分配甘特图

3. 种群初始化

这里分别对粒子的两条染色体进行初始化。采用 Kacem 等提出的初始种群定位法对机器分配向量 MA 进行初始化,该方法根据机器负载为工序分配机器[25]。操作过程如下:

(1)为各个工序选取具有最短加工时间的机器。

(2)更新机器负载,先将这个最短加工时间加到时间表中同一列的其他项上,然后采用随机初始化的方式生成工序排序向量 OS,以扩大解的搜索范围。

4. 基于 DPSO 算法的全局搜索操作

潘全科等[26]针对作业车间调度问题提出了一种 DPSO 算法,采用基于工序的编码方式,设计了针对基于工序编码的新的粒子位置更新策略,使 PSO 算法适用于车间调度问题。本章基于该粒子位置更新公式,并结合 FJSP 的特性,设计新的基于该问题的粒子位置更新公式。FJSP 对工序顺序和机器分配都有着严格的约束,在粒子更新过程中很容易出现不可行解,而对不可行解的调整将大大降低算法的搜索效率。

本节结合 FJSP 的特征设计了 3 个操作,每种操作都将对 MA 向量和 DS 向量进行调整。在后两种操作中,利用将随机点交叉算子(rand-point preservation crossover,RPX)进行 MA 向量的调整,利用 Shi 提出的改进后的优先操作交叉算子(precedence preserving order based crossover,POX)[27]进行 DA 向量的调整。两种方法均能有效防止不可行解的出现,进而提高算法的搜索效率。

1) $f_1(X_i^k)$ 操作

$f_1(X_i^k)$ 表示粒子的速度,分别对粒子的工序排序向量 OS 和机器分配向量 MA 进行调整:①对 OS 向量的调整,随机选择两个不同基因的位置,互换位置;②对 MA 向量的调整,首先随机选择一个工序,然后随机选择一个不同的机器替换当前的机器。

2) $f_2(E_i^k, \text{pB}_i^k)$ 交叉操作

$f_2(E_i^k, \text{pB}_i^k)$ 表示当前粒子 E_i^k 向个体最佳位置 pB_i^k 学习的过程,采用改进后的优先操作交叉算子。POX 是针对两条均是一维向量的染色体进行交叉的有效算子[27],本章的粒子是一个二维向量,因此改进后的 POX 算子的操作过程为:将工件集 $\{1, 2, \cdots, N_n\}$ 随机分为 2 个非空互补子集 J_1 和 J_2,依次复制 E_i^k 中属于 J_1 的工件到子代 F_i^k,复制 pB_i^k 中属于 J_2 的工件到子代 F_i^k,保留它们的顺序,同时复制对应位置的机器号。改进后的 POX 交叉过程使后代保留了机器上部分工件的位置,并使子代继承了父代每台机器上工序的加工次序,具有很好的向个体最佳位置学习的保优作用。

对一个有 3 个工件、4 台机器的 FJSP,图 9-2 给出了改进后的 POX 交叉过程。其中,$J_1 = \{2\}$ 和 $J_2 = \{1, 3\}$,F_{OS} 为 POX 交叉后粒子的工序染色体,F_{MA} 为 POX 交叉后机器分配的染色体。

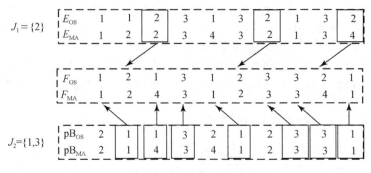

图 9-2　POX 交叉过程

3) $f_3(F_i^k, \text{gB}^k)$ 交叉操作

$f_3(F_i^k, \text{gB}^k)$ 采用随机点交叉算子对 MA 向量进行调整。RPX 算子的操作过程为:随机产生由 $(0, 1)$ 内小数构成的数组 R,其长度与粒子维数相等,找出数组 R

中随机数小于 p_f 的位置,记录 E_i^k 中对应位置的工序,并将 gB^k 中该位置的机器号复制到 F_i^k。其中,p_f 为自适应调整概率,计算公式为

$$p_f = p_{f_{\max}} - (p_{f_{\max}} - p_{f_{\min}}) \frac{t}{T_{\max}} \tag{9-10}$$

由式(9-10)可知,p_f 根据迭代次数自适应调整大小,在搜索初期 p_f 值较大,使染色体有较多的位置参与交叉,有利于全局搜索;在搜索后期 p_f 值较小,被选中参与交叉的位置较少,更利于算法进行精细搜索。因此,p_f 的自适应调整有利于在全局范围内产生更好的搜索能力,对提高获取最优解的概率有一定的帮助。图 9-3 为 RPX 交叉过程的一个实例,其中,$R = \{0.1, 0.4, 0.7, 0.2, 0.7, 0.1, 0.5, 0.9, 0.6, 0.3\}$,$p_f = 0.7$。

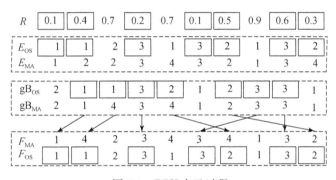

图 9-3　RPX 交叉过程

5. 基于模拟退火的局部搜索操作

DPSO 算法虽然保留了基本 PSO 算法收敛速度快、便于实现等优点,但仍存在易陷入局部最优的缺点。考虑到模拟退火算法(SA)具有较强的邻域探索能力,因此本节将 DPSO 与模拟退火算法相结合,以有效提高算法的全局优化性能。

SA 最早由 Kirkpatrick 等[28]提出,首先从一个初始温度 T_0 开始,在初始解 s 的邻域中随机产生一个新解 s',计算目标函数的差值 $\Delta = f(s') - f(s)$,对于最小化问题,若 $\Delta < 0$,则接收新解,否则以概率 $\exp(-\frac{\Delta}{T})$ 接收新解,T 为当前温度;然后温度以 $T = BT(B < 1)$ 不断下降,当条件(如 $T < T_{end}$)满足时算法停止。

结合 FJSP 的特点,采用基于机器负载的变异方式产生邻域解,该方法只对基于机器编码的基因串 MA 进行调整,使基于工序编码的基因串 OS 分配到更合适的机器,同时平衡机器负载。而 SA 的加入势必增加搜索时间,因此采用一种随机选择部分个体进行模拟退火的方法,进行模拟退火的部分个体具有接收较差解的概率,有利于增加粒子种群的多样性。模拟退火过程中产生邻域解的方式为:计算

各台机器的工作负载,从负载最大的机器上随机选择一个工件的工序,将其分配到具有最小负载的机器上[23]。

6. 算法流程

求解柔性作业车间调度问题的 HDPSO 算法的具体步骤如下。

(1)确定参数。设定种群规模 P,最大迭代次数 T_{max}。DPSO 算法中的常量:惯性常量 w,学习因子 c_1 和 c_2,自适应调整概率 $p_{f_{min}}$ 和 $p_{f_{max}}$;SA 算法中的常量:初始温度 T_0,终止温度 T_{end},退火率 B。参数的设定是体现算法搜索能力和收敛速度的重要因素,因此这里的参数均在实验过程中确定。

(2)种群初始化。设置运行代数 $k=0$。初始化粒子的位置,计算各个粒子的适应值,令初始局部最佳位置 $pB_i = X_i$ 和全局最佳位置 $gB = min(pB_i)$, $i \in \{1,2,\cdots,N\}$。

(3)根据 DPSO 全局搜索操作,更新粒子位置。计算粒子适应值,同时更新局部最佳位置 pB_i 和全局最佳位置 gB。

(4)从种群中随机选择 r 个粒子, $r \in [1, N/2]$,对其进行模拟退火邻域搜索。

(5)计算粒子适应值,同时更新粒子的局部最佳位置和全局最佳位置。

(6)设置 $k=k+1$。判断是否达到终止条件 $k > T_{max}$,若满足,则输出最优值;否则,转步骤(3)。

9.2.3　算法复杂度分析

对种群规模为 N、染色体长度为 l、迭代次数为 T_{max} 的问题,从算法流程可以看出,每次迭代都包含粒子位置更新和局部邻域搜索。在 HDPSO 算法步骤(3)的粒子位置更新中,最坏情况下需要对 OS 向量进行两次调整,对 MA 向量进行四次调整,其最差时间复杂度为 $O(6Nl)$;步骤(3)中计算粒子适应值和保留最优个体的时间复杂度为 $O(Nl) + O(N)$;步骤(4)中邻域搜索过程的最坏时间复杂度为 $O(Nl) + O(N)$;步骤(5)中计算粒子适应值和保留最优个体的时间复杂度为 $O(Nl) + O(N)$。

这时,得到 HDPSO 算法的时间复杂度为

$$T_{max} \times [O(6Nl) + O(Nl) + O(N) + O(Nl) + O(N) + O(Nl) + O(N)]$$
$$\approx T_{max} \times [O(9Nl) + O(3N)]$$
$$\approx T_{max} \times O(Nl)$$

由此可知,HDPSO 算法的时间复杂度主要与种群规模、染色体长度和迭代次数有关。基本 PSO 算法的计算量主要是计算粒子适应值、粒子位置更新和粒子速度更新,其时间复杂度为 $T_{max} \times O(3Nl) \approx T_{max} \times O(Nl)$。因此,HDPSO 算法并没有明显增加粒子群优化算法的时间复杂度。

9.2.4 仿真与性能分析

本节采用 15 个具有代表性的 FJSP 测试算例,其中,算例 1～算例 5 是由 Kacem 等[25,29]设计的 4×5、8×8、10×7、10×10 和 15×10 问题,算例 6～算例 15 是由 Brandimarte[30]设计的 MK1～MK10 问题,具体数据见表 9-3。算例 1、算例 3、算例 4 和算例 5 为完全 FJSP,其余为部分 FJSP。

为比较算法性能,设每种算法的最大迭代次数 $T_{max} = 1000$,种群规模 $N = 100$,$w = 0.95$,$c_1 = 0.5$,$c_2 = 0.8$,$T_0 = 3$,$T_{end} = 0.01$,$B_0 = 0.9$,$p_{f_{max}} = 0.9$,$p_{f_{min}} = 0.2$,分别独立运行 10 次。

表 9-3 15 个经典 FJSP 测试算例的详细数据

算例	工序数 n/个	机器数 m/台	总工序数 T/个	最大工序数/个	最小工序数/个	工序平均机器数/台
算例 1	4	5	12	4	2	5
算例 2	8	8	27	4	3	6.6
算例 3	10	7	29	3	2	7
算例 4	10	10	30	3	3	10
算例 5	15	10	56	4	2	10
算例 6	10	6	55	6	5	2.09
算例 7	10	6	58	6	5	4.10
算例 8	15	8	150	10	10	3.01
算例 9	15	8	90	9	3	1.91
算例 10	15	4	106	9	5	1.71
算例 11	10	15	150	15	15	3.27
算例 12	20	5	100	5	5	2.83
算例 13	20	10	225	14	10	1.43
算例 14	20	10	240	14	10	2.53
算例 15	20	15	240	14	10	2.98

首先针对算例 1～算例 5,将 HDPSO 算法与 Kacem 等[29]提出的进化搜索算法(EAs)、Xia 等提出的混合粒子群优化算法(PSO+SA)[19]、Ho 等提出的 GEN-ACE 算法[7]测试的最优值分别进行比较,结果见表 9-4;然后与张超勇等提出的改进的遗传算法(IGA)[31]和两级遗传算法(BGA)[32]求得的平均值进行比较(表 9-5)。从表 9-4 中可以看出,对于算例 1～算例 5,HDPSO 算法获得的最优解等于或者小于其他四种算法得到的最优解,说明所提算法的求解质量比已有的四种算法稍好。表 9-5 给出了对算例 1～算例 5 这 5 个问题独立运行 10 次的平均值,从中可以看出对算例 1 和算例 3,HDPSO 算法均能稳定地寻找到最优值 11;而对算例 2 运行 10 次,至少有 6 次可达到最优值 14,算例 4 至少有 8 次可以达到最优值 7,

比 BGA 和 IGA 中求得的平均值小很多,说明 HDPSO 算法具有更高的稳定性和可靠性。

表 9-4　算例 1～算例 5 测试所得的最优值比较

算例	EAs[29]	PSO+SA[19]	GENACE[7]	HDPSO
算例 1	16	11	—	11
算例 2	16	—	15	14
算例 3	15	12	—	11
算例 4	7	7	7	7
算例 5	23	12	12	11

表 9-5　算例 1～算例 5 算例测试所得的平均值比较

算例	IGA[31]	BGA[32]	HDPSO
算例 1	—	—	11
算例 2	17.9	16.2	14.4
算例 3	—	—	11
算例 4	9.1	7.8	7.2
算例 5	—	—	13

针对算例 6～算例 15,将 HDPSO 算法与 Brandimarte 提出的禁忌搜索算法 (TS)[30]、GENACE 算法[7]和 Zhang 等提出的有效遗传算法(eGA)[33]进行比较,比较结果见表 9-6。从中可以看出,与 TS 算法相比,除了算例 13 中 HDPSO 算法求得的结果与其相同外,在其他 9 个算例上求得的结果均更优;与 GENACE 算法相比,除了算例 6 的最优解相同外,其他算例皆较优;与 eGA 相比,对于算例 7、算例 8、算例 10 和算例 13,HDPSO 算法求得的结果与其相同,算例 12 求得的结果比 eGA 更优,其他的算例则稍差于 eGA。

表 9-6　算例 6～算例 15 测试所得的最优值比较

算例	TS[30]	GENACE[7]	eGA[33]	HDPSO
算例 6	42	41	40	41
算例 7	32	29	26	26
算例 8	211	—	204	204
算例 9	81	67	60	67
算例 10	186	176	173	173
算例 11	86	68	58	63

算例	TS[30]	GENACE[7]	eGA[33]	HDPSO
算例 12	157	148	144	141
算例 13	523	523	523	523
算例 14	369	328	307	311
算例 15	296	231	198	227

9.3　面向多目标柔性作业车间调度的混合离散 PSO 模型

实际生产中调度问题往往包含两个或者两个以上相互冲突的目标,即多目标调度问题。目前,求解多目标柔性车间调度问题(多目标 FJSP)的方法主要有进化算法和群智能优化算法,其中多目标优化的处理,可以分为加权系数法[21]和基于 Pareto 的方法[9,22,29,34-37]。加权系数法将 FJSP 的多个目标转化为一个目标进行求解,一次求解只能得到一个最优解,难以很好地反映实际多目标问题,而基于 Pareto 的方法可以很好地解决该问题。Kacem 等以生产周期、机器总负载和单台机器最大负载为优化目标,采用 Pareto 方法来均衡 FJSP 的生产周期和机器负载[29]。王万良等为解决批量划分和批次调度,提出一种基于差分进化算法的多目标柔性批量调度算法,引入 Pareto 非支配排序和拥挤距离排序方法来选择下一代个体,并采用外部存档保存进化过程中的非支配解集[34]。Li 等提出基于 Pareto 的离散蜂群算法,采用 Pareto 支配的概念对当前种群进行层级划分,并基于此对种群进行快速非支配排序[35]。白俊杰等针对以生产周期、交货期满意度、生产成本和机床利用率为优化目标的 FJSP,提出了一种基于偏好的粒子群优化算法,有效减少了非劣解的数量,使最终结果仅集中在决策者感兴趣的区域[36]。对以上文献分析可以看出,对多目标 FJSP 的研究已经取得了很大的发展,但仍存在求解规模适用受限、计算效率有待提高、非劣解分布不均匀等问题。因此,有必要对多目标 FJSP 进行更进一步的研究。

本节采用基于 Pareto 支配关系的混合离散粒子群优化算法(HDPSO)解决多目标 FJSP 问题。HDPSO 算法采用 9.2.2 节所给出的二维染色体表示一个粒子的编码方式,并直接在离散域进行粒子位置更新操作;结合混合初始化粒子群的方法,加快算法收敛速度;结合一种新的 Baldwinian 学习(Baldwinian learning, BL)策略,将其与 SA 技术融合形成一种新的多目标局部搜索(multi-objective local search, MLS)策略,有效避免算法早熟;针对多目标 FJSP 非劣解分布性问题,建立一个外部档案来存放算法搜索过程中的非支配解,并采用 Pareto 支配关系判断进化过程中的粒子与外部档案中粒子的优劣性;讨论 HDPSO 算法中重要参数取值对求解结果的影响；将 HDPSO 算法用于解决多目标 FJSP 经典 Benchmark 问题，实验仿真验证了混合算法的有效性[23]。

9.3.1 数学模型及问题描述

1. 多目标优化问题描述

不失一般性，以最小化问题为例，假设一个多目标优化问题有 n 个决策变量、Q 个目标函数，最优化目标可以表示为

$$\min y = f(\boldsymbol{X}) = \left[f_1(\boldsymbol{X}), f_2(\boldsymbol{X}), \cdots, f_Q(\boldsymbol{X}) \right] \tag{9-11}$$

s. t.

$$g_i(x) \leqslant 0, \quad i = 1, 2, \cdots, r_1 \tag{9-12}$$

$$h_i(x) = 0, \quad i = 1, 2, \cdots, r_2 \tag{9-13}$$

式(9-11)为优化目标，其中 $\boldsymbol{X} = (x_1, x_2, \cdots, x_n) \in D \in \mathbf{R}^n$ 为决策向量，D 为决策向量形成的决策空间，$\mathbf{R}^n$ 为 n 维空间；$\boldsymbol{Y} = (y_1, y_2, \cdots, y_Q) \in B \in \mathbf{R}^Q$ 为 Q 维目标向量，B 为目标向量形成的目标空间，$\mathbf{R}^Q$ 为 Q 维空间；f 为定义了 Q 个由决策空间 D 向目标空间 B 映射的函数。式(9-12)和式(9-13)为该优化问题的约束条件，分别定义了 r_1 个不等式约束和 r_2 个等式约束。

下面给出多目标优化问题中常用的几个基本概念。

定义 9.1(可行解)　若一个决策向量 $\boldsymbol{X} \in D$，且有约束条件(9-12)和(9-13)，则称 $\boldsymbol{X}$ 为该多目标优化问题的可行解。可行解集合是由 D 中的所有可行解组成的集合，记为 $\boldsymbol{X}_f$，且 $\boldsymbol{X}_f \subset D$。

定义 9.2(支配)　决策向量 $\boldsymbol{u} = (u_1, u_2, \cdots, u_n) \in D$ 支配另一决策向量 $\boldsymbol{v} = (v_1, v_2, \cdots, v_n) \in D$ (记为 $\boldsymbol{u} \prec \boldsymbol{v}$)，当且仅当对任意的 $i \in \{1, 2, \cdots, Q\}$，$f_i(\boldsymbol{u}) \leqslant f_i(\boldsymbol{v})$，且存在 $i \in (1, 2, \cdots, Q)$，使得 $f_i(\boldsymbol{u}) < f_i(\boldsymbol{v})$。

定义 9.3(Pareto 最优)　一个向量 $\boldsymbol{X}^* \in D$ 称为问题的 Pareto 最优解（也称非支配解），当且仅当不存在另一个向量 $\boldsymbol{X} \in D$，使得 $\boldsymbol{X} \prec \boldsymbol{X}^*$。

定义 9.4(Pareto 最优前端)　由所有 Pareto 最优解组成的集合称为多目标优化问题的最优解集。由所有最优解对应的目标向量组成的曲线称为 Pareto 最优前端。

2. 多目标柔性调度优化问题描述

本节中，柔性作业车间调度问题的优化目标是最小化下面 3 个常用的性能指标[35]，具体描述如下。

（1）生产周期：

$$F_1 = C_{\max} = \max_{p=1}^{N_n} \{C_p\} \tag{9-14}$$

(2)机器总负载:

$$F_2 = \sum_{h=1}^{N_m} \sum_{p=1}^{N_n} \sum_{q=1}^{N_p} t_{pqh} \sigma_{pqh}, \quad p \in J; h \in M_{pq} \tag{9-15}$$

(3)单台机器最大负载:

$$F_3 = \max_{h=1}^{N_m} \left\{ \sum_{p=1}^{N_n} \sum_{q=1}^{N_p} t_{pqh} \sigma_{pqh} \right\} \tag{9-16}$$

生产周期和资源配置是生产系统中两个重要的性能目标。缩短生产周期能有效降低生产成本,减少机器负载可提高设备的利用率,两者不仅能增强企业的生产能力,而且可以降低因设备折旧造成的经济损失。因此,同时考虑缩短生产周期、最小化机器总负载和最大机器负载作为柔性作业车间多目标调度问题研究的对象,对提高实际生产的效率具有很大的指导意义。

9.3.2 多目标混合 PSO 模型设计

多目标混合 PSO 模型在单目标离散 PSO 模型的基础上,引入基于外部档案的存储机制,用于保存算法更新过程中产生的非支配解;同时引入基于 Baldwinian 学习策略的多目标局部搜索策略,用于增强离散 PSO 模型的局部优化能力。该模型具体的设计内容如下。

1. 种群初始化

这里求解柔性作业车间调度的多目标问题,仍采用 9.2.2 节的编码方式,对粒子群采用如下方式进行初始化:

(1)OS 向量采用随机生成的方式和最多工序剩余的工件先加工的原则[37]。

(2)MA 向量采用随机分配机器的方式和初始种群定位法[29]。

两种初始化的比例均为 50%。为避免 HDPSO 模型出现早熟收敛,采用部分粒子重新初始化的方式打破之前的种群平衡:若外部档案中的非支配解连续 gen 代未有改进,将种群中 10% 的粒子随机初始化,并随机选择外部档案中的粒子替代种群的一个粒子,其中 gen 为外部档案进化停滞周期。

2. 外部档案

为了存放 HDPSO 算法在搜索过程中获得的非支配解,建立一个外部档案(external achive,EA),并基于 Pareto 支配关系对 EA 进行更新,更新策略简单易行:当产生一个新的粒子时,将其与 EA 中的成员进行比较,若被 EA 中的任一个成员支配,则拒绝新粒子加入档案中;如果新粒子和 EA 中的所有成员互不支配,则直接加入到 EA 中;如果新粒子支配了档案中的部分成员,则移除受支配的成员,同时将新粒子加入 EA 中。

3. 基于 DPSO 算法的多目标全局搜索操作

多目标 DPSO 算法是以单目标 DPSO 算法为基础来解决多目标 FJSP 的方法，因此仍采用 9.2 节中的单目标粒子位置更新公式，但在多目标优化条件下，粒子群中同时存在多个全局最佳位置 gB，迭代更新过程中也存在多个粒子自身最佳位置 pB，所以需要对 gB 和 pB 的选择方式进行重新设计。

对 gB 的选择方法简单易操作，只需从 EA 中随机选取其中一个非支配解即可。该方法能够使粒子在多个非支配解中随机选择全局的学习信息，避免粒子因学习信息单一而快速趋同，进而避免 DPSO 算法过早收敛，有效增强其探索能力。

基于 Pareto 支配的 pB 选择方法：将新产生的粒子与当前 pB 进行比较，如果新解支配 pB，则更新 pB；否则，pB 保持不变。

4. 基于 Baldwinian 学习策略的多目标局部搜索操作

采用 9.2 节的粒子位置编码和更新公式，直接在离散域对粒子进行更新，这种 DPSO 算法具有收敛快的优点，但易陷入局部最优，因此这里加入多目标局部搜索策略（MLS），以增强 DPSO 的探索能力。MLS 包括基于 Pareto 的 Baldwinian 学习策略和 SA 技术，改进的 Baldwinian 学习策略用于调整 OS 向量，对工序进行最佳排序；SA 技术用于调整 MA 向量，为工序搜索提供最佳的机器分配。

Baldwinian 学习策略被认为是一个生物学习与进化不断迭代交替的过程，它能够改变搜索空间的形状，且可提供尽可能好的路径以寻找到最优解[38]，它的主要学习过程如图 9-4 所示。图 9-4 为粒子 i 某一维的示意图，粒子 X_i 通过向粒子 X_k 和粒子 X_l 进行学习，得到新的粒子 Y_i（$i=\{1,2,\cdots,N\}$，N 为种群中粒子的个数）。Y_i 比 X_i 更靠近最优区域，经过多次迭代，粒子将不断地向最优值方向收敛。Baldwinian 学习策略能有效提高算法的探索能力，但 Baldwinian 公式仅适用于连续优化问题，不能直接应用于组合优化问题，因此需要对其进行改进以适用于 FJSP 的离散域操作，再针对多目标优化问题，引入 Pareto 支配概念到 Baldwinian 的学习过程中。

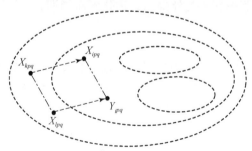

图 9-4　Baldwinian 学习过程

白俊杰等针对 FJSP 特点用 DPSO 速度更新公式中的变量表示工件工序在编码中的位置[36]。这里借鉴其表达方式,得到新的 Baldwinian 学习公式:

$$Y_{ipq}(k) = X_{ipq}(k) + s' |X_{lpq}(k) - X_{kpq}(k)| \qquad (9\text{-}17)$$

$$s' = \begin{cases} 1, & r < s \\ 0, & r \geqslant s \end{cases} \qquad (9\text{-}18)$$

式中,X_{ipq}、X_{lpq} 表示粒子 i 和 l 的第 p 工件的第 q 个工序在粒子编码中的位置索引,其中 $i \neq l \neq k$,$i, l, k \in \{1, 2, \cdots, N\}$;$s$ 是 Baldwinian 学习强度;r 为在 $(0, 1)$ 的随机数。根据式(9-17)和式(9-18)进行更新,可得到工序的新位置号,将其按照顺序排列即可得到新的工序编码 OS 向量;同时在调整过程中保留该工序的机器分配,则得到对应新工序编码的机器编码 MA 向量。

为使 Baldwinian 策略能够适用于求解多目标优化问题,这里引入 Pareto 支配的概念来判断解的优劣性,改进后的搜索过程为:粒子群 $\boldsymbol{X} = \{X_i \mid i = 1, 2, \cdots, N\}$ 按照复制尺度 p_s 产生新粒子群 $\boldsymbol{Y} = \{Y_i \mid i = 1, 2, \cdots, N\}$,$Y_i = \{Y_{iz} \mid z = 1, 2, \cdots, p_s\}$,计算粒子 Y_i 和复制前的粒子 X_i 在 3 个目标上的适应度值,并根据 Pareto 支配关系判断解的优劣性;在 $p_s + 1$ 个粒子中随机选择其中一个非支配解 Z_i 组成新的粒子群 $\boldsymbol{Z} = \{Z_i \mid i = 1, 2, \cdots, N\}$,并将新的粒子群 $\boldsymbol{Z}$ 赋值给之前的粒子群 $\boldsymbol{X}$。

采用 SA 技术对 MA 向量进行邻域搜索:以最小化完工时间 F_1 为评价准则,计算每台机器的工作负载,从负载最大的机器上随机选择一个工序,将具有最小负载的机器分配给它。

5. 算法流程

求解多目标 FJSP 的 HDPSO 算法的具体步骤如下。

(1)确定参数。设定种群规模 N,最大迭代次数 $T_{\max}$,Archive 进化停滞周期 gen。PSO 更新公式中常量:惯性常量 w,学习因子 c_1 和 c_2,自适应调整参数 $p_{f_{\min}}$ 和 $p_{f_{\max}}$;Baldwinian 策略中的常量:复制尺度 p_s,学习强度 s;SA 算法中的常量:初始温度 T_0,终止温度 T_{end},退火率 B。

(2)种群初始化。设置运行代数 $k = 0$。采用 3.1 节的方法初始化粒子群,计算粒子适应值,根据 Pareto 支配关系,将非支配解放入外部档案 EA,初始化局部最佳位置 $pB_i = X_i$,全局最佳位置 gB = rand(Archive),$i = 1, 2, \cdots, N$。

(3)根据 9.2.2 节的 DPSO 全局搜索操作,更新粒子位置。计算新种群中粒子的适应度值,更新外部档案 EA。同时根据 Pareto 支配关系更新局部最佳位置 pB_i 和全局最佳位置 gB。

(4)MLS 策略。随机选择 r 个粒子,$r \in \left[1, \dfrac{N}{2}\right]$ 对其进行 SA 局部搜索;进行

多目标 BL 搜索,更新 EA,同时更新 pB_i 和 gB。

（5）若档案连续 gen 代未有改进,将种群中的 10% 粒子随机初始化,并随机选择 EA 中的一个粒子替代种群的一个粒子。

（6）令 $k = k + 1$,判断是否达到终止条件（$k > T_{max}$）。若满足,则输出最优值;否则,转步骤（3）。

9.3.3　算法复杂度分析

HDPSO 算法的每次迭代均包含计算目标值、外部档案 EA 的更新维护、粒子位置更新和基于 Baldwinian 的多目标局部搜索四部分。假设目标函数个数为 M,粒子种群规模为 N,迭代次数为 T_{max},染色体长度为 l,Baldwinian 局部搜索操作的复制尺度为 p_s。

计算目标值的时间复杂度约为 $O(MNl)$;一个粒子是否放入 EA,最多需要与 N 个粒子进行比较,则最坏情况下其时间复杂度约为 $O(MN^2)$;粒子位置更新中 OS 向量最多根据自身位置调整一次、根据个体最优位置调整一次,MA 向量最多根据自身位置调整一次、根据个体最优位置调整两次、根据全局最优位置调整一次,其最坏时间复杂度分别为 $O(2Nl)$ 和 $O(4Nl)$;基于 Baldwinian 的多目标局部搜索的时间消耗主要在非支配解的比较和局部搜索上,其最坏时间复杂度约为 $(p_s+1)[O(MN^2)+O(Nl)]$。从 9.3.2 节的算法流程可以看出,算法每迭代一次需要计算目标值两次、更新外部档案两次、更新粒子位置一次、多目标局部搜索一次。

因此,HDPSO 算法迭代 T_{max} 次的最大时间复杂度为

$$T_{max} \times \{2O(MNl) + 2O(MN^2) + O(2Nl) + O(4Nl)$$
$$+ (p_s+1) \times [O(MN^2) + O(Nl)]\}$$
$$\approx T_{max} \times [(p_s+3) \times O(MN^2) + 2O(MNl)]$$
$$\approx T_{max} \times [O(MN^2) + O(MNl)]$$

可以看出,多目标 HDPSO 算法的计算量主要与种群规模、目标值个数、迭代次数、MLS 的复制尺度和染色体长度有关。

9.3.4　仿真与性能分析

1. 性能参数

为了测试算法性能,本节仍采用 9.2.5 节的算例 1～算例 15 这 15 个不同规模的 FJSP 测试算例进行比较,并取出算例 2～算例 11 这 10 个较具代表性的算例进行参数分析,测试算法性能的参数如下。

（1）误差比（ER）:用来描述在算法产生的非支配解中不属于真实 Pareto 前端

的解所占的百分比。$ER = \frac{1}{n}\left(\sum_{i=1}^{n} e_i\right)$，$n$ 为 PF_{true} 中非支配解的个数，若 i 属于 PF_{known}，则 $e_i = 0$，否则 $e_i = 1$。ER 值越小，说明属于 PF_{known} 的非支配解比例越高。其中，PF_{known} 指所有算法非支配解的集合，PF_{true} 指各个算法对应的非支配解集合。

(2)当代距离指标(GD)：$GD = \frac{1}{n}\left(\sum_{i=1}^{n} D_i^2\right)^{\frac{1}{2}}$，用来描述算法所获得的非支配解与问题的真实 Pareto 前端之间的距离，n 为 PF_{known} 非支配解的个数，D_i 为目标空间 PF_{true} 中的第 i 个解与 PF_{known} 之间的欧氏距离。

2. 参数分析

由于不同的参数对算法结果的影响不同，本节分别讨论了 PSO 算法中的惯性权重 w、学习因子 c_1 和 c_2(PSO 中通常设 $c_1 = c_2 = c$)，以及 BL 搜索中的复制尺度 p_s、学习强度 s 等参数对算法的影响。其中，w 的取值为 $0.1 \sim 0.9$，步长为 0.1；c_1 的取值为 $0.4 \sim 0.9$，步长为 0.1；p_s 的取值为 $1 \sim 5$，步长为 1；s 的取值为 $0.1 \sim 0.9$，步长为 0.1。针对各个参数取值，采用性能比较参数 ER 对算例 1～算例 10 分别运行 20 次过程中所获得的非支配解进行比较。PF_{known} 指所有参数取值下非支配解的集合，PF_{true} 指各个参数取值对应的非支配解集合。其他参数设置为 $T_0 = 3$，$T_{end} = 0.01$，$B = 0.9$，$p_{f_{max}} = 0.9$，$p_{f_{min}} = 0.2$，算例 1～算例 6 中的 $P = 50$，$G = 1000$，其余算例中 $P = 50$，$G = 2000$。

这里采用的具有离散操作的 PSO 算法结合了遗传操作和 PSO 的信息交换方法，惯性权重 w 相当于 GA 中的变异概率，学习因子 c 相当于交叉概率。从不同惯性权重 w 下 HDPSO 算法性能的比较结果来看，$w = 0.1$ 时 ER 最小，获得的非支配解最好；$w = 0.8$、0.9 时 ER 最大，此时 PSO 算法更接近随机搜索，性能较差；对于学习因子 c 的测试结果，$c = 0.6$、0.7 时算法性能较好，在 0.7 处最好，可以看出 c 值太小可能会使 PSO 算法陷入迟钝状态，太大则会增大高性能的模式被破坏的可能性，因此取 $w = 0.1$，$c = 0.7$。对于不同复制尺度 p_s 下 10 个算例的测试结果，$p_s = 2$、3、4 时 ER 较小，p_s 增大则算法的邻域搜索范围越大，若太大则算法更接近于随机搜索，且随着 p_s 的加大，算法的计算时间增加，搜索性能并无明显改善，因此取 $p_s = 2$。从不同学习强度 s 下 HDPSO 算法的运行结果来看，学习强度 $s = 0.3$、0.4 时 ER 较小，s 太大或者太小会使算法陷入早熟，而随着 s 值增大，计算时间会相应增加，因此取 $s = 0.3$。

3. 多目标局部搜索环节的有效性测试

为了考察 HDPSO 算法中各个环节的有效性，这里考虑 HDPSO 算法的变种：① Y_1 算法，即 HDPSO 算法中不采用 Baldwinian 学习策略进行局部搜索；② Y_2 算法,即 HDPSO 算法中不采用 SA 算法进行局部搜索;③ Y_3 算法,即 HDPSO 算法本身,采用混合初始化方式:根据 NMOR 原则产生 OS 向量并随机初始化 MA 向量,采用随机初始化 OS 向量结合 Kacem 的方法产生 MA 向量,两者各占 50%。

采用性能参数 ER 和 GD 对算例 1~算例 15 分别运行 20 次过程中所获得的非支配解进行比较,ER 和 GD 越小,说明算法所求的非支配解精度越高。从表 9-7 可以看出,由于 BL 策略和 SA 技术的加入,Y_3 算法求得的非支配解更接近 Pareto 最优解集,且几乎对于所有的测试算例,在求解非支配解的多样性和稳定性等方面的性能得到明显改善,表明 MLS 策略有助于产生更多的非支配解去填补 Pareto 前端的空白区域。

表 9-7　三种 HDPSO 算法的性能比较结果

算例	ER			GD		
	Y_1	Y_2	Y_3	Y_1	Y_2	Y_3
算例 1	0	0	0	0	0	0
算例 2	0	0	0	0	0	0
算例 3	1	0	0	1.4142	0	0
算例 4	1	0.7500	0	8.4853	0.4330	0
算例 5	1	1	0	15.5563	1.5635	0
算例 6	1	0.5385	0.3889	36.8782	0.5044	0.3333
算例 7	1	0.2857	0.1000	16.9706	0.2020	0.1000
算例 8	0.5000	0.4194	0.0833	4.2426	0.7634	0.2700
算例 9	1	0.0769	0.0938	59.3970	4.5690	0.0988
算例 10	0	0.3571	0	0	0.8391	0
算例 11	1	0.1739	0.2785	7.2111	0.4900	0.1895
算例 12	0	0.3077	0	0	0.5217	0
算例 13	0	0	0	0	0	0
算例 14	1	0.5000	0.2727	33.9779	1.3345	0.6212
算例 15	1	0.1875	0.5082	82.2375	0.4098	0.1779

4. HDPSO 与其他类型算法的比较

为了进一步测试 HDPSO 算法的有效性,这里将 HDPSO 与 PSO＋SA[19]、PSO＋TS[39]、MOPSO[20]、ESM[34] 和 P-DABC[35] 五种算法的求解结果进行比较,PSO＋SA、PSO＋TS 和 ESM 算法采用加权系数法,MOPSO 和 P-DABC 算法采用基于 Pareto 的方法。其中,ESM 算法给出了算例 1~算例 15 的求解结果;P-DABC 算法给出了算例 1~算例 5 的求解结果,PSO＋TS 算法给出了算例 1、算例

2、算例 4 和算例 5 的求解结果，其余两种算法给出了算例 2、算例 4 和算例 5 的求解结果，详细结果见表 9-8 和表 9-9。表 9-8 给出了前 5 个算例的所有求解结果；由于 HDPSO 算法求得的非支配解的数量较多，表 9-9 仅给出了算例 6～算例 15 中每个算例的 5 个非支配解。表 9-8 和表 9-9 中的数据依次为完工时间 F_1、机器总负载 F_2、单台机器最大负载 F_3，即（F_1，F_2，F_3），其中"—"表示文献未给出求解结果。

　　算例 1～算例 5 的比较结果如表 9-8 所示，对于算例 1，HDPSO 算法求得的非支配解比 PSO＋TS 算法多了一个，不比 ESM 算法差，稍差于 P-DABC 算法；对于算例 2，HDPSO 算法获得了比 PSO＋SA、PSO＋TS 和 ESM 算法更多的非支配解，而相比于 MOPSO 和 P-DABC 算法，求得的非支配解虽然不同，但彼此不受对方所得解支配的非支配解数量相同，说明 HDPSO 算法在对算例 2 的求解上优于 PSO＋SA、PSO＋TA 和 ESM 算法，且不比 MOPSO 和 P-DABC 算法差；对于算例 3，HDPSO 和 ESM 算法的计算结果相同，支配了 P-DABC 算法求得的非支配解；对于算例 4，HDPSO 和 MOPSO 算法的计算结果相同，相比于其他四种算法获得了更多的非支配解；而对于算例 5，HDPSO 算法求得了其他五种算法均未求得的一组非支配解。可以看出，HDPSO 算法在算例 1～算例 5 的求解质量上略优于其他五种算法。

表 9-8　六种算法关于算例 1～算例 5 的计算结果比较

算法 算例	PSO＋SA	PSO＋TS	MOPSO	ESM	P-DABC	HDPSO
算例 1	—	11,32,10	—	11,32,10	11,32,10	11,32,10
	—	—	—	11,34,9	12,32,8	12,33,8
	—	—	—	12,32,8	13,33,7	—
算例 2	15,75,12	14,77,12	14,77,12	14,77,12	14,77,12	14,77,12
	16,73,13	15,75,12	15,75,12	15,75,12	15,75,12	15,75,12
	—	—	17,77,11	16,77,11	16,73,13	16,77,11
	—	—	16,73,13	17,73,13	—	17,73,13
	—	—	16,78,11	—	—	16,73,14
算例 3	—	—	—	11,62,10	11,63,11	11,62,10
	—	—	—	11,61,11	12,61,11	11,61,11
	—	—	—	12,60,12	12,60,12	12,60,12
算例 4	7,44,6	7,43,6	7,42,6	7,42,6	7,43,5	7,42,6
	—	—	7,43,5	8,42,5	8,42,5	7,43,5
	—	—	8,42,5	8,41,7	8,41,7	8,42,5
	—	—	8,41,7	—	—	8,41,7

续表

算例＼算法	PSO+SA	PSO+TS	MOPSO	ESM	P-DABC	HDPSO
算例 5	12,91,11	11,93,11	11,91,11	11,91,11	11,93,11	11,91,11
	—	—	12,93,10	—	12,91,11	11,95,10
	—	—	—	—	—	12,93,10

HDPSO 算法针对算例 6～算例 15 求得了大量的非支配解集,表 9-9 给出了部分计算结果。从表 9-9 可以看出,对于算例 6、算例 7、算例 8、算例 9、算例 10 和算例 12,HDPSO 算法不仅求得了更多的非支配解,而且在三个目标上均优于 ESM 算法,在三个目标的最优解上均有所改进,HDPSO 算法完全支配 ESM 算法所得解的非支配解在表 9-9 中以加粗字体表示,说明 HDPSO 算法不仅求解质量优于 ESM 算法,在非支配解的数量上也占有很大优势;而对于其他 4 个算例,HDPSO 算法求得了众多的非支配解,且均有一个或者两个目标优于 ESM 算法,在某个目标的最优解上有所改进。从图 9-5 可以看出,HDPSO 算法不仅求得了 5 个完全支配 ESM 算法的非支配解,还求得其他 11 个与 ESM 算法互不支配的解,且非支配解的分布较均匀。

表 9-9　HDPSO 与 ESM 算法关于算例 6～算例 15 的部分计算结果比较

算例＼算法	ESM	HDPSO	算例＼算法	ESM	HDPSO
算例 6	42,162,42	41,164,37	算例 9	68,352,67	**68,349,66**
		41,163,38			**68,346,67**
		42,162,38			68,354,68
		42,161,42			68,357,62
		45,155,41			71,345,67
算例 7	28,155,28	**27,153,27**	算例 10	177,702,177	**173,686,173**
		28,145,27			**174,683,174**
		28,151,26			**175,684,173**
		29,144,29			**176,682,175**
		30,143,29			178,680,178
算例 8	204,852,204	**204,850,204**	算例 11	75,431,67	74,434,74
		210,848,210			75,418,72
		213,844,213			75,408,75
		222,838,222			75,412,73
		223,842,221			76,435,72

续表

算法 算例	ESM	HDPSO	算法 算例	ESM	HDPSO
算例 12	150,717,150	**141,692,141** **142,691,142** **142,688,142** **144,673,144** **144,680,144**	算例 14	311,2374,299	374,2239,367 376,2239,363 377,2238,369 378,2237,372 379,2236,363
算例 13	523,2524,523	523,2524,523 524,2519,524 533,2514,533 542,2509,542 551,2504,551	算例 15	227,1989,221	293,1932,271 293,1914,285 314,1865,273 312,1855,296 316,1853,293

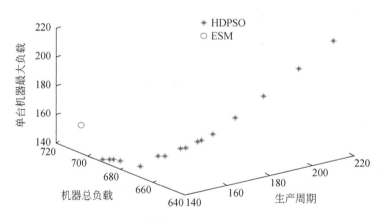

图 9-5　算例 12 的非支配解比较图

　　综上所述,HDPSO 算法不仅优于采用加权系数方法的 PSO＋SA、PSO＋TS 和 ESM 算法,而且优于基于 Pareto 方法的 MOPSO 和 P-DABC 算法。

9.4　本章小结

　　本章详细阐述了粒子群优化计算在单目标和多目标柔性作业车间调度问题中的应用。首先针对 FJSP 的离散问题特征,给出新的编码方案,描述了离散 PSO 进化策略,有效避免非可行解的出现,并引入模拟退火来改善算法的全局收敛性能,提高算法搜索效率；然后基于 Pareto 支配概念，设计了多目标 PSO 计算模型，引入离散学习策略以及外部档案记忆机制，结合模拟退火算法，有效克服算法早熟的缺陷；最后通过实际算例的仿真数据表明，离散粒子群优化是一种求解柔性作业车间调度问题的有效工具。

参 考 文 献

[1] 王万良，吴启迪. 生产智能算法及其应用[M]. 北京：科学出版社，2007.

[2] 徐新黎. 生产调度问题的智能优化方法研究及应用[D]. 杭州：浙江工业大学，2009.

[3] Garey M, Johnson D, Sethi R. The complexity of flow shop and job-shop schedules[J]. Mathematics of Operations Research, 1976, 2(1)：117-129.

[4] Brucker P, Schlie R. Job-shop scheduling with multi-purpose machines[J]. Computing, 1990, 45(4)：369-375.

[5] Torabi S A, Karimi B, Fatemi S M T. The common cycle economic lot scheduling in flexible job shops：the finite horizon case[J]. International Journal of Production Economics, 2005, 97(1)：52-65.

[6] Ozguven C, Ozbakir L, Yavuz Y. Mathematical models for job-shop scheduling problems with routing and process plan flexibility[J]. Applied Mathematical Modelling, 2010, 34(6)：1539-1548.

[7] Ho N B, Tay J C. GENACE：an efficient cultural algorithm solving the flexible job shop problem[C]. Proceedings of the Congress on Evolutionary Computation, Portland, 2004：1759-1766.

[8] Zribi N, Kacem I, Kamel A E. Assignment and scheduling in flexible job-shops by hierarchical optimization[J]. IEEE Transactions on Systems, Man and Cybernetics, Part C：Applications and Reviews, 2007, 37(4)：652-661.

[9] 刘丽琴，张学良，谢黎明，等. 多目标柔性作业车间调度的 Pareto 混合粒子群算法[J]. 中北大学学报（自然科学版），2013, 34(2)：134-139.

[10] 贾兆红. 面向多目标的自适应动态概率粒子群优化算法[J]. 系统仿真学报，2008, 20(18)：4959-4963.

[11] 白俊杰，王宁生，唐敦兵. 一种求解多目标柔性作业车间调度的改进粒子群算法[J]. 南京航空航天大学学报，2010, 42(4)：447-453.

[12] Xing L N, Chen Y W, Wang P, et al. Knowledge-based ant colony optimization for flexible job shop scheduling problems[J]. Applied Soft Computing, 2010, 10(3)：888-896.

[13] 王万良，赵澄，熊婧，等. 基于改进蚁群算法的柔性作业车间调度问题的求解方法[J]. 系统仿真学报，2008,(16)：4326-4329.

[14] 王海燕，赵燕伟，王万良，等. 两级差分进化算法求解多资源作业车间批量调度问题[J]. 控制与决策，2010, 25(11)：1635-1644.

[15] 王凌，刘波. 微粒群优化与调度算法[M]. 北京：清华大学出版社，2008.

[16] Zhao Y W, Wang H Y, Xu X L, et al. A new hybrid parallel algorithm for consistent-sized batch splitting job shop scheduling on alternative machines with forbidden intervals[J]. International Journal of Advanced Manufacturing Technology, 2010, 48(9/10/11/12)：1091-1105.

[17] Xu X L, Li L, Fan L X, et al. Hybrid discrete differential evolution algorithm for lot splitting with capacity constraints in flexible job scheduling[J]. Mathematical Problems in Engineering, 2013, 18(1)：112-119.

[18] 徐新黎, 应时彦, 王万良. 求解模糊柔性 Job-shop 调度问题的多智能体免疫算法[J]. 控制与决策, 2010, 25(2): 171-178.

[19] Xia W J, Wu Z M. An effective hybrid optimization approach for multi-objective flexible job-shop scheduling problems[J]. Computers & Industrial Engineering, 2005, 48(2): 409-425.

[20] Moslehi G, Mahnam M. A pareto approach to multi-objective flexible job-shop scheduling problem using particle swarm optimization and local search [J]. International Journal of Production, 2011, 129(1): 14-22.

[21] Gao J, Gen M, Sun L, et al. A hybrid of genetic algorithm and bottleneck shifting for multiobjective flexible job shop scheduling problems[J]. Computers & Industrial Engineering, 2007, 53(1): 149-162.

[22] 张静, 王万良, 徐新黎, 等. 混合粒子群法求解多目标柔性作业车间调度问题[J]. 控制理论与应用, 2012, 29(6): 715-722.

[23] 张静. 基于混合离散粒子群算法的柔性作业车间调度问题研究[D]. 杭州: 浙江工业大学, 2014.

[24] 李铁克, 王伟玲, 张文学. 基于文化遗传算法求解柔性作业车间调度问题[J]. 计算机集成制造系统, 2010, 16(4): 861-866.

[25] Kacem I, Hammadi S. Approach by localization and multi-objective evolutionary optimization for flexible job-shop scheduling problems[J]. IEEE Transaction on Systems, Man, and Cybernetics, Part C: Applications and Reviews, 2002, 32(1): 1-13.

[26] 潘全科, 王文宏, 朱剑英, 等. 基于粒子群优化和变邻域搜索的混合调度算法[J]. 计算机集成制造系统, 2007, 13(2): 323-328.

[27] Shi G. A genetic algorithm applied to a classic job-shop scheduling problem[J]. International Journal of Systems Science, 1997, 28(1): 25-32.

[28] Kirkpatrick S, Gelatt C D, Vecchi M P. Optimization by simulated annealing[J]. Science, 1983, 220(4598): 671-680.

[29] Kacem I, Hammadi S, Borne P. Pareto optimality approach for flexible job shop scheduling problems: hybridization of evolutionary algorithms and fuzzy logic[J]. Mathematics and Computers in Simulation, 2002, 60(3/4/5): 245-276.

[30] Brandimarte P. Routing and scheduling in a flexible job shop by tabusearch[J]. Annals of Operations Research, 1993, 41(3): 157-183.

[31] 张超勇, 刘琼, 邱浩波, 等. 考虑加工成本和时间的柔性作业车间调度问题研究[J]. 机械科学与技术, 2009, 28(8): 1005-1011.

[32] 张超勇, 饶运清, 李培根, 等. 柔性作业车间调度问题的两级遗传算法[J]. 机械工程学报, 2007, 43(4): 119-124.

[33] Zhang G, Gao L, Shi Y. An effective genetic algorithm for the flexible job-shop scheduling problem[J]. Expert Systems with Applications, 2011, 38(4): 3563-3573.

[34] 王万良, 范丽霞, 徐新黎, 等. 多目标差分进化算法求解柔性作业车间批量调度问题[J]. 计算机集成制造系统, 2013, 19(10): 2481-2492.

[35] Li J Q, Pan Q K, Gao K Z. Pareto-based discrete artificial bee colony algorithm for multi-objective flexible job shop scheduling problems[J]. International Journal of Advanced Manufacturing Technology, 2011, 55(9/10/11/12): 1159-1169.

[36] 白俊杰, 龚毅光, 王宁生, 等. 多目标柔性作业车间分批优化调度[J]. 计算机集成制造系统, 2010, 16(2): 396-403.

［37］ Pezzella F，Morganti G，Ciaschetti G. A genetic algorithm for the flexible job-shop scheduling problem［J］. Computers & Operations Research，2008，35(10)：3202-3212.

［38］ Gong M G，Jiao L C，Zhang L N. Baldwinian learning in clonal selection algorithm for optimization［J］. Information Sciences，2010，180(8)：1218-1236.

［39］ Zhang G H，Shao X Y，Li P G，et al. An effective hybrid particle swarm optimization algorithm for multi-objective flexible job-shop scheduling problem［J］. Computers & Industrial Engineering，2009，56(4)：1309-1318.

第10章　面向无线传感器网络路由优化的粒子群模型

10.1　引　　言

10.1.1　无线传感器网络简介

无线传感器网络(wireless sensor networks，WSN)是由大量部署在监测区域中的微型传感器节点所形成的自组织网络系统,其中各节点均具有数据处理和无线通信能力。无线传感网络是一种全新的信息获取和处理技术,它能够在无人值守的监测区域实时监测、感知和采集人们感兴趣的环境信息,并通过节点间的无线通信将采集到的数据传送到基站(base station),再通过 Internet 或其他网络通信方式传送给管理控制中心[1-4]。目前,无线传感器网络的应用遍及智能交通[5]、环境监测[6]、战场侦察[7]、目标跟踪[8]、公共安全[9]、智能家居[10]、健康监控[11]以及火灾的应急定位和导航[12]等多个领域。

典型的无线传感器网络通常由无线传感器节点(nodes)、汇聚节点(sink)、基础设施网络(Internet、卫星等)以及传感器网络管理节点构成。受体积、能量供给等多方面因素的制约,传感器节点只能在有限的通信距离内进行数据交换。为确保网络内信息的通畅,节点需要以多跳中继的方式将数据传送到汇聚节点。而汇聚节点具有充沛的电能供应,信号收发能力较强,可以将监测区域内收集到的数据通过基础设施网络传送到远程的传感器网络管理节点上。传感器网络管理节点一方面负责发布检测任务、收集监测数据、处理及分析数据等工作,另一方面也对整个传感器网络进行配置和管理。无线传感器网络的体系结构如图 10-1 所示。

10.1.2　无线传感器网络路由协议研究现状

根据分工不同,无线传感器网络主要可分为三个部分:数据获取网络、数据发布网络和控制中心。其中,数据获取网络负责监测环境信息,并将它们转换为数字信号;数据发布网络负责将这些数据信号通过无线电波按照一定的网络拓扑传输到汇聚节点;控制中心负责管理整个网络,发布任务信息,处理和分析监测数据[13]。而三个部分之间的分工和协作都是根据无线传感器网络的路由协议来进行的,因此网络路由协议在无线传感器网络应用中具有举足轻重的作用。

无线传感器网络的协议可以分为应用层、传输层、网络层、数据链路层和物理

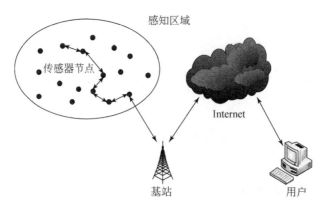

图 10-1　无线传感器网络结构

层[14]。其中,路由协议运行于网络层,是无线传感器网络的一个重要研究对象。另外,在无线传感器网络的协议体系中还包括任务管理、移动管理和能量管理 3 个模块,这些模块通过协同方式在无线传感器节点间进行资源共享和多任务处理,在移动中转发检测的数据,并使能量消耗更加合理和高效。图 10-2 所示为无线传感器的网络协议结构。

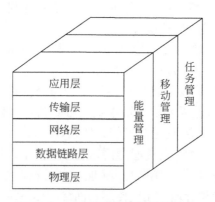

图 10-2　无线传感器网络协议结构

根据无线传感器网络拓扑结构的不同,可将路由协议分为平面式和分层式两种,分别介绍如下。

1. 平面路由协议

平面路由协议指网络中节点的功能和地位相同,又称为对等式结构,该协议主要利用局部操作和信息反馈生成路由。典型的平面路由协议主要有 Flooding、Directed diffusion、SPIN、Rumor Routing 等,这些协议下网络的信息流量能够均匀分散,不易产生瓶颈效应,因而具有较好的稳健性。但平面路由协议对通信资源缺乏优化和管理,因此对网络变化的响应速度较慢,网络可扩展性不佳,从而使网络规模受到了一定限制。

2. 分层路由协议

分层路由协议以簇(cluster)的形式将无线传感器网络内的节点进行层次划分,其中每个簇由簇首和若干个成员节点构成。簇首(cluster head,CH)对整个簇进行管理和控制,多个簇首构成高层骨干网,而各个簇的成员节点属于低层通信网。在数据传送过程中,每个簇内的成员节点负责采集数据并将它们发送给所属的簇首节点,簇首节点将来自多个节点的数据融合后发送给基站或汇聚节点。

与平面路由协议相比,分层路由协议在减少能量消耗、延长网络寿命、降低网络时延和平衡网络负载等方面有着许多优势,因此其研究和应用更为深入、广泛。典型的分层路由协议主要有 LEACH(low-energy adaptive clustering hierarchy)协议[13]、PEGASIS(power-efficient gathering in sensor information systems)协议[15]、TEEN(threshold sensitive energy efficient sensor network protocol)协议[16]、HEED(hybrid energy efficient distributed clustering)协议[17] 以及它们的改进协议等。下面对LEACH 协议和 PEGASIS 协议进行简单的介绍。

1)LEACH 协议

LEACH 协议是 MIT 的 Heizelman 等提出的第一个无线传感器网络分层路由协议,此后大多数分层路由协议都是基于它而形成的。LEACH 协议通过网络内所有节点自组织形成多个簇,每个簇选举一簇首来分担中继通信任务,簇首接收簇内各成员节点发来的数据,进行融合处理后发送到基站或 Sink 节点。通过网络分层,LEACH 协议将大部分的数据传送过程控制在簇内,有效降低各节点的能耗;通过融合压缩,有效减少了通信量;采用"轮换选择簇首"的方式避免簇首节点消耗能量过多,使网络能耗得以均衡。动态的分层建簇策略,有效增强了网络的可扩展性和健壮性;簇内通信采用 TDMA 方式,节点在空闲间隙内关闭自己的信号收发装置,处于休眠状态,从而减少不必要的能量消耗。正是由于上述优点,与其他平面多跳路由协议和静态分层协议相比,LEACH 协议是一个低耗自适应分层路由协议,至少可将网络寿命延长 15%。

但是 LEACH 协议也存在一些缺点,在选举簇首的过程中过度依赖随机数,对节点的能量以及位置等因素缺乏考虑,从而造成所选簇首的能量分布不均衡,导致部分节点过早死亡;簇间采用和簇内相同的单跳方式进行通信,使得簇首能量在与基站通信的过程中迅速减少,尤其在大范围的监测环境下,需要更多的分簇和簇首节点,而大量簇首的能耗将严重影响整个网络的生存周期。

2)PEGASIS 协议

PEGASIS 协议是由 LEACH 协议发展而来的基于"链"的分层路由协议。它主要对 LEACH 协议进行了两方面的改进：①通过链式结构使每个节点只与自己的邻居节点进行通信；②每轮中只选择一个簇首节点与基站进行通信。在 PEGASIS 协议下，每个节点根据其他节点对自己所发射的广播信号的回应来判断彼此的位置，并选择最近节点来建立一条最短优化链路，从而使信息能够快速传送给基站。

与 LEACH 协议相比，一方面，PEGASIS 协议把与基站通信的簇首节点限制为一个且通过轮流担任的方式使网络能耗得以平衡，有效避免了频繁选举簇首带来的通信开销；另一方面，最短链路的选择也能够有效减少网络的通信距离。因此，该协议在不同的应用环境中能延长网络的生存周期高达 100%～300%。但 PEGASIS 协议也存在着一些不足：①最短链路实际是通过贪婪算法来建立的，而贪婪算法是一种典型的局部优化算法，很容易陷入局部最优而导致所形成的链路较长，使得信息传输中节点能耗过大；②随机选择节点作为簇首的方法，依然没有考虑各节点的能耗差别，导致部分节点过早因能量衰竭而死亡；③单簇首节点可能会造成瓶颈效应，尤其是网络规模过大时，单链路通信模式会增加网络时延，导致通信数据失效，且单个节点的问题会波及整个网络。

综上所述，如何降低网络能量消耗、延长网络生存时间是无线传感器网络应用的一个重要问题，而改善网络通信协议则成为解决该问题的一个有效途径。智能算法可以在复杂和动态环境中提供自适应的机制，该特点正好迎合了无线传感器网络的要求[18]。目前，不少研究学者陆续提出了基于智能算法的无线传感器网络路由协议，包括模糊逻辑[19,20]、神经网络[21]、增强学习[22-26]、遗传算法[27-29]、蚁群算法[30-33]和粒子群优化算法[34,35]等。对于无线传感器网络，增强学习和蚁群算法比较适合于解决路由问题，模糊逻辑往往需要和其他智能算法结合起来使用，而遗传算法和神经网络可以用来求解无线传感网络的分簇问题[18]。

无线传感网络本身是一种离散拓扑结构，由此决定了网络优化本质的离散性，其求解难度将随着网络结构规模的增加而显著变化，是一种典型的 NP 难组合优化问题。第 8、9 章中的内容已经表明，粒子群优化计算同样适用于离散域问题优化。本章将从网络协议分簇和路由优化两个角度出发，分别阐述粒子群优化计算在网络优化应用中的技术要点，介绍基于离散粒子群优化的改进簇优化算法和路由优化算法。两种算法均直接采用离散进化操作，并结合问题特征引入不同的启发式策略，有效避免算法的局部收敛。

10.2　面向无线传感器网络分簇优化的离散 PSO 模型

针对 LEACH 协议分簇不均匀的问题，本节给出了一种改进的离散粒子群模型（DPSO-LEACH）[4]以对该协议的分簇问题进行优化。在优化过程中，使用惯性权重调整和变异策略来避免 PSO 算法陷入局部最优，并通过启发式算法来帮助计算最佳簇首的位置,同时引入基于能量的自适应簇首选择策略,避免频繁进行簇首更替而造成的能量消耗和通信代价,从而有效延长无线传感器网络的生存周期。

10.2.1　分簇优化问题描述

分簇优化的目的是从整个监测区域的无线传感器网络中选出一组处于最佳位置的节点担当簇首,而最佳的簇首一方面应该使簇间尽可能分布均匀,另一方面使簇内各成员节点到簇首的距离尽可能均等。对一个簇来说,当簇内所有节点到簇首的距离总和最小且各节点到簇首的距离基本相等时,该簇内所有节点到簇首的距离方差最小,簇内分布基本均匀。从整个网络来看,当所有簇的成员节点到各自簇首距离总和的平均值与所有簇的成员节点到各自簇首的距离方差平均值同时达到最小值时,整个分簇情况应该是比较理想的。因此,目标函数可构造如下:

$$F = \text{mean}\Big(\sum_{j=1}^{n}\big(\sum_{i=1}^{m} D_{ji\text{-}j\text{CH}}\big)\Big) \cdot \text{mean}\Big(\sum_{j=1}^{n}\big(\text{var}\big(\sum_{i=1}^{m} D_{ji\text{-}j\text{CH}}\big)\big)\Big) \qquad (10\text{-}1)$$

式中,$D_{ji\text{-}j\text{CH}}$ 代表第 j 个簇中第 i 个成员节点到该簇首的距离;mean()是平均值函数;var()是方差函数。适应度函数 F 的前半部分乘积代表网络中各个簇的成员节点到其簇首距离总和的平均值,而后半部分乘积是各个簇的成员节点到其簇首距离方差的平均值,当这两个部分的乘积达到最小值时整个网络的簇结构是均匀合理的。粒子群优化算法就是要在不断的迭代中寻找使这个适应度目标函数尽可能小的粒子位置。

参照文献[36]的研究结果,当簇首节点占整个网络的传感器节点个数的 5% 时,该无线传感器网络的能量最节省,因此将簇首节点个数设定为所有传感器节点个数的 5%,每个簇的簇内节点个数都相等。设整个网络由 $N=100$ 个无线传感器节点构成,则整个网络将选出 $n=5\% N$ 个簇首节点,即网络被动态划分为 $n=5$ 个簇,而每个簇里包含 $m=20$ 个节点。

10.2.2　离散粒子群分簇优化设计

1. 编码

无线传感器网络的分簇优化问题显然是一个典型的离散组合优化问题,因此采用整数编码最为方便。假设无线传感网络由 N 个节点构成,动态划分为 $n=5\% N$ 个簇,每个簇里包含 20 个节点,则粒子的编码如图 10-3 所示。

图 10-3 中,粒子的维数为 N,代表有 N 个传感器节点,其中每一维的数字代表每个传感器节点的编号;m 代表每个簇内都有相等个数的成员节点;CH 代表簇首,每个簇内的第一个节点即为该簇的簇首。

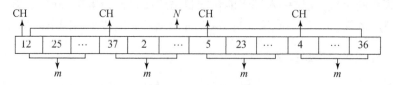

图 10-3　粒子的编码结构

2. 离散粒子群优化算法的进化模型

由于分簇问题是典型的离散优化问题,本节从编码到进化操作都采用纯粹的离散方式,而这种纯粹的离散进化操作需要在连续粒子群的进化操作基础上对相关概念进行重新定义。Clerc 曾针对 TSP 问题,提出一种离散版粒子群优化算法[37],这里借鉴了其中的相关定义,并针对分簇问题的离散编码,对粒子的速度、位置及其相关运算进行了具体描述。

(1)置换序列:置换是整数编码的一个基本操作。设某一粒子位置(整数序列)为 X,定义置换序列 (i,j) 的操作为把序列 X 上第 i 个数 x_i 与第 j 个数 x_j 进行交换,即完成一次置换。

例如,$X = (1,5,4,3,2)$,$(i,j) = (3,5)$,则 $X' = (1,5,2,3,4)$。

(2)速度的定义:$V = \{(i,j)\}, i,j \in [1,2,\cdots,n]$,$V$ 是由若干个置换序列所组成的集合。

(3)速度的合并操作($\oplus$):将两个置换序列集合合并成一个置换序列集合。

(4)位置与位置的减法操作($-$):设粒子的位置分别为 X_1 和 X_2,则 $X_1 - X_2$ 表示粒子位置的变化量,即速度,其结果为一组置换序列。

例如,$X_1 = (1,5,4,3,2)$,$X_2 = (1,3,2,5,4)$,结果为 $V = X_1 - X_2 = [(2,4),(3,5)]$。

(5)粒子的速度与实数的乘法操作($\times$):设速度 V 是一组置换序列,实数 c 表示对该交换序列以概率 c 进行保留,$c \in (0,1)$。

(6)位置和速度的加法操作($+$):设 X 和 V 分别表示粒子的位置和速度,则 $X+V$ 表示粒子位置和速度的加法操作,其结果为一个新的位置。例如:
$$X+V = (3,2,1,5,4) + [(1,4),(2,5)] = (5,4,1,3,2)$$

基于上述定义,这里的离散粒子群优化算法的进化模型可描述如下:

$$V_i^t = w \times V_i^t \oplus c_1 \times (P_i^t - X_i^t) \oplus c_2 \times (P_g^t - X_i^t) \tag{10-2}$$

$$X_i^{t+1} = X_i^t + V_i^{t+1} \tag{10-3}$$

该模型中各变量的具体含义与标准粒子群优化算法模型中的含义相同,方便对整数编码进行离散计算。

3. 避免局部收敛的进化策略

由于定义域有限,采用整数编码的离散粒子群优化算法所遭遇的过早收敛现象更为严重,为此,本节采用混合惯性权重调整策略和自适应变异策略来有效避免算法的局部收敛。

惯性权重是对搜索速度的一种控制,而线性递减的惯性权重调整策略能够随着搜索的进行动态地对参数进行调整,使得搜索早期参数取值较大,利于粒子在宽泛的范围内搜寻全局最优,而在迭代后期参数取值较小,有利于群体的局部精细搜索。虽然该策略引入了动态调整的思想,也符合大多数搜索过程的特征,但是该策略对速度的控制缺少一定的自适应性,因此本节引入基于粒子多样性的启发式策略来改进线性递减的惯性权重调整策略。

为此,采用下述整数编码的差异度来定义粒子的多样性:

$$f(X_i) = \frac{\text{count}(P_i, P_g)}{N} \tag{10-4}$$

式中, $f(X_i)$ 代表某个粒子 i 的多样性函数; N 是粒子位置的维数; $\text{count}(P_i, P_g)$ 代表粒子 i 的历史最优位置和群体最优粒子相异维数的个数。假设粒子 i 的历史最优位置为 $P_i = (1,2,3,4,5)$,群体最优粒子位置为 $P_g = (1,2,4,5,3)$,则 $\text{count}(P_i, P_g)$ 的值为 3, $f(X_i)$ 的值为 3/5=0.6。

基于上述的 $f(X_i)$,惯性权重的调整公式定义为

$$w_i = w_T + (w_I - w_T) \cdot f(X_i) \tag{10-5}$$

式中, w_i 代表粒子 i 的惯性权重; w_I 代表线性惯性权重调整策略中迭代开始时的惯性权重值; w_T 代表迭代结束时的惯性权重值。

假设最大迭代次数为 $T_{\max}$,使用混合惯性权重调整策略,即在 $20\% T_{\max}$ 迭代轮数前和 $80\% T_{\max}$ 迭代轮数后采用线性递减惯性权重调整,而在中间 $60\% T_{\max}$ 的迭代中采用基于多样性的惯性权重调整策略,从而使粒子群在中间大部分的时间内通过多样性来自适应地调整搜索步长,有效协调局部搜索与全局探测之间的平衡。

除此之外,本节算法还引入基于多样性控制的自适应变异策略来进一步避免陷入局部最优,如果个体最优解在 $10\% T_{\max}$ 的迭代中没有发生变化,且该粒子最优位置和群体最优位置的相似度在 80%以上,即多样性函数值小于 20%,则从粒子的每个簇中随机选择一个成员节点与当前的簇首进行交换。经过粒子的自适应变异,可以避免出现粒子陷入局部最优而难以逃逸的情况。

4. 启发式策略

为了提高粒子群优化算法搜索全局最优簇结构的效率,加速算法迭代的收敛速度,针对分簇问题的特点提出两种启发式算法,使算法能更快找到全局最优的簇

首节点。

1) 簇内成员节点动态交换策略

在算法迭代过程中,如果发现某个簇内成员节点相比自己当前的簇首更靠近另外某个簇首,则该节点将被交换到离自己更近的簇中。

该启发式算法使用一个阈值来决定是否需要对某个簇内节点进行交换操作。假设规模为 N 的无线传感器网络,所有节点划分为 n 个簇,且均匀布撒的区域面积为 S,则每个簇的覆盖面积应该是 $\dfrac{S}{n}$。如果把每个簇的覆盖面看成以簇首为中心的圆面,则每个簇的簇半径 $r = \sqrt{\dfrac{S}{n\pi}}$。为了提高灵活性和减少误判,算法设定阈值为 $r_0 = 1.5\sqrt{\dfrac{S}{n\pi}}$。算法在迭代过程中动态检查各簇中的成员节点,若发现某个簇内节点与当前簇首的距离大于 r_0,则启动交换过程。

2) 调整簇首节点位置

设某个簇中簇首节点与离它最远的簇内节点的距离为 D_f,而与离它最近的簇内节点的距离为 D_n。若果 D_f 与 D_n 之间的差值过大,则认为该簇分布不均匀,即各簇内成员节点到簇首的距离方差较大,此时需要在簇内的成员节点中找出更适合的节点作为簇首。具体操作如下。

若发现某个簇中的 D_f 与 D_n 的差值大于某个阈值,则设定该阈值为 $1.3\sqrt{\dfrac{S}{n\pi}}$,所有簇内节点到当前簇首的距离将会重新排序,从距离当前簇首中等的成员节点中选出新的候补簇首,继续上述检查过程,直到找到合适的簇首节点成为该簇最终的簇首节点。

上述两种启发式策略的操作按照 $\Delta t = 5\%T_{max}$ 的迭代周期执行,从而既能避免引入过大的计算代价,又可使网络的分簇结构更加合理,有助于全局最优簇结构搜索。

5. 算法流程

综上所述,离散粒子群分簇优化算法(DPSO-LEACH)的具体流程如下。

(1) 初始化群体,包括每个粒子的位置和速度,计算每个粒子的适应值,确定群体最优粒子的位置及适应值。

(2) 更新粒子的位置和速度,确定粒子的历史最优位置以及群体的历史最优位置。

(3) 当 $\Delta t = 5\%T_{max}$ 时,对簇内成员节点进行动态交换,并调整簇首节点位置。

(4) 当 $\Delta t = 10\%T_{max}$ 时,若个体最优位置无变化,则对该粒子进行变异操作。

(5)当 $t < 20\% T_{\max}$ 或 $t > 80\% T_{\max}$ 时,采用线性递减惯性权重调整策略;否则采用基于多样性的惯性权重调整策略,计算每一粒子的惯性权重。

(6)当 $t = T_{\max}$ 时,输出群体最优位置;否则,返回步骤(2)。

10.2.3 仿真实验与分析

本节以 MATLAB 为仿真工具,通过实验对 DPSO-LEACH 协议的分簇方法和经典 LEACH 协议的分簇效果进行对比分析。实验场景如下。

100 个无线传感器节点被随机地布撒在一个边长为 200m 的正方形区域中,假设基站处于该正方形区域的正中心,簇首节点的期望值为 $100 \times 5\% = 5$ 个。实验中用不同图形区分不同的簇,其中用小圆圈圈住的图形表示该簇的簇首节点。为公平起见,实验中两种协议对所有网络节点采用相同的初始化位置分布。图 10-4 所示为经典 LEACH 协议的两次随机分簇结果,其中左侧显示的效果比较糟糕,尽管期望分簇为 5 个,但是实际 LEACH 协议只分得两个簇,而且每个簇过于庞大且分布不均匀;右侧图中,虽然找到了 5 个簇首,但是簇首在整个网络中的分布却很不合理,例如,其中几个簇首距离很近,还有一个簇首位于网络边界,这样自然也造成了簇内分布的不均匀性。由此可知,经典 LEACH 协议在自动分簇中存在着明显的缺陷。

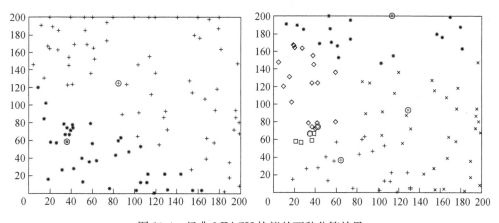

图 10-4 经典 LEACH 协议的两种分簇效果

图 10-5 显示了 DPSO-LEACH 协议的两次分簇效果,显然改进后协议的分簇方法能够使簇首节点均匀地分布在整个网络监测区域,同时每个簇的成员节点也都能比较紧密且均匀地围绕在各自的簇首节点周围,分簇效果明显优于经典 LEACH 协议。

表 10-1 统计了下面两种协议下分簇结构的目标函数值:

$$f_1 = \mathrm{mean}\Big(\sum_{j=1}^{n} \Big(\sum_{i=1}^{m} D_{ji\text{-}j\text{CH}} \Big) \Big)$$

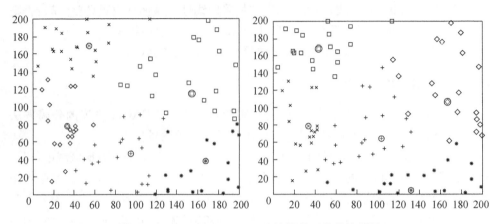

图 10-5　基于 DPSO-LEACH 协议的两种分簇效果

$$f_2 = \text{mean}\Big(\sum_{j=1}^{n}\big(\text{var}\big(\sum_{i=1}^{m}D_{ji\text{-}j\text{CH}}\big)\big)\Big)$$

式中，f_1 和 f_2 分别用于描述各个簇的紧密性以及簇内分布的均匀性。从表 10-1 可知，DPSO-LEACH 协议的三种统计数据明显小于经典 LEACH 协议，充分说明改进后协议的分簇效果要明显优于原协议，所分的簇无论簇间还是簇内均比较合理、均匀。

表 10-1　两种分簇协议下目标函数值的对比

算法	f_1	f_2	$F = f_1 \cdot f_2$
LEACH	2543.1	1291.5	3284400
DPSO-LEACH	715.6	227.5	162810

10.3　面向无线传感器网络路由优化的离散 PSO 模型

PEGASIS 协议是由 LEACH 协议发展而来的一种分层链路协议[15]，其设计更加节能，因此生存周期比 LEACH 协议提高 1～3 倍。假定组成网络的传感器节点是同构且静止的，采用贪婪算法生成一条连接各节点距离最短的链，节点只需要与它最近的邻居进行通信，并且随机选择一个节点作为簇首与基站通信。尽管如此，PEGASIS 协议依然存在以下不足之处。

（1）采用贪婪算法计算网络路由路径，而贪婪算法是一种局部优化算法，易于陷入局部最优。

（2）通过随机选择节点来确定簇首，忽略了各节点能耗的差别，导致各节点负载不均衡，造成部分节点过早死亡。

(3)随着网络规模的增大,网络节点难以保存全局信息。

本节针对 PEGASIS 协议所存在的不足,给出一种基于离散粒子群优化(DPSO)的无线传感器网络 PEGASIS 路由优化算法(DPSO-PEGASIS)[38]。该算法主要从两方面对 PEGASIS 协议进行改进:①采用离散粒子群优化算法对链路进行优化,得到更短的全局最优路径,有效减少网络通信距离;②优化簇首选择方式,根据节点的能量和位置情况来选择簇首,以平衡网络的能耗分布。将其仿真结果与 PEGASIS 协议进行比较,改进算法能有效提高网络的生存周期,平衡各节点的能量消耗。

10.3.1　路由优化问题描述

1. 路由协议

通常路由协议由三个阶段组成,分别是组链阶段、簇首节点选取阶段和数据传输阶段。本节算法主要是在组链阶段和簇首节点选取阶段对 PEGASIS 协议进行优化。

(1)组链阶段。路由链路的形成需要考虑节点能耗的问题,由于在无线通信中能量与距离的平方呈正比关系,因此最佳的路由就是一条距离的平方最短的链路。本阶段通过 DPSO 算法来对该问题进行求解。

(2)簇首节点选取阶段。考虑到簇首与基站的通信距离较长,将消耗大量能量,为了保证能量消耗的均衡,节点自组织地选择整个网络中剩余能量与到基站距离平方的比值最大的点作为簇首。为进一步节约能量,簇首根据链路上节点的数目创建一个 TDMA 时隙调度表,把该 TDMA 表沿着路由链路发送给每个节点,此后所有节点都严格按照该表规定的时隙在休眠和唤醒状态中进行切换。

(3)数据传输阶段。本阶段中,DPSO-PEGASIS 算法采用与 PEGASIS 相类似的数据传输方式。

2. 网络模型

假设网络由 N 个节点组成,基站位置和节点位置已知固定,各传感器节点随机分布在一个正方形区域内,基站则部署在区域外,基站能量认为是无穷大,所有节点同构并具有相同的初始能量,所有节点都可以与基站直接通信。

3. 能耗模型

本节的能耗模型参考文献[39]中的设定:节点收发电路处理信号能量损耗 $E_{elec} = 50\text{pJ/bit}$,信号发射放大器能量消耗 $\varepsilon_{amp} = 100\text{pJ/(bit} \cdot \text{m}^2)$,信号发射所需的能量与收发节点间距离的平方成正比,数据融合所消耗的能量为 $E_{fusion} = 5\text{pJ/bit}$,则发送 k bit 数据信息到相距为 d 的接收位置所消耗的能量为

$$E_{Tx}(k,d) = E_{Tx\text{-}elec}(k) + \varepsilon_{Tx\text{-}amp}(k,d) \tag{10-6}$$

接收 k bit 数据信息消耗的能量为

$$E_{Rx} = E_{Rx\text{-}elec}(k) \tag{10-7}$$

融合 k bit 数据信息消耗的能量为

$$E_{Fx} = E_{fusion}(k) \tag{10-8}$$

4. 问题描述

路由拓扑问题类似于旅行商问题,其求解目的是在网络中寻找一条信息传播的最短链路,也是一个 NP 难问题。设点 $1,2,\cdots,n$ 表示路由链路要经过的节点。定义如下变量:

$$x_{ij} = \begin{cases} 1, & \text{链路通过弧}(i,j) \\ 0, & \text{其他} \end{cases} \tag{10-9}$$

$$y_i = \begin{cases} 1, & \text{链路通过 } i \text{ 节点} \\ 0, & \text{其他} \end{cases} \tag{10-10}$$

假设 C_{ij} 表示节点 i 和 j 之间距离的平方,则问题的目标函数可表示为

$$\min(Z) = \min\Big(\sum_{i=1}^{n} \sum_{j=1}^{n} c_{ij} x_{ij} \Big) \tag{10-11}$$

$$\text{s. t.} \quad \sum_{i=1}^{n} y_i = n, \quad i = 1, 2, \cdots, n \tag{10-12}$$

$$\sum_{i=1}^{n} x_{ij} = \begin{cases} 0, & j \in S \\ y_j, & j \notin S \end{cases} \tag{10-13}$$

$$\sum_{j=1}^{n} x_{ij} = \begin{cases} 0, & i \in T \\ y_i, & i \notin T \end{cases} \tag{10-14}$$

式中,S 表示链路起点集合;T 表示链路终点集合。

在该模型中,式(10-11)表示使路径平方和最小;式(10-12)表示所有节点只有某一条链严格访问一次;式(10-13)表示任意一条弧上的终点仅有一个起点与之相连,并且链路起点不会出现在任意弧的终点上;式(10-14)表示任意一条弧上的起点仅有一个终点与之相连,并且链路终点不会出现在任何弧的起点上。

10.3.2 离散粒子群路由优化设计

1. 编码方案

无线传感器网络的路由优化问题依然是典型的组合优化问题,因此,和 10.2 节分簇优化问题的求解一样,本节同样采用整数编码的形式对粒子进行描述,只是不同问题具体编码的含义不同,例如,分簇优化问题中一个粒子编码代表的是一个

分簇方案解,而路由优化问题中粒子的编码代表的是一个信息传播的链路。

设某粒子表示任意一个链路,用整数码串 S 表示,码串中每一位数字表示链路按顺序经过的节点序号,它由 1 到 N 排列构成,长度为 N。若粒子长度为 $N=7$,其编码为 6 3 5 2 4 1 7,则该粒子所代表的链路表示信息依次经过第 6、3、5、2、4、1、7 号节点进行传播,如图 10-6 所示。

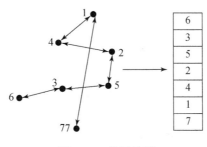

图 10-6　粒子编码

2. 离散粒子群优化算法的进化模型

由于采用与 10.2 节相同的整数编码,因此最优链路的求解所采用的离散 PSO 算法也和 10.2 节的相同,重新描述如下:

$$V_i^{t+1} = w \times V_i^t \oplus c_1 \times (P_i^t - X_i^t) \oplus c_2 \times (P_g^t - X_i^t) \tag{10-15}$$

$$X_i^{t+1} = X_i^t + V_i^{t+1} \tag{10-16}$$

设一个粒子群 Q 由多个可行解构成,每个粒子位置的离散编码代表一个可行解。式中, X_i^t 为第 i 个粒子的位置,是一个有序的边集合; V_i^t 为第 i 个粒子的速度; P_i^t 为第 i 个粒子所经过的历史最佳位置; P_g^t 为种群经过的历史最佳位置; t 表示迭代次数; w 为惯性因子; c_1、c_2 为学习因子。

该进化模型中速度的定义依然是一个置换序列,其加、减、数乘及其合并操作的定义与 10.2 节也完全相同,不同之处在于具体问题的含义。

3. 启发式算法

在求解 WSN 的路由链路中,考虑到实际应用问题,往往需要使用一些启发式算法来对链路解进行改进。

1)消除交叉

在真正的最优解中必定不包含交叉路径,因此对于链路内出现交叉的情况,需要把它消除掉。方法是首先找到 2 个交叉的线段 ab 和 ef,拆除 a 与 b、e 与 f 的连接,改为 a 与 e、b 与 f 连接;然后把原先夹在两线段间的路径倒序排列。如图 10-7 所示。

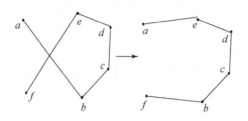

图 10-7　消除链内交叉

2)消除长路径

在本算法中,选择簇内某一剩余能量与到基站距离平方的比值最大的节点,来取代功耗较大的簇首,完成与基站的通信任务。在网络中所有节点的剩余能量都在不停变化的情况下,这样做可以使每个节点都有机会来担任父簇首,提高了网络内节点能量分布的均衡性,延长网络的寿命。

在这种父簇首选取的策略下,如果两点间存在一条较长的线路,随着轮数的增加,可能会出现其他节点还有较多能量但长路径上的点能量过早消耗完的情况。通过仿真发现,大于平均长度 3 倍的路径较有可能出现这种情况。采用的方法是找到那些线段,在线段中增加中间节点,或者把该线段删除另找其他路径,如图 10-8 所示。

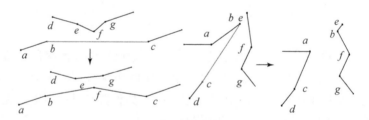

图 10-8　消除长路径

上述启发式算法应用在 DPSO 算法中能够有效提高算法的求解质量。为避免时间复杂度的增加而影响到算法收敛速度,可将这些启发式算法用于群体或个体历史最优信息的选择和更新。在粒子群优化算法中,所有粒子都具有向群体最优学习的能力,改善了群体最优信息,也相当于间接地改善了各粒子的质量。

4. 自逃逸算法

理论上讲,PSO 算法并不能保证收敛到全局最优点,而是以概率收敛到群体最优点。当多数粒子都集中在某一个路由方案,并在几轮迭代中全局最优解难以获得更新时,可以认为粒子群近似收敛或者陷入局部最优区域。当遇到过早收敛的情况时,需要采用某种策略来帮助群体从局部最优区域跳出,从而继续对全局最优解进行搜索。本节引入一种自逃逸算法,当粒子群陷入局部最优区域时,首先保留群体最佳位置信息,然后让种群通过重新初始化自动逃离并寻找新的区域。

假设 l 为种群中粒子的位置 X_i 与各自历史最佳位置 P_i 及群体最佳位置 P_g 弧重合的比例;γ' 为 P_g 连续没有更新的轮数;ρ 和 γ 分别为 l 和 γ' 所对应的阈值。自逃逸算法可描述如下。

若 $l > \rho, \gamma' > \gamma$,重新初始化粒子 i 的位置 X_i,其中

$$l = \frac{\sum\limits_{i=1}^{K} |L_i|}{K(N-1)} \tag{10-17}$$

$$|L_i| = |E(X_i) \bigcap E(P_i) \bigcap E(P_g)|, \quad i = 1, 2, \cdots, K \tag{10-18}$$

式中,$E(P_i)$ 表示 P_i 的弧集合;$|E(P_i)|$ 表示 $E(P_i)$ 中弧的数目;L_i 表示 X_i 与 P_i 和 P_g 都重合的弧数目;N 为网络内的节点总数;K 为种群中的粒子总数。

通过重新初始化的自逃逸操作,种群在记录当前最优信息的基础上,重新使群体分散在一个较宽广的区域,提高了群体的多样性,进而促使群体跳出局部最优区域,继续完成对全局最优解的搜索。

5. 时间复杂度分析

采用 DPSO 算法对网络规模为 N 的问题进行求解,若种群规模为 K,迭代次数为 T,则算法的时间复杂度主要由以下因素构成:

(1)对种群中 K 个粒子进行初始化的时间复杂度为 $O(KN)$。

(2)计算适应度值的时间复杂度为 $O(KN)$。

(3)统计粒子历史最优和群体全局最优粒子信息的时间复杂度为 $O(K)$。

(4)判断全局最优链路是否交叉的时间复杂度为 $O(N^2)$,消除长链的时间复杂度为 $O(N)$,因此总共的时间复杂度是 $O(N^2+N)$。

(5)执行自逃逸算法的时间复杂度为 $O(KN)$。

(6)一次迭代对 K 个粒子的速度和位置进行更新的时间复杂度为 $O(KN)$。

综上所述,可得种群在一次迭代中的时间复杂度是 $O(2KN + K + N^2 + N)$。由于种群的初始化仅执行一次而自逃逸算法也只在算法陷入局部最优时执行,因此整个算法的时间复杂度为 $O(2KN + T(2KN + K + N^2 + N)) \approx O(TN^2)$。

10.3.3　仿真实验与分析

1. 仿真环境

为了验证 DPSO-PEGASIS 算法的性能,本书基于 MATLAB 对该算法进行了仿真,并同时与 PEGASIS 算法进行性能对比分析。

　　仿真环境的设定：每个数据传输包大小 $k = 2000\text{bit}$，数据融合后包大小不变，采用按工作周期"轮"（round）进行数据采集的方式运行整个网络，并用轮数来衡量网络的寿命。

　　为了与 PEGASIS 算法进行更好的比较，无线传感器的节点结构采用以下两种情况：

　　（1）在 $100\text{m} \times 100\text{m}$ 的正方形区域内随机产生 100 个节点，Sink 节点位于监测区域外的 $(50, 300)$，节点初始能量 $E_0 = 0.5\text{J}$。

　　（2）在 $100\text{m} \times 100\text{m}$ 的正方形区域内随机产生 50 个节点，Sink 节点位于监测区域外的 $(50, 150)$，节点初始能量 $E_0 = 0.25\text{J}$。

　　仿真网络的相关参数设置如表 10-2 所示。

表 10-2　网络仿真参数

仿真参数	节点数/个	监测区域边长/m	基站位置/(m, m)	初始能量/J	数据包/bit
数值 1	50	100	(50,150)	0.25	2000
数值 2	100	100	(50,300)	0.5	2000

　　粒子群优化算法的优势之一就是参数设置精简，在本节仿真中算法的参数设置：迭代次数 $T_{\max} = 800$；惯性因子 $w = 1$；学习因子 $c_1 = 0.4, c_2 = 0.6$。仿真中令自逃逸算法的 2 个阈值参数 $\rho = 0.8, \gamma = 8$。

2. 仿真结果分析

　　图 10-9 显示了在 $100\text{m} \times 100\text{m}$ 的区域内随机撒布 100 个节点的情况。将这些节点分别按照粒子群优化算法和贪婪算法形成链，具体如图 10-10 所示，其中用粒子群优化算法得到的路由链路目标函数值为 8436，而用贪婪算法计算的结果却高达 26643。因此在图 10-9 的初始情形下，粒子群优化算法得到的链路距离平方和仅为贪婪算法的 31.6%。

　　通过图 10-10 中的对比可以看出，贪婪算法作为一种局部寻优算法尽管能很快找到一个近似的最优解，但它寻找全局最优解的能力却逊于粒子群优化算法。贪婪算法在构建链路的初期能生成一些短路径，但是到后期由于可供选择的节点变得越来越少而只能依靠生成长链路来连接节点。采用 DPSO 算法并结合启发式算法，能够有效避免交叉链路或长链路的形成。

　　由于单次测试存在着一定的偶然性，因此将这一仿真重复 30 次，每次仿真中将节点重新随机分布，用粒子群优化算法和贪婪算法进行优化，并求它们的平均值，最终结果见表 10-3。

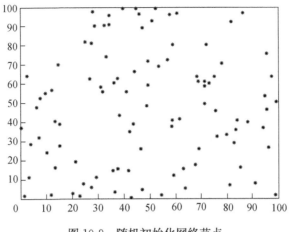

图 10-9　随机初始化网络节点

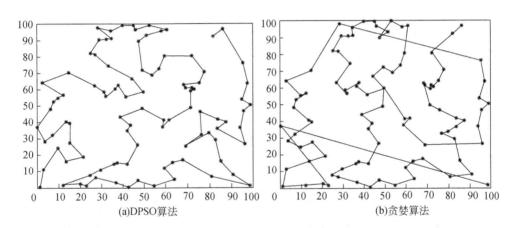

(a)DPSO算法　　　　　　　　　　　　(b)贪婪算法

图 10-10　不同算法所计算的链路拓扑结构图

表 10-3　两种算法计算结果的对比

WSN	目标函数值	贪婪算法	DPSO 算法
100m×100m 50 个节点	最优值	9243	6735
	最差值	17026	8372
	平均值	12255	7392
100m×100m 100 个节点	最优值	10230	7432
	最差值	26643	9321
	平均值	15262	8327

由表 10-3 可知,粒子群优化算法得出的路由链路的平方和均值仅为贪婪算法

求解的 50％左右,路径越短,数据传输中的节点能量消耗越小,从而有效节省了网络能量,进而延长网络的生命周期。

表 10-4　网络生命周期对比

初始能量/J	节点数/个	算法	不同死亡节点百分比下的生命周期				
			1％	20％	50％	80％	100％
0.25	50	PEGASIS	194	596	702	735	774
		DPSO-PEGASIS	556	645	722	734	751
0.5	100	PEGASIS	472	1505	1660	1829	1932
		DPSO-PEGASIS	1355	1612	1713	1831	1879

表 10-4 为采用 PEGASIS 算法和 DPSO-PEGASIS 算法时网络生命周期的比较,即在 1％、20％、50％、80％、100％节点死亡时比较两种算法的生存轮数。从表 10-4 中的数据可以发现,对具有不同初始能量和节点数目的无线传感器网络,DPSO-PEGASIS 算法均能够使其第一个节点死亡的时间大大推迟,比 PEGASIS 算法的轮数增加了近两倍。在 20％和 50％节点死亡的情况下,DPSO-PEGASIS 算法所构造的网络生命周期同样长于 PEGASIS 算法。这是因为 DPSO-PEGASIS 算法首先均匀选取网络中剩余能量与到基站距离的比值最大的节点作为簇首节点,使网络的能量消耗均匀,有效延长网络中第一个死亡节点存活的时间;其次,结合离散 PSO 算法组建网络通信路径,得到总路径平方和最小的路径,减小每轮节点间信号传输的距离,降低能耗,并在整体上均衡能耗的分布,延迟网络失效的时间。尽管从表中观察到当 80％和 100％节点死亡时 PEGASIS 算法的网络生命周期轮数要略长于 DPSO-PEGASIS 算法,但由于此时网络中存活的节点数过少,网络已经无法正常工作,从实际应用角度来看,网络的生命周期已经截止,极少量节点能量的维持已经不具有实际意义。

图 10-11 显示了在两种不同算法支持下网络生存周期中有效节点数目的动态变化情况。显然,在网络传输信息过程中,DPSO-PEGASIS 算法下由于能量消耗而导致死亡的节点数目明显要少于经典 PEGASIS 算法,从而说明改进后的协议路由能够有效延长整个网络的生存周期。在网络有效节点数小于 30 之后,DPSO-PEGASIS 算法的剩余节点消亡速度加快,似乎说明在生存晚期 PEGASIS 算法的路由链路比 DPSO-PEGASIS 算法的表现更好。但实际应用中,当网络中大部分节点都死亡时,网络就失去了有效处理信息的能力,此时网络监测已经失去意义了,因此在尚有少量有效节点存在的情况下网络的生命周期已经结束。而这种现象同样说明了基于 DPSO-PEGASIS 算法的路由链路在网络有效的生存时间内,节点能量的消耗更加均衡,而 PEGASIS 算法所计算的链路中,由于能耗差异较大而使少

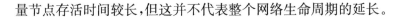

量节点存活时间较长,但这并不代表整个网络生命周期的延长。

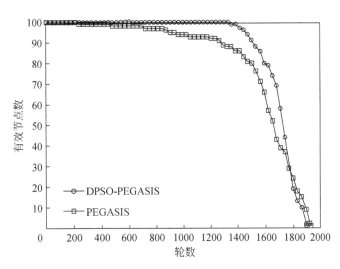

图 10-11　两种协议下网络的生命周期

10.4　本 章 小 结

如何降低网络能耗、延长网络生存时间是无线传感器网络应用的一个重要问题,而改善网络通信协议则是解决该问题的一个有效途径。本章从协议分簇和路由优化两个角度出发,阐述如何采用粒子群优化算法对 LEACH 协议和 PEGASIS 协议予以优化改善,分别介绍了改进的 DPSO-LEACH 分簇优化算法以及 DPSO-PEGASIS 路由优化算法。两种算法均采用离散进化操作,并结合问题特征分别设计了不同的启发式算法以避免算法局部收敛。仿真结果表明,DPSO-LEACH 分簇优化算法能够有效改善经典 LEACH 的分簇效果,平衡网络的能耗,进而有效延长网络的生命周期;而 DPSO-PEGASIS 路由优化算法则有效改善了经典 PEGAS-IS 协议的路由优化能力,在缩短通信距离的同时又降低了网络节点的能耗,进而延长网络生命周期。本章内容表明粒子群优化算法是无线传感器网络协议优化中的一种有效技术,同时也是解决离散组合优化问题的一种有效工具。

参 考 文 献

[1] 孙利民,李建中,陈渝,等. 无线传感器网络[M]. 北京:清华大学出版社,2005:304-305.

[2] Yao X W, Wang W L, Yang S H, et al. PABM-EDCF: parameter adaptive bi-directional mapping mechanism for video transmission over WSNs[J]. Multimedia Tools and Applications, 2013, 63(3): 809-831.

[3] Shi H Y, Wang W L, Kwok N M , et al. Game theory for wireless sensor networks: a survey[J]. Sensors, 2012, 12(7): 9055-9097.

[4] 范兴刚，王翊，介婧，等. 基于离散 PSO 的分层多链无线传感器网络路由算法[J]. 传感器学报，2010，23(7)：1006-1011.

[5] Knaian N. A Wireless Sensor Network for Smart Roadbeds and Intelligent Transportation Systems[D]. Boston：Massachusctts Institute of Technology，2000.

[6] Song W Z，Huang R J，Xu M S，et al. Design and development of sensor network for real-time high-fidelity volcano monitoring[J]. IEEE Transaction on Parallel and Distributed Systems，2010，21(11)：1658-1674.

[7] Jacyna G，Tromp L D. Netted sensors[R]. McLean：The MITRE Corporation，2004.

[8] Wang X，Ma JJ，Wang S，et al，Distributed energy optimization for target tracking in wireless sensor networks[J]. IEEE Transaction on Mobile Computing，2009，9(1)：73-86.

[9] Raty T D. Survey on contemporary remote surveillance systems for public safety[J]. IEEE Transaction on Systems，Man and Cybernetics，2010，40(5)：1-23.

[10] Meyer S，Rakotonirainy A. A survey of research on context aware homes[C]. Proceedings of the Australasian Information Security Workshop Conference，Adelaide，2003：159-168.

[11] Corchado J M，Bajo J，Tapia D I，et al. Using heterogeneous wireless sensor networks in a telemonitoring system for healthcare[J]. IEEE Transactions on Information Technology in Biomedicine，2010，14(2)：234-240.

[12] Fischer C，Gellersen H. Location and navigation support for emergency responders：a survey[J]. IEEE Pervasive Computing，2010，9(1)：38-47.

[13] Heinzelman W，Chandrakasan A，Balakrishnan H. Energy-efficient communication protocol for wireless microsensor networks[C]. Proceedings of the 33rd Annual Hawaii International Conference on System Sciences，Maui，2000：3005-3014.

[14] 王永斌，屈晓旭. 无线传感网络：体系结构与协议[M]. 北京：电子工业出版社，2007.

[15] Lindsey S，Raghavendra C S. PEGASIS：power-efficient gathering in sensor information systems[C]. Proceedings of the IEEE Aerospace Conference，Big Sky，2002：1125-1130.

[16] Manjeshwar A，Grawal D P. TEEN：a protocol for enhanced efficiency in wireless sensor networks[C]. Proceedings of the 15th Parallel and Distributed Processing Symposium，San Francisco，2001：2009-2015.

[17] Younis O，Fahmy S. HEED：a hybrid，energy-efficient，distributed clustering approach for ad-hoc sensor networks[J]. IEEE Transactions on Mobile Computing，2004，3(4)：660-669.

[18] 郭文静. 无线传感器网络生命期优化路由协议的研究[D]. 上海：华东师范大学，2013.

[19] Gupta I，Riordan D，Sampalli S. Cluster-head election using fuzzy logic for wireless sensor networks[C]. Proceedings of the 3rd Annual Communication Networks and Services Research Conference，Halifax，2005：255-260.

[20] Minhas M R，Gopalakrishnan S，Leung V C M. Fuzzy algorithms for maximum lifetime routing in wireless sensor networks [C]. Proceedings of the IEEE Global Telecommunications Conference，New Orleans，2008：1-6.

[21] Barbancho J，Leon C，Molina J，et al. Giving neurons to sensors：qos management in wireless sensor networks[C]. Proceedings of the IEEE Conference on Emerging Technologies and Factory Automation，Prague，2006：594-597.

[22] Boyan J A，Littman M L. Packet routing in dynamically changing networks：a reinforcement learning

approach[J]. Advances in Neural Information Processing Systems，1999，6：671-678.

[23] Wang P，Wang T. Adaptive routing for sensor networks using reinforcement learning[C]. Proceedings of the 6th IEEE International Conference on Computer and Information Technology，Seoul，2006：219-224.

[24] Zhang Y，Huang Q. A learning-based adaptive routing tree for wireless sensor networks[J]. Journal of Communications，2006，1(2)：12-21.

[25] Forster A，Murphy A L. FROMS：feedback routing for optimizing multiple sinks in WSN with networks and information[C]. Proceedings of the 3rd IEEE International Conference on Intelligent Sensors，Sensor Networks and Information Processing，Melbourne，2007：371-376.

[26] Hu T，Fei Y. QELAR：a machine-learning-based adaptive routing protocol for energy-efficient and lifetime-extended underwater sensor networks[J]. IEEE Transactions on Mobile Computing，2010，9(6)：796-809.

[27] Islam O，Hussain S. An intelligent multi-hop routing for wireless sensor networks[C]. Proceedings of IEEE/WIC/ACM International Conference on Web Intelligence and Intelligence Agent Technology Workshops，Hong Kong，2006：239-242.

[28] Hussain S，Matin A W，Islam O. Genetic algorithm for hierarchical wireless sensor networks[J]. Journal of Networks，2007，2(5)：87-97.

[29] 唐伟，郭伟. 无线传感器网络中的最大生命期基因路由算法[J]. 软件学报，2010，21(7)：1646-1656.

[30] Caro G D，Dorigo M. Antnet：distribute stigmergetic control for communications networks[J]. Journal of Artificial Intelligence Research，1998，9：317-365.

[31] Zhang Y，Kuhn L D，Fromherz M P J. Improvements on ant routing for sensor networks[J]. Ant Colony Optimization and Swarm Intelligence，Lecture Notes in Computer Science，2004，3172：154-165.

[32] Camilo T，Carreto C，Silva J S，et al. An energy-efficient ant-based routing algorithm for wireless sensor networks[J]. Ant Colony Optimization and Swarm Intelligence，Lecture Notes in Computer Science，2006，4150：49-59.

[33] Okdem S，Karaboga D. Routing in wireless networks using an ant colony optimization(ACO) router chip[J]. Sensors，2009，9(2)：909-921.

[34] 郑波. 基于改进粒子群算法的无线传感器网络能量优化[D]. 无锡：江南大学，2014.

[35] 张捷. 基于改进粒子群算法的 WSN 路由协议研究[D]. 太原：太原理工大学，2014.

[36] Heinzelman W B，Chandrakasan A P，Balakrishnan H. An application-specific protocol architecture for wireless microsensor networks[J]. IEEE Transactions on Wireless Communication，2002，1(4)：660-667.

[37] Clerc M. Discrete particle swarm optimization illustrated by the traveling salesman problem[J]. New Optimization Techniques in Engineering，2004：219-239.

[38] 范兴刚，侯佳斌，介婧，等. 基于 DPSO 的智能 WSN 分簇路由算法[J]. 传感技术学报，2011，24(4)：593-600.

[39] Al-Karaki J N，Kamal A E. Routing techniques in wireless sensor networks：a survey[J]. IEEE Wireless Communications，2004，11(6)：6-28.

结论与展望篇

第 11 章　结论与展望

　　群智能计算是智能计算的一个重要分支,其算法研究涉及仿生学、动物行为学、社会心理学、控制科学和系统科学等多种学科知识,是一种多学科交叉发展的产物[1]。随着人类对大自然的不断认知和发现,各种仿生思想和智能计算模拟原型层出不穷,不断推动智能计算技术向纵深方向发展。与此同时,丰富的群智能计算机理和模型也不断涌现,群智能计算以及粒子群优化计算的研究将不断获得新的突破,理论体系和应用不断深入和丰富,从而成为解决复杂现实问题的有力工具,具有无限的求解潜力和发展空间。本章在对全书内容进行概括总结的基础上,给出了群智能和粒子群优化计算的研究前沿与展望。

11.1　本书内容总结

　　本书相关的研究工作主要致力于探求智能粒子群优化计算的模型设计、控制方法、协同策略以及工程应用的一般性指导原则和思路,以有效改善粒子群优化计算的全局优化性能,拓展其工程应用能力。具体内容分为五部分:基础篇、控制方法篇、协同模型篇、优化应用篇以及结论与展望篇。

　　1. 基础篇

　　本部分由第 1、2 章组成。第 1 章主要介绍了最优化问题及优化算法的基本概念、智能计算的主要代表系列,给出了算法研究准则和本书内容结构。第 2 章主要阐述了粒子群优化计算研究基础,包括粒子群优化算法的起源、优化机理、计算模型、行为分析以及自组织性、分布式等系统特征,概述了其研究进展。

　　2. 控制方法篇

　　本部分由第 3~5 章内容组成,基于控制理论,分别给出了三种不同的单种群控制优化模型。

　　(1)第 3 章给出了一种基于预测控制器的粒子群优化模型。该模型在现有粒子的二阶系统结构中引入 PD 控制器,基于控制理论对模型进行了行为分析、稳定性分析及收敛性分析。PD 控制器的引入,使得微粒具有了预测功能,从而有效提高粒子系统的动态响应能力及寻优效率。

　　(2)第 4 章介绍了一种基于多样性控制的自组织粒子群优化模型。该模型将群体多样性作为粒子所感知的有效群体状态信息,通过反馈控制,利用不同的控制规则来控制个体粒子的动态行为,进而调整群体的局部开采和全局探测之间的动态平衡,增加全局收敛的概率。

(3)第5章探讨了面向非线性方程组求解的一种控制粒子群模型。该模型模拟 PID 控制器的控制原理,利用系统输出和输入的偏差,实现粒子控制参数的自适应调整,继而控制群体的搜索方向和搜索速度,加速群体系统的稳态输出。该模型被用于典型非线性方程组的求解以及雷达恒虚警检测器阈值因子的优化。

相关研究表明,利用反馈控制来增加粒子群优化模型的自适应性和自组织性,是改善算法优化性能的一种有效途径,而基于控制理论来构建不同的控制粒子群优化模型,更利于群智能系统的本质体现和模拟。

3. 协同模型篇

本部分由第 6、7 章组成,基于协同进化论,分别给出了两种多种群协同进化的优化模型。

(1)第 6 章介绍了一种基于知识的协同粒子群优化模型。该模型将优化求解视做一个信息处理过程,抽取多元化群体进化信息来指导和控制粒子的聚集、逃逸,以及子群体间的竞争和协同行为。基于随机优化算法的局部和全局收敛判据,以及齐次马尔可夫链的相关理论,对算法的收敛性进行了分析,证明了该模型能够以概率 1 全局收敛。

(2)第 7 章阐述了一种基于混合生态群体的协同进化模型。该模型受协同进化理论以及自然界各种生态混合群体的启示,引入混合群体搜索机制,其中搜索群体由探测子群和开采子群构成,探测子群负责在整个解空间进行粗粒度搜索;开采子群追随探测子群,负责在探测子群的活动域空间进行精细搜索。搜索过程中两个子群保持信息共享和相互学习,从而实现协同进化。该模型被用于函数优化以及线性系统逼近问题。

相关的仿真结果表明,两种协同模型能够切实提高局部优化和全局优化之间的动态平衡,协同机制是改善算法性能的一种理想途径。

4. 优化应用篇

本部分由第 8~10 章组成,主要阐述了粒子群优化计算在流程工业调度、柔性车间调度和无线传感网络优化等问题中的应用。

(1)第 8 章主要针对流程工业生产调度问题多约束、多目标和动态不确定性等特征,研究了化工生产的实际调度问题以及粒子群优化算法在该类问题中的应用,分别描述了静态约束多批次调度问题模型,以及不确定性多批次多产品的动态调度模型,并利用改进的混沌变异粒子群优化算法对两类模型进行求解。仿真结果验证了所建立的调度模型以及根据问题特征所设计的改进粒子群优化算法的有效性,进一步显示了粒子群优化算法在复杂工程应用问题中的求解潜力。

(2)第 9 章首先针对柔性作业车间调度的离散问题特征,给出新的编码方案,描述了离散 PSO 进化策略,有效避免非可行解的出现,并引入模拟退火改善算法的全局收敛性能,提高算法搜索效率;然后基于 Pareto 支配概念,设计了多目标 PSO 计算模型,引入离散学习策略以及外部档案记忆机制,结合模拟退火算法,有效克服算法早熟的缺陷。实际算例的仿真数据表明,离散粒子群优化是一种求解柔性作业车间调度问题的有效工具。

(3)第 10 章从协议分簇和路由优化两个角度出发,阐述了如何采用粒子群优化算法对 LEACH 协议和 PEGASIS 协议予以优化改善,从而有效降低无线传感器网络能耗,延长网络生存时间。本章提出了改进的 DPSO-LEACH 分簇优化算法,以及 DPSO-PEGASIS 路由优化算法。两种算法均采用离散进化操作,并结合问题特征分别设计了不同的启发式算法以避免算法局部收敛。仿真结果表明,DPSO-LEACH 分簇优化算法能够有效改善经典 LEACH 协议的分簇效果,平衡网络的能耗,进而有效延长网络的生存周期;而 DPSO-PEGASIS 路由优化算法则有效改善了经典 PEGASIS 协议的路由优化能力,降低通信距离的同时又降低了网络节点的能耗,进而延长网络生存周期。

研究表明,粒子群优化算法是无线传感器网络协议优化中的一种有效技术,同时也是解决离散组合优化问题的一种有效工具。

5. 结论与展望篇

第 11 章着重对本书内容进行总结,并探讨粒子群优化计算和群智能计算的研究前沿和方向。

全书内容强调背景、前沿,注重研究思路的新颖性及系统性,方法、模型、理论分析与实际应用并重,力图使读者清晰、快速地了解粒子群优化、群智能计算的相关知识和研究方法。其中展现的多种优化思想、建模策略,有效扩展了粒子群优化计算的理论和应用研究,并对算法的参数控制、模型设计提供了有益的思路,相关内容对于群智能计算及其多种实际工程应用,均具有一定的理论意义与指导价值。

11.2　研究前沿与展望

作为一种典型的群智能计算方法,粒子群优化计算为复杂问题的求解提供了一种全新的思路,并显示出蓬勃的生命力,吸引了大量的专家学者对其进行研究。纵观现有文献,粒子群优化计算的研究主要集中于算法优化机理及理论分析、信息交互的拓扑结构和方式、算法的改进与提高、算法的应用研究等方面[2-4]。未来的研究过程中,可以着重考虑从以下几个角度出发,对粒子群优化计算以及群智能计算继续进行深入研究。

1. 模型改进

(1)探寻新的仿生模型。

继续深入研究群智能的本质和机理,探求生物系统的信息处理机制,从中抽取有效的行为规则,建立更好的生物仿真模型以完善优化算法的计算模型。粒子群优化算法是一种仿生的产物,由于对模拟原型认知的局限性,算法模型不可避免地存在着局限性。因此,可以进一步从生物系统的智能行为、社会认知机理出发,探究群智能的涌现机理和规则,用于指导算法模型的完善,使之能够具有预期的求解性能。

(2)构建超启发式的混合计算模型。

用人工生命、多智能体理论以及群智能的相关成果,来构造基于粒子群优化算法的超启发式混合智能模型。构造混合智能模型,是求解大规模复杂问题的一种有效途径。人工生命、多智能体和群智能三种理论,相互交叉又相互支持,互有所长又互有所补,人工生命可以为多智能体理论、群智能理论提供建模依据,而群智能和多智能体理论又可为人工生命的实现提供计算模型。因此,加强三种理论的融合,将有利于构造更好的超启发式智能计算模型。

(3)探寻形式化的统一优化模型。

尽管无免费午餐定理表明,对于现实世界众多复杂的问题子类,不存在一种万能的计算模型,但倘若将自然界众多生物系统归一为同类的动力系统,则该类动力系统的产出即群体智能的涌现,其本质的动力特性即表现为低智能主体的相互通信协作、竞争和自我适应等。因此从群智能的涌现机理和共性特征出发,完全有可能找到算法模型设计的普适性规律,并有希望构建一种具有指导意义的统一形式化模型框架。在具体问题具体应用时,只需要对此统一框架中的功能块进行具体设计和描述。

2. 理论分析

继续探求粒子群优化算法的理论支撑和分析工具,寻找合适的数学工具对其收敛性进行证明和解释,这是所有智能计算、群智能计算的一个长久而根本的任务。

目前,粒子群优化计算的理论分析主要集中于算法的行为分析、稳定性分析以及收敛性分析。行为分析主要基于代数、解析以及状态空间模型分析方法对其运动轨迹进行观测和分析,而稳定性分析主要基于控制理论的稳定性判据,收敛性分析则依据随机优化的充要条件以及齐次马尔可夫链的概率特性。虽然,相关研究一定程度上揭示了粒子群特定条件下的运行机理,但多数工作都从单粒子的简化动力模型出发,由于简化模型过多忽略了算法模拟原型的集群特性和随机特性,所获得的成果难以有效地指导算法的实际工程应用,因此有必要继续探寻有效的理论分析工具和方法。此外,在群智能涌现过程中,存在不同层次的系统内和系统间的相互作用,不同的模拟原型就是不同的动力学系统,因此需要更复杂和完备的理论对其进行深入分析。

3. 应用研究

(1)在离散优化问题中的应用研究。

粒子群优化算法的研究最早始于连续域的优化问题,因此连续版的算法模型相对较成熟,而离散版的算法模型比较初步,因此,需要针对离散优化问题的特点,寻求合适的方法和概念,建立统一离散算法模型,并探讨算法的编码方案、避免早熟策略以及具体实现。

(2)在动态优化问题中的应用研究。

目前,虽然该研究方向已出现少量成果,但现实世界中普遍存在的复杂动态优化问题,要求粒子群优化算法具有稳健的动态优化性能,以及快速的动态检测和响应能力。因此,设计高效的动态优化粒子群优化算法是一项具有实际工程意义的研究内容。

(3)多目标优化应用。

由于大量现实问题需要同时考虑多个矛盾冲突目标,因此多目标粒子群优化模型亦成为多目标智能计算的一个研究热点。与其他多目标进化算法不同的是,多目标 PSO 优化模型需要首先解决粒子的个体最优位置和全局最优位置的冲突问题,然后基于 Pareto 支配关系探寻有效的非支配解的评价机制。

纵观现有的研究文献,虽然粒子群已被尝试用于很多工程应用[5-8],但从深度和广度来讲,依然存在大量不足,不同应用问题的算法设计,尚缺乏统一的理论和方法指导,因此粒子群以及群智能计算的有效性和求解能力,依然需要在实际应用中加以改善和提高。

参 考 文 献

[1] Blum C, Merkle D. 群智能[M]. 龙飞, 译. 北京：国防工业出版社, 2011.

[2] 曾建潮, 介婧, 崔志华. 微粒群法[M]. 北京：科学出版社, 2004.

[3] 吴启迪, 汪镭. 智能微粒群算法研究及应用[M]. 南京：江苏教育出版社, 2005.

[4] 雷秀娟. 群智能优化算法及应用[M]. 北京：科学出版社, 2012.

[5] 曾建潮, 崔志华, 等. 自然计算[M]. 北京：国防工业出版社, 2012.

[6] 王万良, 吴启迪. 生产调度智能算法及其应用[M]. 北京：科学出版社, 2007.

[7] 段海滨, 张祥银, 徐春芳. 仿生智能计算[M]. 北京：科学出版社, 2011.

[8] 王凌. 智能优化算法及其应用[M]. 北京：清华大学出版社, 2001.

附录　粒子群优化计算源程序

函数优化源程序（Visual C++ Version）

极小化目标函数：$f = \dfrac{1}{4000}\sum_{i=1}^{N} x_i^2 - \prod_{i=1}^{N} \cos\left(\dfrac{x_i}{\sqrt{i}}\right) + 1, \quad x_i \in [-600, 600]$

```
# include <stdlib. h>
# include <time. h>
# include <math. h>
# include <iostream. h>
# define RandInt(i)          (rand()% (int) (i))
# define Rand01()           ((double) rand()/(double) (RAND_MAX+1))
# define RandUniform(a,b)   (Rand01()*((b)-(a))+(a))
const unsigned int Size=100;                    //群体规模
double a=-600, b=600;                           //变量取值范围
const unsigned int Dim=30;                      //维数
const unsigned long intmaxgen=1000;             //最大迭代次数
double divers[maxgen];                          //群体的多样性
const unsigned intrunnum=30;
typedefstruct                                   //个体粒子的结构定义
{
    double X[Dim];                              //粒子的坐标向量
    double V[Dim];                              //粒子的速度向量
    double XBest[Dim];                          //粒子的最好位置向量
    double Fit;                                 //粒子适应度
    double FitBest;                             //粒子的最佳适应度
    double AverVBest;                           //粒子的平均速度
}PARTICLE;
typedefstruct                                   //群体结构的定义
{
    PARTICLE Particle[Size];                    //粒子群
    intGBestIndex;                              //最好粒子索引
    double W;                                   //惯性权重
```

```
    double C1;                              //加速度系数 1
    double C2;                              //加速度系数 2
    double Xup[Dim];                        //粒子位置上界
    double Xdown[Dim];                      //粒子位置下界
    double Vmax[Dim];                       //粒子最大速度
    double Diversity;                       //群体多样性
    double AverP[Dim];                      //群体平均中心
    double AverV;                           //群体平均速度
    double AverFit;                         //群体平均适应值
}SWARM;
SWARMswarm;

void GetFit(PARTICLE& p)                    //目标函数值计算
{
    double z1=0.0; double z2=1;
    p.Fit=0.0;
    for(int i=1; i<Dim; i++)
    {
        z1+=p.X[i]*p.X[i];
        z2*=cos(p.X[i]/sqrt(i));
    }
    p.Fit-=(z1/4000-z2+1);
}
void Initswarm()                            //群体初始化
{
    swarm.GBestIndex = 0;
    swarm.W=0.9;
    swarm.C1=swarm.C2=2.0;
    for(int k= 0; k<Dim; k++)
    {
        swarm.Vmax[k]=b-a;
        swarm.Vmax[k]=(b-a)/2;
        swarm.Xdown[k]=a;
        swarm.Xup[k]=b;
    }
    for(int i= 0; i<Size; i++)
    {
            for(int j= 0; j<Dim; j++)
```

```
    {
        swarm. Particle[i]. X[j]= RandUniform(a,b);
        swarm. Particle[i]. XBest[j] =swarm. Particle[i]. X[j];
        swarm. Particle[i]. V[j] = Rand01()* swarm. Vmax[j]- swarm. Vmax[j]/2;
    }
    GetFit(swarm. Particle[i]);
    swarm. Particle[i]. FitBest = swarm. Particle[i]. Fit;
    if(swarm. Particle[i]. Fit>swarm. Particle[swarm. GBestIndex]. Fit)
    {swarm. GBestIndex = i;}          //查找群体最优粒子
    }
}
void ParticleFly()                    // 群体中粒子信息的更新
{
    staticinttt= (unsigned)time(NULL);
    srand((unsigned)time(NULL)+tt++ );
    for(int i=0; i<Size; i++)
    {
        for(int j=0; j<Dim; j++)
        {
            swarm. Particle[i]. V[j] = swarm. W* swarm. Particle[i]. V[j]+
            Rand01()* swarm. C1* (swarm. Particle[i]. XBest[j]- swarm. Particle[i]
                    . X[j])+
            Rand01()* swarm. C2* (swarm. Particle[swarm. GBestIndex]. XBest[j]-
                    swarm. Particle[i]. X[j]);
        }
        for(j=0; j<Dim; j++)//检查速度的合法性
        {
        if(swarm. Particle[i]. V[j]> swarm. Vmax[j])
        { swarm. Particle[i]. V[j]=  0. 5* swarm. Vmax[j];}
        if(swarm. Particle[i]. V[j]< - swarm. Vmax[j])
        { swarm. Particle[i]. V[j] =-0. 5* swarm. Vmax[j];}
        }
        for(j= 0; j<Dim; j++)
        {
            swarm. Particle[i]. X[j] +=swarm. Particle[i]. V[j];
            if(swarm. Particle[i]. X[j]>swarm. Xup[j])     //检查粒子位置的合法性
            {swarm. Particle[i]. X[j]=0. 5* swarm. Xup[j];}
            if(swarm. Particle[i]. X[j]< swarm. Xdown[j])
```

```
            {swarm.Particle[i].X[j]=0.5* swarm.Xdown[j];}
        }
        GetFit(swarm.Particle[i]);              //计算各粒子适应度
    }
    for(i=0; i<Size; i++)                        //设置新的个体最好位置
    {
        if(swarm.Particle[i].Fit> = swarm.Particle[i].FitBest)
        {
            swarm.Particle[i].FitBest =swarm.Particle[i].Fit;
            for(int j=0; j<Dim; j++)
            {swarm.Particle[i].XBest[j]=swarm.Particle[i].X[j];}
        }
    }
    swarm.GBestIndex =0;          //设置新的最优个体
    for(i=0; i<Size; i++)
      { if (swarm.Particle [i].FitBest > = swarm.Particle [swarm.GBestIndex]
.FitBest&&i! = swarm.GBestIndex)
        {   swarm.GBestIndex =i;}
    }
}
void GetAverFit()                     // 计算群体平均适应值
{
    swarm.AverFit= 0.0;
    for(int i=0;i<Size;i++)
    {swarm.AverFit+ = fabs(swarm.Particle[i].FitBest);}
    swarm.AverFit= swarm.AverFit/Size;
}
void GetDiversity()                   //以群体平均点为中心计算多样性
{
    swarm.Diversity=0.0;
    doubleDiverTemp;
    for(int j=0;j<Dim;j++)
    {
        swarm.AverP[j]=0.0;
        for(int i=0; i<Size; i++)
        {   swarm.AverP[j]+= swarm.Particle[i].X[j];   }
        swarm.AverP[j]=swarm.AverP[j]/Size;
    }
```

```
    for(int i=0; i<Size; i++)
    {
        DiverTemp=0.0;
        for(j=0; j<Dim; j++)
            { DiverTemp + = ( swarm. Particle [ i ] . X [ j ] -  swarm. AverP [ j ]) *
              (swarm. Particle[i]. X[j]- swarm. AverP[j]); }
        swarm. Diversity+=sqrt(DiverTemp);
    }
    swarm. Diversity=swarm. Diversity/(Size* 2* b* sqrt(Dim));
}
void main()                    //主程序
{
    staticinttt= (unsigned) time (NULL);
    srand((unsigned) time (NULL)+tt++);
    clock_t start, finish;
    doubletotaltime[runnum];double avetime=0.0;
    intcongen[runnum]; intavegen=0;
    doubleconfit[runnum]; double avefit = 0.0; double Gbestfit = 50.0; double
        Gworstfit=0.0;
    intsuccessN=0; double SD=0.0; double e=0.01;
    for(int k= 0; k<runnum; k++)
    {
        confit[k]=0.0;
        congen[k]=0;
    }
    int i=0;
    while(i<runnum)
    {
        start= clock();
        Initswarm();
        GetDiversity();
        divers[0]=swarm. Diversity;
        int j=1;
        while(j< maxgen+ 1 )
        {
            swarm. W=0.5* (maxgen-j)/maxgen+0.4;    //线性递减权重
            swarm. C1=swarm. C2=2.0;
            ParticleFly();
```

```
            GetDiversity();
            divers[j]=swarm.Diversity;
            j++;
        }
        finish=clock();
        confit[i]=fabs(swarm.Particle[swarm.GBestIndex].FitBest);
        if(confit[i]<e)  successN++;
        if(confit[i]>Gworstfit)  Gworstfit=confit[i];
        if(confit[i]<Gbestfit)    Gbestfit=confit[i];
        SD+=confit[i]*confit[i];
        avefit+=confit[i];
        avegen+=congen[i];
        totaltime[i]= (double)(finish-start)/CLOCKS_PER_SEC;
        avetime+ = totaltime[i];
        i++;
    }
    cout<< "最差适应值"<<Gworstfit<<endl;
    cout<< "最佳适应值"<<Gbestfit<<endl;
    avefit=avefit/runnum;
    cout<<runnum<< "次平均收敛适应值为:"<<avefit<<endl;
    SD=sqrt(SD)/runnum;
    cout<<runnum<< "次方差为:"<<SD<<endl;
    avetime=avetime/runnum;
    cout<<runnum<< "次平均运行时间为:"<<avetime<<endl;
    cout<< "次中成功收敛次数为:"<<successN<<endl;
}
```